物联网

基础知识+运行机制+工程实现

曹洪伟　潘维　韩冬　编著

人民邮电出版社
北京

图书在版编目（CIP）数据

一书读懂物联网 : 基础知识+运行机制+工程实现 / 曹洪伟，潘维，韩冬编著. -- 北京 : 人民邮电出版社，2023.12
ISBN 978-7-115-62923-4

Ⅰ. ①一… Ⅱ. ①曹… ②潘… ③韩… Ⅲ. ①物联网—研究 Ⅳ. ①TP393.4②TP18

中国国家版本馆CIP数据核字(2023)第192580号

内容提要

本书以物联网工程技术为核心，结合数据处理的流程和技术，介绍了物联网的基础知识、运行机制和设计与工程实现等内容。

本书分为 6 部分，总计 16 章，内容包括物联网基础、物联网的体系结构、物联网的应用、数据的感知、物体的辨识、嵌入式系统、局域连接性、广域传输与网络、物联网的通信协议、数据存储、数据分析与处理、物联网产品设计与工程实现、物联网系统设计与工程实现、物联网的标准化、物联网的安全性、物联网与人工智能。

本书可作为物联网工程相关人员的入门读物，也可作为高等院校计算机、电子工程、通信工程等相关专业的参考书。

◆ 编　著　曹洪伟　潘　维　韩　冬
责任编辑　傅道坤
责任印制　王　郁　焦志炜

◆ 人民邮电出版社出版发行　北京市丰台区成寿寺路 11 号
邮编　100164　电子邮件　315@ptpress.com.cn
网址　https://www.ptpress.com.cn
三河市君旺印务有限公司印刷

◆ 开本：800×1000　1/16
印张：18.75　2023 年 12 月第 1 版
字数：403 千字　2023 年 12 月河北第 1 次印刷

定价：79.80 元

读者服务热线：(010)81055410　印装质量热线：(010)81055316
反盗版热线：(010)81055315
广告经营许可证：京东市监广登字 20170147 号

序

“光阴荏苒，日月如梭”，这句话在物联网时代尤为贴切。随着信息技术的快速发展，物联网已成为当今世界上热门的话题之一。物联网将无数种设备、传感器、网络和应用程序联系在一起，形成一个庞大的网络，给我们的生活带来了前所未有的便利。

同时，随着人工智能技术的迅猛发展，从自然语言处理到计算机视觉，从知识与推理到预测与控制，人工智能与物联网的结合产生了更为广泛的应用场景和商业机会，但也进一步增加了物联网的复杂性。

然而，对许多人来说，物联网仍然是一个相对陌生的概念。尽管物联网已经进入了我们的日常生活，但它涉及的技术和概念相当复杂，对于我们来说还有很多需要学习和了解的地方。作为一个超系统，物联网的运作和应用范围都十分广泛，它的影响也无处不在，但即便从不同的视角审视它，我们也只能做到“管中窥豹”，无法有一个认知全貌。

同时，随着人工智能技术的发展，物联网与人工智能的结合产生了更为广泛的应用场景和商业机会，这也进一步增加了物联网的复杂性。在这个时代，数据成为连接人工智能和物联网的纽带。数据不仅仅是生产资料，更成为一种重要的资产。在国家级层面，数据甚至已经成为战略资源。而物联网每时每刻都在生成海量的数据，这些数据蕴含着宝贵的洞察力，通过对这些数据进行分析和整理，可以更好地服务于我们的工作和生活。计算机硬件性能的提升和人工智能技术的应用与发展，为我们获悉宝贵的洞察力和发挥数据的价值提供了强有力的支撑。

因此，我们需要站在全局的角度，采用系统化架构的思维来使用数据、分析数据，以探索、思考解决问题的思路，从而打造更为高效、优质的商业环境。在这个“光阴荏苒”的时代，只有充分利用数据，深度挖掘其价值，才能抢占先机。

作为有着丰富工作经验的物联网从业者，尤其是第一款百度智能音箱的主要参与者，我们亲身经历了从用例分析、外观设计到工厂小规模量产及智能音箱产品面市的全过程，这让我们深刻认识到系统化架构思维在物联网领域的重要性。物联网涉及众多领域，不能“一叶障目，不见泰山”，因此，我们写作了本书，旨在为广大读者提供一种深入浅出的物联网系统化学习体验，帮助读者能够对物联网有一个整体、全局的认识。

本书以数据处理的流程作为物联网的系统化思维架构，辅之以工程技术实现。在每一个主题中，我们都引出核心问题，并对其进行拆解，给出多种解决方案，以及相应的约束与权衡策略。在介绍物联网基本概念的同时，我们逐步介绍了其核心技术、应用场景和未来发展趋势。在这个数字化和智能化的时代，了解物联网，掌握物联网的基本原理和应用方法，将会给读者的工作和生活带来更多的智能化和便利化体验。

为了让读者更好地理解和应用物联网技术，我们尽量用通俗易懂的语言来解释物联网中这些复杂的概念和技术（特别是和数据产生与处理相关的）。同时，我们使用了较多的实例并加以分析，以便读者能够更加深入地了解物联网的应用场景和实际效果，能够轻松地了解物联网的本质和应用。

我们相信，通过阅读本书，读者将会对物联网有一个全面而深入的了解，从而更好地理解、应用并推广物联网技术。

曹洪伟　潘维　韩冬

2023 年 9 月于北京

作者简介

曹洪伟，全栈架构师，曾担任百度DuerOS首席布道师、渡鸦科技CTO等职位，并且是百度第一款智能音箱产品的主要技术负责人之一。目前就职于鼎道智联，从事操作系统相关的研发工作。

具有20多年电信和互联网行业的软硬件研发与产品管理工作经验，先后服务于北电网络、斯伦贝谢、美国高通等世界500强企业，后以CTO/合伙人身份连续创业。

拥有50多项国内外专利，多次作为QCon等大会特邀讲师发表技术演讲，著有《BREW进阶与精通》，并与他人合著了《深入分布式缓存：从原理到实践》，译作包括《持续架构实践》《基于混合方法的自然语言处理》《计算机网络问题与解决方案》《区块链应用开发实战》等。

此外，还是wireless_com公众号与CSDN同名博客的作者。

潘维，阿里巴巴天猫精灵智能音箱产品线（无屏方向）的负责人，曾任百度智能家居硬件终端负责人。具有15年的消费电子及通信行业的产品开发经验，熟悉手机等消费电子产品终端软硬件的开发。

专注于人工智能软硬件产品研究，先后参与了小度智能音箱、阿里巴巴天猫精灵等AI产品及相关算法的产品落地和商业化过程。

韩冬，中国通信标准化协会资深标准化项目管理负责人，从事通信标准化工作20余年，自2008年起专注于无线通信领域的标准化工作，组织并协调完成我国3G、4G、5G通信行业标准500余项，涵盖移动通信基站、终端、无线接入、蜂窝物联网、无线网络安全与加密、边缘计算、绿色节能、卫星通信、天馈系统等多个细分领域。

长期跟踪全球移动通信前沿技术的发展，并持续关注我国移动通信技术的最新发展动向。

前言

我们对知识的认知是有规律可循的，大都是从问题开始，对问题的界定、归纳等都是为解决知识增长或进化而服务的，正如波普尔知识进化图（见图 i-1）所示的那样。

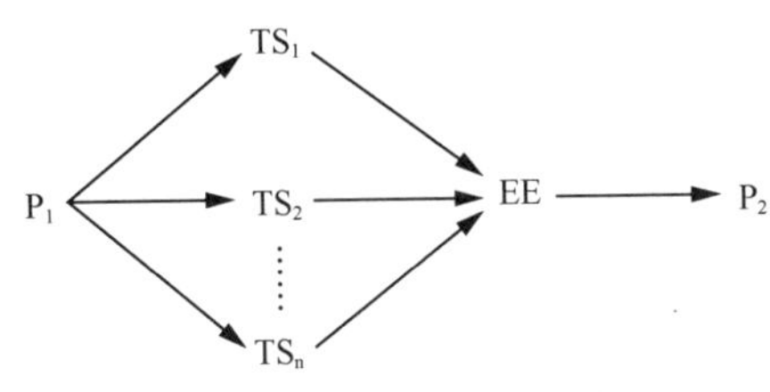

图 i-1 波普尔知识进化图

科学始于问题，发现问题是科学知识增长的起点，任何新的科学知识的产生都来源于问题。一个问题（P_1）的技术解决方案（TS）往往不止一个，而是有很多个，各种技术解决方案形成一个集合，在对其进行严格的实际检验、明确场景、排除错误（EE）后，才能筛选出较好的解决方案。然而，随着时间的推移以及空间的变化，那些较好的解决方案仍然会被证伪，从而产生新的问题（P_2）。新的问题要求用新的解决方案来解决，就像《实践论》中描述的那样，科学知识在螺旋上升中逐步增长，对于我们在本书中所要学习和讨论的物联网工程同样如此。

物联网也是从我们在生产和生活中所面对的问题开始的，物联网能够将真实的物理世界以数据的方式呈现。数据正成为一种具有价值的经济资产，是人类最大的财富，没有数据将难以改变世界。既然数据是人类的最大财富，那么从对待数据的角度认知物联网是水到渠成的事情。我们获取和处理数据的过程一般会形成 6C 的流程，如图 i-2 所示。

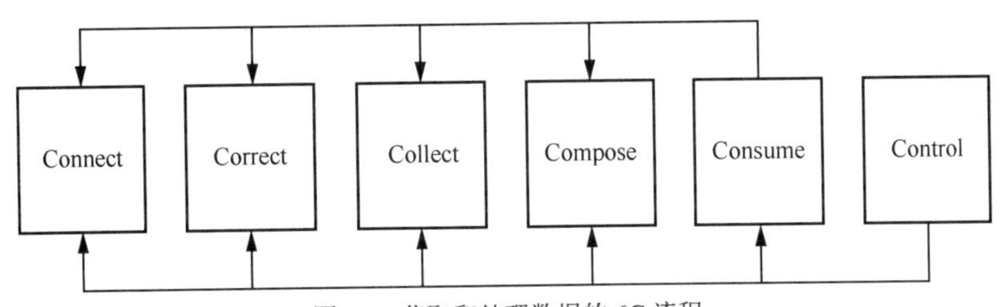

图 i-2 获取和处理数据的 6C 流程

6C 代表着我们对待数据的一般迭代过程：从数据源的连接建立（Connect）到数据的修正（Correct）与转换以及传输，再到数据的采集（Collect）（其中包括数据的汇集和持久化存储等）

和数据的组成（Compose）与集成处理（涉及数据挖掘以及大数据处理等多种方式），最终将数据处理为有价值的信息，帮助我们形成洞见，进而实现数据消费（Consume），而数据控制（Control）则贯穿整个流程。物联网中产生的数据同样遵循6C的流程。

物联网工程，是指运用系统工程的方法，将物联网技术综合应用到生产和生活中，并通过连接获取数据、传输数据、处理与分析数据、得到知识洞见进而实现控制和治理的过程。依据这一定义，全书分为6个部分。

- 第1部分（第1章～第3章），认知物联网。“治学先治史”，第1章阐述物联网的基础概念，明晰物联网的定义、历史、发展现状以及与其他相关技术的关系。第2章介绍物联网体系结构，明确物联网的结构属性、产业链和价值网以及生态系统的形成。第3章从空间扩展的视角描述物联网的应用场景，为读者理解物联网打下坚实的基础。
- 第2部分（第4章～第6章），数据的感知与采集。数据的生成和获取是从数据中产生价值的先决条件。第4章解决物联网如何得到关于物理世界数据信息的问题，并以iPhone手机的传感器演进为例，强调了数据感知给用户体验带来的深刻影响。数据认知的基本方法是分类和聚类。第5章详细介绍了物体辨识的方法和体系。数据的感知与采集依赖于物联网终端系统的支撑。第6章讲述了物联网终端系统的分类与构成，着重介绍嵌入式操作系统和应用框架的重要性，以及OTA系统在物联网中的实现。
- 第3部分（第7章～第9章），数据的传输与网络。在本质上，这一部分的内容与通信有关。“局域连接性”和“广域传输与网络”是物联网中互联技术与网络技术的核心，连接性是网络和通信的先决条件，网络是远距离数据传输的基础。而物联网的通信协议更是重中之重，对各种主流的通信协议进行比较分析，了解每种协议的特性，才能有利于我们在设计物联网应用与服务时选择正确的通信协议。
- 第4部分（第10章～第11章），数据的存储与处理。在最基本的层面上，物联网是围绕着数据并从数据中获取价值的。物联网以指数方式增加了数据源的数量，这些数据具有价值性、多样性、高速性、规模性等大数据的特征。数据的存储是物联网应用的基石，第10章描述物联网数据存储的常用方法和技术选型。虽然面向物联网的数据分析与处理依然可以使用当前成熟的相应技术，但第11章更强调数据—信息—知识—智慧的演化，并基于物联网的多种计算模式，突出数据及其可视化的价值。
- 第5部分（第12章～第13章），设计与工程实现。这一部分试图从物联网产品和物联网系统两个维度来解决物联网工程设计与实现中遇到的问题。对于产品，首先要了解从需求到设计乃至最后产品上市的整个流程，明确物联网应用的主要服务领域及其核心约束，进而对硬件、协议栈、软件及解决方案等进行选择和平衡利弊。对于系统，为了提高开发的效率，需要有针对性地选择物联网中间件，或者有目的地选择物联网开放云平台。互联网中的架构模式和技术方案仍然可以在物联网系统中得到广泛的应用，混合云部署也代表了一定的发展趋势。
- 第6部分（第14章～第16章），物联网的热门话题。物联网是对各种技术综合应用的开放理念和体系，是一个既广泛又特定的概念。第 14 章和第 15 章分别从物联网的标准化和安全性角度解读物联网的发展趋势。标准的不统一会阻碍不同物联网系统的互联互通，而面对安全性和隐私保护的挑战，区块链技术或许能成为解决物联网安全性和隐私问题的一个潜在解决方案。物联网与人工智能的融合是最重要的发展趋势，人工智能技术的普及给我们的生产和生活方式都带来了巨大的改变。为了提升物联网系统的设计和工程效率，人工智能操作系统应运而生，第 16 章以智能音箱为例展示了人工智能在物联网产品与系统中的应用。

如何对物联网知识进行学习并掌握呢？思考问题的方法往往和解决问题的知识同样重要。从时间和空间两个维度来思考问题，可以让我们以系统的方式对待并解决问题。这种“时空观”如图 i-3 所示。

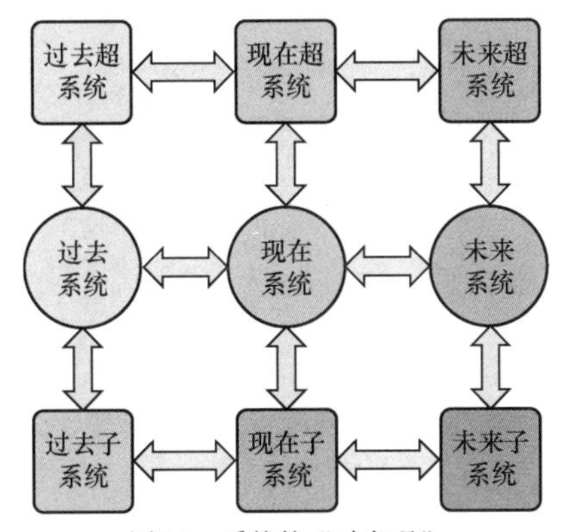

图 i-3　系统的“时空观”

从下向上看，子系统—>系统—>超系统，相当于空间结构（即微观、中观和宏观），可以将其理解为组件、产品/服务、平台。从左到右看，过去—>现在—>未来，相当于时间维度，可以理解为系统的历史演变。每一个系统都是相互作用或相互依存的一个整体的项目。每一个系统都被它的时空界限所划定，被它的环境所包围和影响，由它的结构和目的所描述，并在其运作中表达。

通过这种思考方式，可以系统地思考物联网面对的问题和解决方案，并针对具体的时间和空间场景，因地制宜地选择并实现合适的物联网解决方案。

资源与支持

资源获取

本书提供如下资源：

- 本书思维导图；
- 异步社区 7 天 VIP 会员。

要获得以上资源，您可以扫描下方二维码，根据指引领取。

提交勘误

作者和编辑尽最大努力来确保书中内容的准确性，但难免会存在疏漏。欢迎您将发现的问题反馈给我们，帮助我们提升图书的质量。

当您发现错误时，请登录异步社区（https://www.epubit.com/），按书名搜索，进入本书页面，点击“发表勘误”，输入勘误信息，点击“提交勘误”按钮即可（见下图）。本书的作者和编辑会对您提交的勘误进行审核，确认并接受后，您将获赠异步社区的 100 积分。积分可用于在异步社区兑换优惠券、样书或奖品。

图书勘误 发表勘误

页码：1 页内位置（行数）：1 勘误印次：1

图书类型：纸书 电子书

添加勘误图片（最多可上传4张图片）

\+

提交勘误

与我们联系

我们的联系邮箱是 fudaokun@ptpress.com.cn。

如果您对本书有任何疑问或建议，请您发邮件给我们，并请在邮件标题中注明本书书名，以便我们更高效地做出反馈。

如果您有兴趣出版图书、录制教学视频，或者参与图书技术审校等工作，可以发邮件给我们。

如果您所在的学校、培训机构或企业，想批量购买本书或异步社区出版的其他图书，也可以发邮件给我们。

如果您在网上发现有针对异步社区出品图书的各种形式的盗版行为，包括对图书全部或部分内容的非授权传播，请您将怀疑有侵权行为的链接发邮件给我们。您的这一举动是对作者权益的保护，也是我们持续为您提供有价值的内容的动力之源。

关于异步社区和异步图书

“异步社区”(www.epubit.com)是由人民邮电出版社创办的 IT 专业图书社区，于 2015 年 8 月上线运营，致力于优质内容的出版和分享，为读者提供高品质的学习内容，为作译者提供专业的出版服务，实现作者与读者在线交流互动，以及传统出版与数字出版的融合发展。

“异步图书”是异步社区策划出版的精品 IT 图书的品牌，依托于人民邮电出版社在计算机图书领域 30 余年的发展与积淀。异步图书面向 IT 行业以及各行业使用 IT 技术的用户。

目录

第1部分　认知物联网

第 6 部分　物联网的热门话题

第1部分

认知物联网

- 第1章，物联网基础
- 第2章，物联网的体系结构
- 第3章，物联网的应用

物联网，即Internet of Things（IoT）。顾名思义，物联网就是物物相连的互联网。一般来说，这有两层意思：第一，物联网的核心和基础仍然是互联网，是在互联网的基础上延伸和扩展的网络；第二，其用户端延伸和扩展到了任何物品与物品之间，并在其上进行信息的数据交换和通信，是泛在网络的一个具体实践。

自从凯文·阿什顿（Kevin Ashton）提出物联网的概念以来，物联网的概念一直在演化，以至于至今还缺少一个完整而清晰的定义。但是，我们可以从物联网的目标所解决的问题入手，本着“以终为始”的系统思维方式来认识物联网。物联网解决了生产和生活中的哪些问题呢？我们依赖于对世界的感知，将感知信息抽象并数据化，根据数据认知世界并改变世界。而物联网是通过网络连接的感应器自动地捕获数据信息，并分析和处理数据信息，进而做出决策，使机器具备自主学习、自主决策的能力。物联网的“物”和“网”紧密联系但各自又有明确分工。作为网络边缘的入口，“物”的层面既是感知层，又是执行层——执行网络边缘反馈回来的指令，进而产生诸如开关灯、播放视频等动作，并应用于具体的场景。而“网”的层面则是对感知数据进行汇总和分析，运用大数据乃至人工智能工具对“物”下达指令。

作为一个系统，更确切地说，作为一个超系统，物联网可以从时空观的角度进行认知。在一般的空间意义上，物联网是由3个不同的组件组成：

- 智能传感器；
- 聚合器；
- 云。

每个组件都是整个物联网系统所必需的。尽管“云”一词的含义很广泛，在不同的语境中指代不同的场景，但它的基本意思是在庞大的网络（例如互联网）中运行的分布式计算环境。云是终极的计算单元和通用的通信网络。智能传感器是连接现实世界的通道。最后，这些聚合器是“中间人”。对云来说，聚合器看起来像智能传感器，而对智能传感器而言，它看起来像云。

系统的概念一直很有趣，但这个术语引出了一些问题。例如，“一个系统存在的最小一组功能是什么”，或者“一个系统可以由许多其他系统组成吗”。物联网是一个系统的系统，即超系统。它的三个组件（云、聚合器和智能传感器）都有自己的系统及子系统。此外，任何两个组件都可以形成一个完整的物联网系统。例如，一方面，与聚合器进行通信的一系列智能传感器可以组合成为许多应用的一个最佳系统。另一方面，智能传感器直接与云进行通信也可以组合成为一个最佳系统。

第1部分主要解决的问题是如何认知物联网。我们从物联网的起源出发，纵观物联网各个发展阶段关注的问题和领域界定，对与物联网相关的概念进行辨析，进而认识到技术发展对物联网的影响。关于物联网自身的空间结构，我们要理解物联网的概念模型、节点的组成和体系结构的分层方式。在相关参与者的维度上，我们要认识面向物联网的产业链和价值链，以及形成的整个生态系统。最后，再次从空间的维度去认知物联网的应用。

总体来说，采用时空观的方式，我们可以方便地认知物联网。物联网是各种感知技术的广泛应用，它不仅提供了传感器的连接，而且其本身也具有智能处理的能力，能够对物体实施智能控制，是一种建立在互联网上的泛在网络。

第 1 章

物联网基础

“治学先治史”，通过观察物联网的诞生与发展，我们可以从中对物联网有一个基本认知。跳出技术的视角，从经济长波理论来看，每一次的经济低谷必定会催生出某些新的技术，全球性经济危机往往会催生重大的科技创新和科技革命。1857 年的世界经济危机，引发了以电气革命为标志的第二次技术革命。1929 年的世界经济危机，引发了以电子、航天航空和核能等技术突破为标志的第三次技术革命。在过去的十几年间，互联网技术取得巨大成功。21 世纪初的经济危机让人们又不得不面临紧迫的选择，物联网逐渐成为推动新一轮经济增长的重要手段。

那么，什么是物联网？它解决了哪些问题？

物联网无处不在，那么它所覆盖的领域是如何界定的？

与当前已知的各种网络相比，物联网有哪些区别和联系？

技术的发展给物联网带来了怎样的影响？

……

物联网中的“物”一般是指数字化、智能化的物体，“联”就是物体智能化后的信息传输与访问，“网”就是形成的网络以及网络上运行的应用和服务。然而，至今业界也没有对物联网有一个统一且一致的定义。因此，我们需要明确物联网能够解决哪些现实生产和生活中遇到的问题。确定问题空间可以在一定程度上理解物联网的应用范围。我们生活在各种各样的网络中，例如日常办公使用的局域网、移动电话所依赖的移动蜂窝网络等。一般认为，物联网与其他网络的主要区别在于“物”，物联网中的“物”是现实世界中数字化和智能化后的物。通过与其他网络对比，可以了解物联网的特点、应用领域和构成。另外，各种相关技术的演进和发展极大地加快了物联网对现实世界与数字空间的赋能。

1.1　物联网的起源与发展

或许，物联网的概念最早来源于比尔·盖茨在1995年出版的《未来之路》一书，但当时的传感器、无线网络及其他硬件能力非常有限，物联网只是作为一个模糊的概念而存在，并未引起更多的重视。

“物联网”这一名词产生于20世纪90年代，是由美国学者Kevin Ashton在研究RFID（射频识别）技术时提出的。最初的需求来源于一款脱销的口红，当时希望解决的问题是：

“有没有一种技术可以从仓储到物流，再到货架，全流程追踪商品呢？”

于是，Kevin Ashton和他的同事在MIT成立“自动识别中心”，并逐步向世界传播物联网的概念。该中心现在已经成为全球领先的研究供应链自动识别与追踪的实验室。当时的物联网被定义为：通过射频识别设备、传感器等信息识别装置将所有物品中所蕴含的数据共享至互联网，进而实现智能识别和管理的一种网络。当时的物联网主要指基于RFID技术的物物互联网络。但随着技术和应用的发展，物联网的内涵发生了很大的变化。

在物联网发展的前十几年，发展路径大致为从RFID发展到传感器网络，再向万物互联的泛在网络靠近，如图1-1所示。

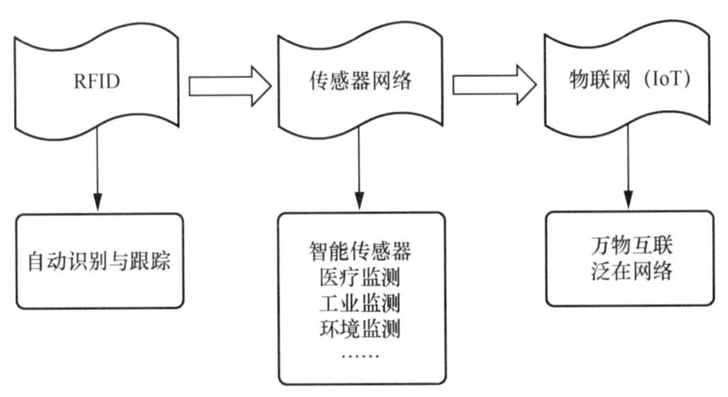

图1-1　物联网的发展路径

1.1.1　国际组织对物联网的关注

早在2005年，国际电信联盟（ITU）在信息社会世界峰会（WSIS）上确定了“物联网”的概念，并指出——信息与通信技术的目标已经从满足人与人之间的沟通，发展到实现人与物、物与物之间的连接和通信。我们在信息与通信技术的世界里获得了一个新的沟通维度，可将任何时间、任何地点、连接任何人，扩展到连接任何物品——万物互联，从而造就了物联网。在随后的几年里，欧盟、韩国等先后推出了各自的物联网行动计划，这标志着物联网相关技术和产业布局已经在全球展开。

W3C 也在 2009 年成立了语义传感器网络孵化器工作组（SSN-XG）。该工作组的任务主要是开发描述传感器的对象，制定面向传感器网络应用的语义标记语言，并通过传感器技术的应用，凸显传感器技术和语义 Web 技术相结合的巨大优势与现实意义。

2015 年，W3C 设立了 WoT（Web of Things）兴趣组，开始研究物联网的应用层语义，之后成立了 WoT 工作组。WoT 兴趣组负责对 WoT 标准进行测试评估以及对外合作，WoT 工作组研究制定基于 Web 的物联网相关标准和技术。W3C WoT 旨在在现有的物联网平台基础上定义一个基于 Web 的互操作层，通过使用统一的数据模型表达服务的元数据和语义信息，实现语义的互操作性，并避免物联网上层解决方案的碎片化。目前，W3C WoT 兴趣组已与多个物联网标准组织开展合作，包括 OCF（开放互联基金会）、oneM2M、GSMA、IETF、IRTF、IIC（工业互联网联盟）等。

2016 年，国际组织 3GPP 颁布了窄带物联网（NB-IoT）技术协议，这意味着 NB-IoT 将进入规模化商用阶段；同年，车联网（V2X）第一版标准也制定完成；同年 7 月，ITU-T 的第 13 研究组在 ITU-T Y.2060 建议书中描述了国际电信联盟批准的物联网的定义：

物联网是信息社会的一个全球基础设施，它基于现有和未来可互操作的信息与通信技术，通过物理的和虚拟的物物相联，提供更好的服务。

1.1.2 国际社会对物联网的关注

对于物联网来说，2009 年是重要的里程碑。在北京举办的“物联网与企业环境中欧研讨会”上，欧盟委员会信息和社会媒体司 RFID 部门的负责人洛伦特 • 费德里克斯（Lorent Ferderix）博士给出了欧盟对物联网的定义：

物联网是一个动态的全球网络基础设施，它具有基于标准和互操作通信协议的自组织能力。其中，物理的和虚拟的“物”具有身份标识、物理属性、虚拟的特性和智能的接口，并与信息网络无缝整合。物联网将与媒体互联网、服务互联网和企业互联网一起构成未来的互联网。

同样在 2009 年，IBM 的首席执行官首次提出“智慧地球”这一概念。该概念旨在将传感器嵌入并装备到电网、铁路、桥梁、隧道、公路、建筑、供水系统、大坝、油气管道等基础设施中，并处理传感器获取的数据以达到智慧状态。IBM 建议当时的美国政府投资新一代的智慧型基础设施。不少美国人认为，“智慧地球”战略与当年的“信息高速公路”战略有许多相似之处，同样被认为是振兴经济、确立竞争优势的关键战略。

欧盟在 2015 年重构物联网创新联盟（AIOTI），在 2016 年组建物联网创新平台（IoT-EPI），希望构建一个蓬勃发展的、可持续的欧洲物联网生态系统，最大限度地利用公共平台、信息共享等发展机遇。同时，欧盟通过“地平线 2020”计划在物联网领域投入近 2 亿欧元，建设连接智能对象的物联网平台，推动物联网集成和平台研究创新，希望构建大规模开环物联网生态体系。

美国于 2012 年发布了“先进制造伙伴”计划，旨在推动物联网产业的发展。2014 年，成立了工业互联网联盟，以集合整个工业互联网的生态链，合力推动物联网产业发展。2016 年，全球著名的美国网络解决方案供应商 Cisco 收购物联网初创公司 Jasper。

《2016-2045 年新兴科技趋势——领先预测综合报告（2016 年 4 月）》是美国 2016 年公布的一份报告。该报告认为，到 2045 年，将会有超过 1 000 亿台设备与网络连接，包括移动手机、可穿戴设备、医疗器械、电器、工业传感器、监控摄像头、汽车、服装等。这些设备的智能化管理将使检测、管理和维修等工作实现全自动化，不再需要人力。

1.1.3 我国对物联网的关注

2010 年的《政府工作报告》中不但提及了物联网，还给出了相关的定义：

物联网指通过信息传感设备，按照约定的协议，把任何物品与互联网连接起来，进行信息交换和通信，以实现智能化识别、定位、跟踪、监控和管理的一种网络。它是在互联网基础上延伸和扩展的网络。

我国在“十二五”的开局之年——2011 年，发布了《物联网“十二五”发展规划》和《物联网白皮书（2011 年）》，且专注于物联网的国际标准化，参与制定了《物联网概述》等多个标准；2016 年，在无锡举办了世界物联网博览会，同年颁布了《智能制造发展规划（2016-2020 年）》。

随着政府利好政策的发布及先进技术的不断发展，中国物联网市场的收益由 2016 年的 9120 亿元快速增长至 2021 年的 29232 亿元，年复合增长率为 26.2%，从 2021 年至 2026 年，物联网行业将进一步按年复合增长率 13.3%增长，2022 年达到市场规模约 34757 亿元。总体来看，物联网是世界信息产业第三次浪潮。当前，全球物联网核心技术不断发展，标准体系快速构建，产业体系处于建立和完善的过程中。未来几年，全球物联网市场规模也将快速增长。

纵观整个发展过程，物联网的发展大事件如图 1-2 所示。

自 2017 年开始，AIoT 的概念开始涌现，被认为是传统行业升级改造的最佳路径。同时，物联网被看作信息技术领域一次重大的发展和变革机遇，基于物联网的应用将为解决现代社会问题做出极大的贡献。

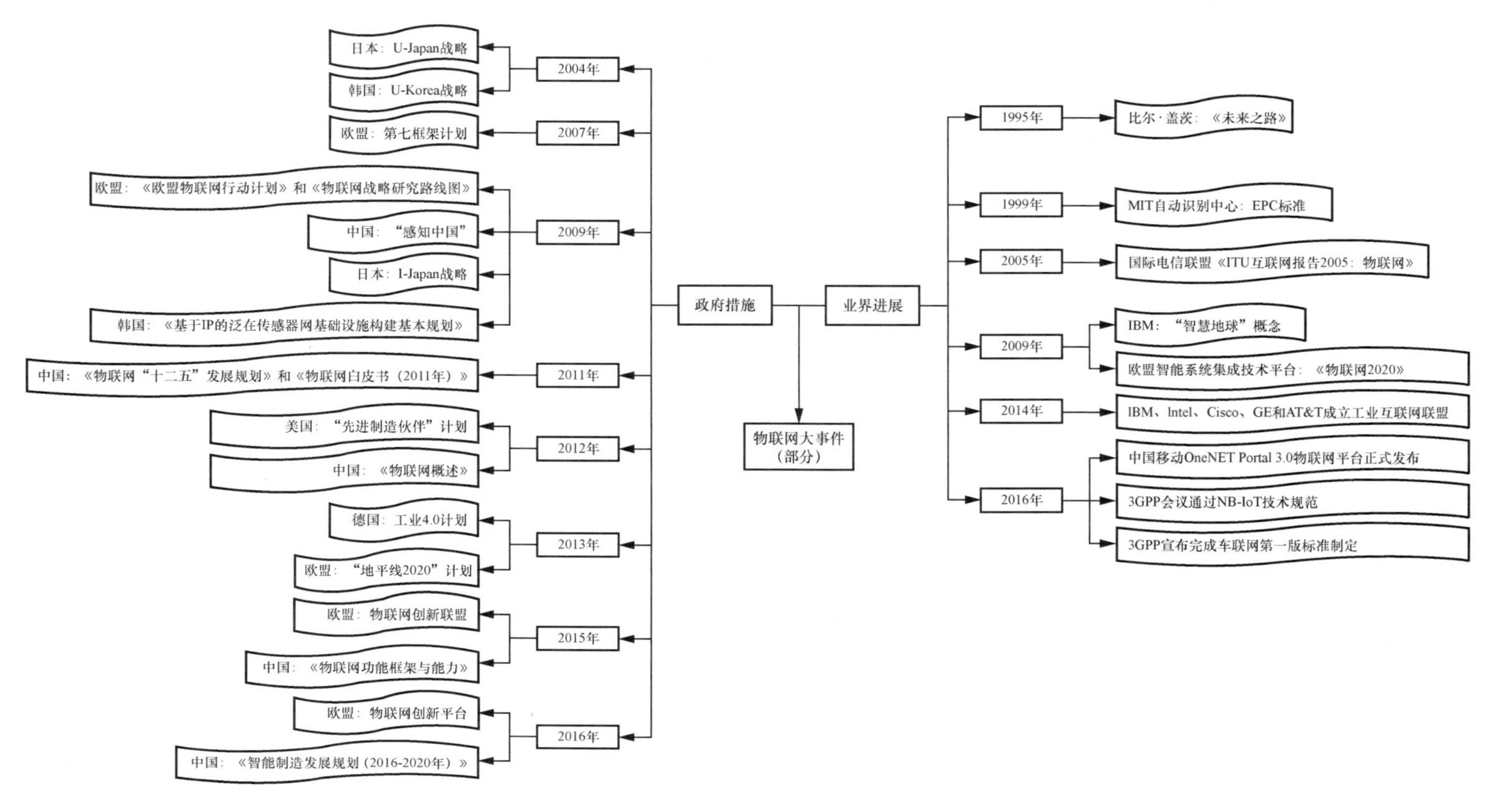

图 1-2 物联网发展大事件（截至 2016 年）

1.2　物联网解决哪些问题

互联网依靠和处理的是人类的各种以字节形式存在的信息，而与人类生产和生活最相关的是“物”。物联网的意义就在于，借助互联网和各类数据采集手段，收集各种“物”的信息以服务于人类。物联网解决的问题是在任何时间、任何地点、任何事物之间如何保持联系并进一步加以管控，如图 1-3 所示。

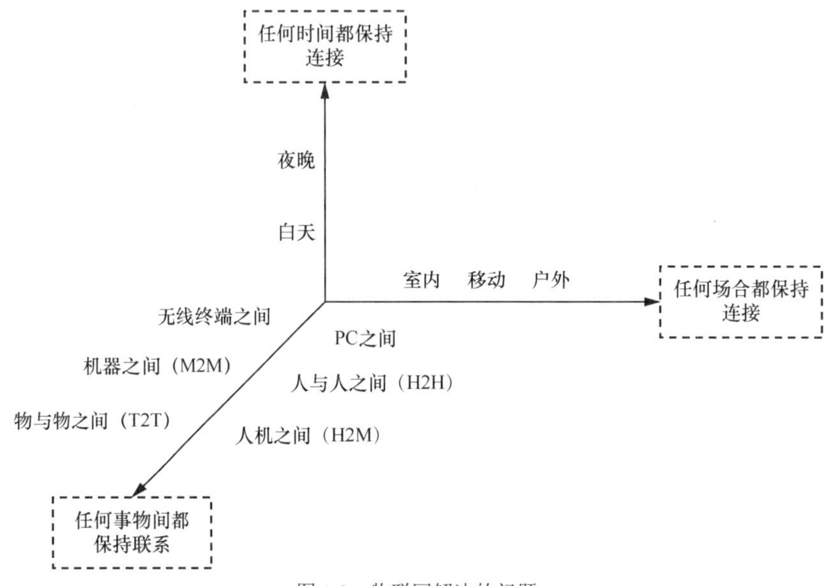

图 1-3　物联网解决的问题

物联网的最终目标是为人们提供更加便捷和轻松的生活服务。因为很多设备是为人们量身定做的，不需要人们去操控。人们也难以进行海量的数据处理，所谓“智能”其实就是这些设备能够像人一样聪明，能够理解人们的需求并帮助实现设备的管理。

物联网融合了网络世界与物理世界，旨在解决如何获得物理世界中“物”的信息，以及如何利用感知设备与智能装置对物理空间进行感知和识别，进而：

- 利用通信网络传输信息；
- 利用软件系统对信息进行分析处理；
- 对物理世界进行实时控制，实现科学决策和精准管理。

通俗地看，物联网为人们提供了“望远镜”和“显微镜”，可以监测和控制人与人之间、人与物体之间、物体与物体之间的有形和无形事件。物联网把传统的信息通信网络延伸到了更为广泛的物理世界，将“物”纳入“网”中，最大的优势是“感知”的运用——由传感器来主动产生信息和传输信息。在该系统中，大量不必特殊关注的信息交由机器来处理，从而将人从海量信息中解放出来。

就物的感知来说，这里的“物”要满足以下条件才能够被纳入“物联网”的范围：

- 要有数据传输通路；
- 要有一定的存储功能；
- 要有一定的计算功能；
- 要有专门的应用程序；
- 遵循物联网的相关协议；
- 在世界网络中有可被识别的唯一编号。

“物”一般指物体或者东西，也可以指一个事件和“外在赋能”（Enabled）的实体，如贴上RFID标签的各种资产、携带无线终端的个人与车辆，以及“智能化的物品、动物”或“智能尘埃”。“物”通过各种无线和/或有线的长短距离通信网络实现互联互通、应用集成，以及基于云计算的SaaS运营模式等。

在各种网络环境下，物联网采用有效的信息安全保障机制，提供安全可控、个性化的实时在线监测、远程控制、远程维保、定位追溯、报警联动、调度指挥、预案管理、安全防范、在线升级、统计报表、决策支持、桌面呈现等管理和服务功能，以达到对“万物”的一体化治理和运营，实现高效节能和安全环保的目的。

1.3 物联网的领域界定——六域模型

领域是按生活和生产活动的性质及其产品属性对产业进行的分类。对物联网的领域进行界定有利于理解物联网所能够解决的问题空间和涉及的组成部分，进而为明确的解决方案和工程技术指明方向。

我国物联网基础标准工作组从物联网的业务和应用上界定了物联网的领域空间，提出了物联网“六域模型”的参考体系。“六域模型”具体包括用户域、目标对象域、感知控制域、服务提供域、运维管控域及资源交换域，如图1-4所示。

在图1-4中，用户域是不同类型物联网用户和用户系统的集合。物联网用户可通过用户系统及其他域的实体获取物理世界对象的感知和操控服务。

目标对象域是物联网用户期望获取相关信息或执行相关操控的对象实体集合，可包括感知对象和控制对象。感知对象是用户期望获取信息的对象，控制对象是用户期望执行操控的对象。感知对象和控制对象可与感知控制域中的实体（如传感网系统、标签识别系统、智能设备采集系统等）以通信接口的方式进行关联，实现物理世界和虚拟世界的接口绑定。

感知控制域是包括各种实体的软硬件系统，用于获取感知对象信息和操纵控制对象。该域可实现针对物理世界中对象的本地化感知、协同和操控，并为其他域提供远程管理和服务的接口。

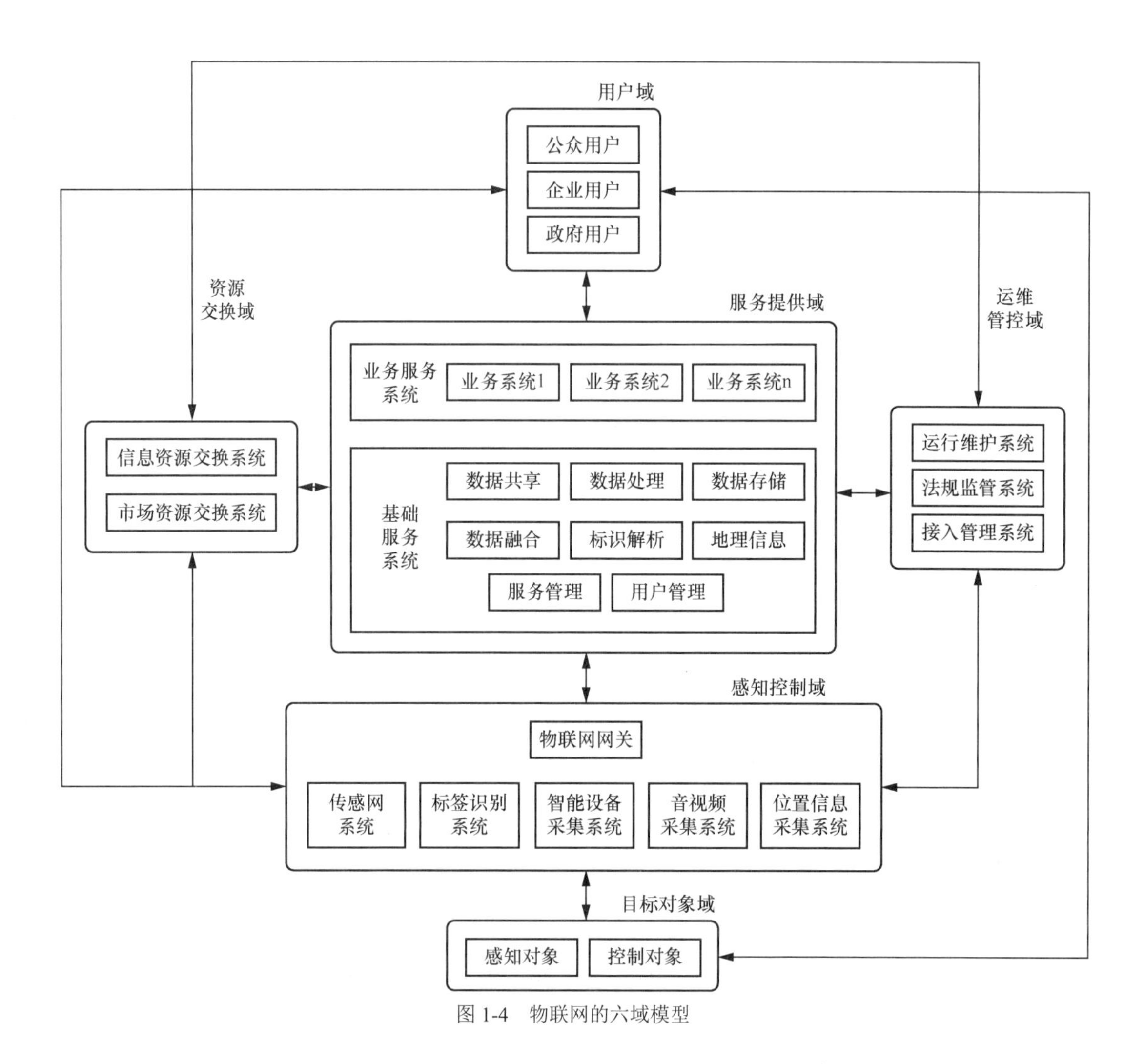

图 1-4 物联网的六域模型

服务提供域是实现物联网基础服务和业务服务的软硬件系统的实体集合。服务提供域可实现对感知数据、控制数据及服务关联数据的加工、处理和协同，为物联网用户提供对物理世界对象的感知和操控服务的接口。

运维管控域是实现物联网运行维护和法规符合性监管的软硬件系统的实体集合。运维管控域可保障物联网的设备和系统安全、可靠、高效地运行，以及保障物联网系统中实体及其行为的合法性。

资源交换域是实现物联网系统与外部系统间信息资源的共享和交换，以及实现物联网系统信息和服务集中交易的软硬件系统的实体集合。资源交换域可获取物联网服务所需的外部信息资源，也可为外部系统提供所需的物联网系统的信息资源，还可以为物联网系统的信息流、服务流、资金流的交换提供保障。

通过各个领域的界定，物联网把传感器嵌入各种物体中，再把所有物体和互联网连接、整合起来，实现智能化识别和管理，实现人类社会与物理系统的整合。

1.4 物联网的相关辨析

物联网中有大量的传感器，但它又不只是一张大而无形的传感器网络，也不是有形的通信网络，还不是互联网的硬件扩展或内容延续。它是一个新的领域，一个比互联网大得多的领域。但是，有时候物联网又被视为互联网的应用扩展和应用创新，还被理解为泛在网络的应用形式。以用户体验为核心的创新确实是物联网发展的灵魂，那么物联网与CPS（信息物理系统）、传感器网络、互联网以及泛在网络有什么区别和联系呢？

1.4.1 物联网与CPS

利用计算技术监测和控制物理设备行为的嵌入式系统称为信息物理系统（CPS）或者深度嵌入式系统。CPS 是将计算资源与物理资源紧密结合与协调的产物，它将改变人类与物理世界的交互方式。CPS 可以实现原来完全分割的虚拟世界和现实世界的关联，使得现实的物理世界与虚拟的网络世界相连接，并通过虚拟世界的信息交互，优化物理世界的物体传递、操作和控制，构成一个高效、智能、环保的物理世界。

为了把网络世界与物理世界进行连接，CPS 必须把已有的、处理离散事件的、不关心时间和空间参数的计算技术，与现有的、处理连续过程的、注重时间和空间参数的控制技术融合起来。这样，网络世界可以采集物理世界与时空相关的信息，进行物理设备的操作和控制。CPS 的设计、构造、测试和维护难度较大，成本较高，通常涉及无数联网的软件和硬件在多个子系统环境下进行精细化集成。CPS 中的嵌入式计算系统不是传统的封闭性系统，而是需要通过网络与其他信息系统进行互联和互操作的系统。绝大部分 CPS 系统必须在外部攻击下还能够继续正常工作，因此都把安全性放到第一位。

CPS 提供了物联网研究和开发所需要的部分理论和技术，同时物联网给出了 CPS 应用的直观认识。

1.4.2 物联网与传感网

早在 20 世纪 70 年代，就出现了将传统传感器采用点对点传输或连接传感控制器而构成传感器网络（简称为传感网）的雏形。传感网是一种特殊的 ad hoc 网络，集成了传感器、微机电系统、无线通信和分布式信息处理技术。传感网的管理平面具有能耗管理、移动性管理以及任务管理功能。路由协议以能耗优先为第一原则，以延长整个网络的生存期为重要目标，以数据为中心，通过保留局部拓扑信息实现快速收敛，具有极强的应用相关性。传感网借助于节点中内置的传感器来测量周边环境中的热、红外、声纳、雷达和地震波等信号，从而探测温度、湿度、噪声、光强度、压力、土壤成分、移动物体的大小、速度和方向等物理现象。

无线传感网的基本功能是将一系列空间位置分散的传感器单元通过自组织的无线网络连接起来，从而将各自采集的数据通过无线网络进行传输汇总，以实现对空间分散范围内的物理或环境状况的协作监控，并根据这些信息进行相应的分析和处理。如果说互联网构成了逻辑上的虚拟数字世界，改变了人与人之间的沟通方式，那么无线传感器网络就是将逻辑上的数字世界与客观上的物理世界融合在一起，改变了人与自然界的交互方式。传感网是集成了监测、控制以及无线通信的网络系统。

传感网可以看作物联网的一种末梢网络和感知扩展层，为物联网提供事物的连接和信息的感知。

1.4.3 物联网和互联网

如今，互联网技术已经成为我们生活中不可分割的一部分，重点体现在互联网技术与其他产业之间的融合，使社会经济格局发生飞跃式的变化。互联网的本质在于构建了一个虚拟的资源共享信息平台，解决了信息不对称的问题。物联网和互联网的对比如表 1-1 所示。

表 1-1 物联网和互联网的对比

对比项	互联网	物联网
起源	计算机技术的出现和信息的快速传播	传感技术的出现与发展，以及通信网络的成熟和发展
面向对象	人	人和物
作用	信息的共享，解决人与人之间的通信问题	物体智能化，解决人与物、物与物之间的通信问题
核心技术	网络协议技术、应用软件开发技术	数据自动采集、数据传输、数据存储与计算、应用软件开发技术
创新性	在内容以及流程形式上实现了创新	将技术与生产生活紧密联系起来

互联网为一个事物提供了多个信息源头，成为我们获得和看待信息的渠道，而物联网则提供了多个事物和多个信息源头，提供了一个用于判断的动态信息，把信息的载体扩充到“物”（包括机器、材料等）上。然而，物联网带来的智能化必须以互联网的传输通信为保障，可以说没有互联网，就没有物联网。

互联网是虚拟的，而物联网是虚拟与现实的结合，是网络在现实世界中真正大规模的应用。

1.4.4 物联网与泛在网络

泛在网络是一种基于个人和社会需求的网络体系，是利用现有的和新的网络技术，实现人与人、人与物、物与物之间无所不在按需进行的信息传递、获取、存储、认知、决策、使用等综合服务的网络体系。它无所不在，无所不包，无所不能，以实现在任何时间、任何地点、任何人、任何物都能顺畅地通信为目标。泛在网络具备环境感知和内容感知的能力，为个人和社会提供无所不含的信息服务和应用。物联网与泛在网络的联系在于，它们都具有网络化、物联化、互联化、自动化、感知化以及智能化的特征。

实际上，泛在网络的范围比物联网还要大，除了人与人、人与物、物与物的沟通外，它还涵盖了人与人的关系、人与物的关系、物与物的关系。泛在网包含了物联网、互联网、传感网的所有内容，以及智能系统的部分范畴。它是一个整合了多种网络的综合网络系统。

泛在网络最大的特点是实现了信息的无缝连接。无论是人们日常生活中的交流、管理、服务，还是生产中的传送、交换、消费，抑或是自然界的灾害预防、环境保护、资源勘探，都可以通过泛在网络连接，实现一个统一的网络。泛在网络这种对事物的全面而广泛的包容性是物联网无法企及的。

物联网与以上几种网络以及其他网络的关系如图 1-5 所示。

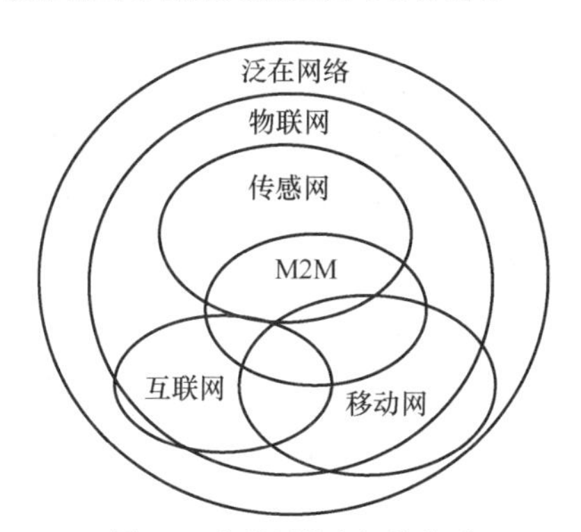

图 1-5 各种网络之间的关系

在图 1-5 中，M2M 和传感网是物联网的组成部分，物联网是互联网的延伸，泛在网络是物联网发展的愿景。一般而言，物联网的基础仍然是互联网，是在互联网基础之上扩展的一种网络。物联网涵盖的范围已经超出传感网，延伸到了任何物品与物品之间的信息交换和通信。物联网最本质的含义是数字世界和物理世界的融合网络，以智能化和泛在化为特征的双向融合。它将带来巨大的创新价值和市场空间。

1.5 技术发展对物联网的影响

通过对物联网与其他网络形式的辨析，我们可以发现物联网是一个超系统。超系统的形成与子系统密不可分，子系统技术的发展对物联网产生了重大的影响。

1.5.1 半导体技术的发展

微电子技术、嵌入式技术、传感器技术和智能标签技术等的发展与成熟使得感知节点能够智能地感知物体与环境，并对其进行通信、处理和控制。

针对智能硬件中集成电路芯片感知与处理的信号的大数据量、微弱性等特性，为了满足智能硬件的智能化、低功耗、云互联、高能效比、高性能的目标需求，基于新结构、新算法的智能信息处理与交互芯片成为硬件和算法间的桥梁。人工智能处理芯片、面向物联网终端和工业控制的低功耗智能微控制器芯片、高性能图像处理和语音交互芯片、AR/VR 芯片、高速高性能硬件加速芯片等纷纷涌现。与这些芯片相配合的处理微弱信号的接口电路、调制解调电路及模数转换电路等关键硬件电路也日新月异。

以谷歌推出的 TPU 芯片为例，这是专门为加速深层神经网络运算能力而研发的一款 ASIC 芯片。它将机器学习拓展到芯片级，可实现低功耗的智能计算。在语音识别、人脸识别等面向下一代用户界面与用户体验的智能硬件方面，新型的基于卷积神经网络和深度学习的处理器也被开发出来了。

智能硬件内部模块之间、各种智能硬件之间的高速无线传输，是制约数据处理与交换的瓶颈。高速无线数据传输集成电路，如硅基毫米波/太赫兹频段的高速无线数据传输芯片，包括毫米波/太赫兹核心芯片电路、片上集成化天线、无线大数据量传输芯片等，突破了基于硅基集成电路工艺的毫米波/太赫兹集成电路芯片设计技术。该技术实现了高工作频率、低噪声和高输出功率的毫米波/太赫兹集成电路核心，通过高频率、宽频带的毫米波/太赫兹通信传输芯片能够实现智能硬件的感知与处理间的交互，从而形成系统化集成。

物联网中所采用的微电子芯片越来越小型化，计算能力越来越强，同时消耗功率也越来越低。这种通过减小器件尺寸来提高芯片性能的方法，是物理和经济上发展的一个转折点。一方面，FinFET（鳍式场效应晶体管）等先进垂直器件工艺的发展，在晶体管尺寸不再减小的条件下，增强了芯片的性能；另一方面，对先进器件电路进行建模、设计和实现的开发工具的出现，实现了系统、模型、工艺与 EDA（电子设计自动化）工具的协同设计，极大地促进了物联网的工程设计与实现。

1.5.2 传感器技术的发展

传感器的种类正在不断丰富。早在 Android API Level 19（Android 4.4.2 SDK）中就列出了大量的传感器类型，共有 21 种只读传感器和可读写传感器。它们当中有些是逻辑传感器，而非物理传感器。例如，重力传感器是在加速度传感器的基础上，结合其他硬件（如陀螺仪）的数据，获取更为精确的信息。此外，有些传感器（例如加速度传感器和陀螺仪）通常集成在同一个物理传感器中。

丰富多样的传感器种类满足了不同物联网硬件的功能需求。环境传感器（如气体、气压、湿度、温度传感器等）常用于空气、家装毒气、工业废气等的检测。惯性传感器用于智能手环、智能手表等可穿戴设备，可监测佩戴者的运动情况。磁性传感器用于智能家用电器仪表盘的转角检测。模拟类传感器用于心电图信号感知等智慧医疗设备。图像传感器用于可见光、红外图像探测，可实现扫地机器人自动避障等。化学生物传感器（如场效应栅控纳米孔器等）用于环境、生物医疗检测。

近年来，传感器技术的突破主要集中在两个方面。第一，向微型化、低功耗、高精度、高可靠性方向发展，以达到更高效、持久、敏感的信息感知，同时降低成本，或通过发现新的敏感机理提高性能。例如，目前全球最小的三轴加速度计是博世公司在 2014 年发布的 BMA355，它采用晶圆级封装，尺寸仅为 1.2mm×1.5mm×0.8mm，功耗极低，工作电流仅为 130μA。第二，随着 CMOS 集成技术与微处理技术的发展，同时具备信息感知、处理、判断、通信功能及标准数字化输出的智能传感器成为发展趋势，逐步替代了传统的仅提供表征待测物理量的模拟信号的传感器。同时，单片集成多种感知能力的传感器、多感知数据的融合都为物联网传感器技术的发展指明了新的方向。例如，欧洲微电子研究中心（IMEC）与三星电子共同研发了一种内置了并发心电、生物阻抗（BioZ）、流电皮肤反应（GSR）以及光电容积描记（PPG）的脉搏波传感器，实现了多参数生理信号的同步采集，可以为可穿戴电子产品提供更精确、可靠和广泛的健康评估。

总体来说，传感器将物理参数的变化转换为可在其他地方传输和解释的电信号。强大的传感器在物联网世界中将是关键所在。

1.5.3 近距离通信技术

在近距离通信技术领域，蓝牙技术风头正劲，尤其是蓝牙 4.0 BLE 的推出，使得大量低功耗物联网终端开始采用蓝牙技术解决近距离通信问题。蓝牙 4.1 又改善了组网能力，简化了连接配置，通过蓝牙 4.1 连接到支持 Ipv6 的可上网设备后，设备就可以直接利用 IPv6 连接到网络。2014 年 12 月推出的蓝牙 4.2 进一步优化了隐私保护，数据传输速度较蓝牙 4.1 提升了 2.5 倍。此外，蓝牙 4.2 提供了互联网协议支持配置文件（IPSP），可让蓝牙智能传感器通过

IPv6/6LoWPAN 直接接入互联网。蓝牙已经成为手机标配，这极大地促进了蓝牙成为众多物联网终端的选择。蓝牙在室内向 Zigbee 发起了挑战，目前只是在组网规模上处于劣势，预计高通在收购 CSR 公司以后将会快速推动蓝牙技术在规模组网能力上的提升。

Wi-Fi 的发展则主要是得益于其在联网方面的长处以及良好的产业支持优势。在无须考虑低功耗的场景下，Wi-Fi 尤其适合使用。此外，低功耗 Wi-Fi 技术也在不断发展中。另外 IEEE 802.11.ah 已经于 2016 年年初发布。这一技术被称为 HaLow，运行在 900MHz 频段，低于当前 Wi-Fi 的 2.4GHz 和 5GHz 频段，适合低功耗和中等距离的物联网设备。

在未来的近距离通信领域，存在着不同的底层通信技术承载规模级应用特定需求的趋势。除了通用的蓝牙、Zigbee、Wi-Fi 技术外，还有一些专门针对特定应用而设计的技术，例如针对智能电网的 IEEE 802.15.4g，针对体域网的 IEEE 802.15.6，针对智能交通系统短程通信技术的 IEEE 802.11p 等。

近距离通信技术或基于传输速度、距离、耗电量的特殊要求，或着眼于功能的扩充性，或符合某些单一应用的特别要求，或建立竞争技术的差异化等，为物联网建立广泛的连接性提供了可能。

1.5.4 互联网的发展

互联网的成功是有目共睹的。网络技术已经改变了人们的生产和生活方式。互联网发展的各个阶段及特点如表 1-2 所示。

表 1-2 互联网发展的各阶段及特点

	20 世纪 60 年代至 20 世纪 70 年代	20 世纪 90 年代	21 世纪初
代表网络	ARPARnet	公众互联网	全球互联网
主要协议	NCP	IPv4	IPv4/IPv6
接入方式	有线	有线、拨号接入	宽带、永远在线
主要功能	数据服务、电子邮件、文件传输等	Web 1.0、IP 语音等	Web 3.0、移动 APP、视频语音等
用户	科研人员	商业人士、专业人士、部分大众	所有人

以 IPv6 为标志的下一代互联网成为物联网的骨干网络，主要基于以下几点。首先，IPv6 将地址空间扩充到了 128 位，为节点预留了足够的地址空间，可为节点分配全局可路由的 IP 地址，以保证节点间端到端通信。其次，IPv6 具有的邻居发现、安全等机制，可加强物联网的服务质量和物联网的网络安全。再次，引入 IPv6 可更好地支持多种无线通信方式。最后，引入 IPv6 可使物联网具有与互联网类似的结构，这对两者向互相兼容的方向发展具有重要意义。

以 IPv6 为基础设计的融合物联网体系结构具有诸多优点。首先，融合的体系结构可以忽略底层接入设备的差异。接入设备千变万化，设备上运行的系统也多种多样，不可能为每个新增加的设备设计一种对应的体系结构。其次，这种体系结构可以清除不同设备间相互通信的障碍。对于不同设备上运行的不同系统，由于其体系结构存在差异，互相通信的信息格式不尽相同，造成了不同设备间通信的障碍。然而，采用融合的体系结构，规定统一的信息格式，制定统一的通信标准，这些障碍将不复存在。最后，该体系结构可以提高通信效率。当不同设备都具有统一的结构时，设备间的通信就不再需要复杂的转换机制，通信效率得以提高。

1.5.5　云计算的发展

云计算是建立物联网综合服务平台的关键技术。云是一种提供资源的平台，也是一种商业计算模型。它将计算任务分布在由大量计算机构成的资源池上，使各种应用能够根据需要获取算力、存储空间和信息服务。云计算的应用包含这样的一种思想，即将力量联合起来，给其中的每一个成员使用。

云计算的定义有多种版本，按照维基百科的定义，云计算是一种基于互联网的计算方式，通过互联网上异构、自治的服务为个人和企业用户提供按需即取的计算。其中，虚拟化、分布式存储、分布式计算、弹性规模扩展和多租户是云计算的关键技术。

（1）虚拟化技术

虚拟化技术将物理资源进行了隐藏，呈现给用户的是一个与物理资源具有相同功能和接口的虚拟资源。这些虚拟资源可能建立在一个实际的物理资源上，也可能跨多个物理资源，用户不需要了解底层的物理细节。根据对象不同，虚拟化技术可分为存储虚拟化、操作系统虚拟化和应用虚拟化等。

（2）分布式存储技术

分布式存储的目标是利用云环境中多台服务器的存储资源来满足单台服务器所不能满足的存储需求，其特征是存储资源被抽象表示和统一管理，并且能够保证数据读写操作的安全性、可靠性等各方面的要求。云计算催生了优秀的分布式文件系统和云存储服务，最典型的云平台分布式文件系统是谷歌的 GFS 和开源的 HDFS 等。

（3）分布式计算技术

基于云平台的最典型的分布式计算模式是 MapReduce 编程模型。MapReduce 将大型任务分成很多细粒度的子任务，这些子任务分布式地在多个计算节点上进行调度和计算，从而在云平台上获得对海量数据的处理能力。随着信息技术的发展，分布式计算的流式处理技术为物联网的实时性需求提供了可行性。

（4）弹性规模扩展技术

云计算提供了一个巨大的资源池，而应用又有着不同的负载变化。根据负载对应用的资源进行动态伸缩，即高负载时动态扩展资源，低负载时释放多余的资源，可以显著提高资源的利用率。该技术为不同的应用架构设定不同的集群类型，每一种集群类型都有特定的扩展方式，然后通过监控负载的动态变化，自动为应用集群增加或者减少资源。

（5）多租户技术

多租户技术目的在于使大量用户能够共享同一堆栈的软硬件资源。每个用户按需使用资源，能够对软件服务进行自定义配置，而不影响其他用户的使用。多租户技术的核心包括数据隔离、自定义配置、架构扩展和性能定制。

物联网使物理世界本身成为一种信息系统，产生了大量流向计算机的可供分析的数据。当物体既能感知环境又能进行交流时，它们就成为理解复杂性并对其快速反应的工具。所有这一切具有的革命性意义就是这些物理信息系统现在开始得到有效利用，而且其中一些甚至在大部分情况下无须人类干预就能运行。通俗地说，物联网将数十亿台传感器、摄像机、工业机器、显示器、智能手机和其他智能通信设备集成到云数据中心，并及时处理其弹性和虚拟化云资源中的数据，从而实现端到端应用和服务生命周期的自动化。

1.6　小结

物联网是一个基于互联网、传统电信网等信息载体，能让所有独立寻址的普通物理对象实现互联互通的网络。通常来说，物联网被视为互联网的应用扩展，应用的创新促进了物联网的发展。以用户体验为核心的创新是物联网发展的灵魂。相关技术的成熟为物联网提供了实现的基础，例如：

- 成熟的传感器技术——无线传感器网络、RFID、电子标签等；
- 发达的网络——宽带网络、Wi-Fi、移动通信网络等；
- 高速的信息处理能力；

……

物联网具有普通对象设备化、自治终端互联化和普适服务智能化三个重要特征。物联网实现了事物（包含人）之间的互联，从而能够实现所有事物之间主动的信息交换和通信。物体的相关信息通过网络传输到信息处理中心后，可以实现各种信息服务和应用。

物联网的本质在于借助网络智能化的实现，把各种事物以信息化的方式通过网络表现出来。“物”能够利用传感器技术彼此进行智慧“交流”，而无须人的干预，并通过互联网实现物体的自动识别和信息的互联与共享。

第2章 物联网的体系结构

从时间的维度看，物联网的诞生与演变为我们提供了物联网的基本认知。物联网是物与物、物与人、人与人之间相互连接并通信的网络。从空间的维度看，了解物联网的组成及其体系结构，能够让我们更清晰地认识物联网，为实现基于物联网的应用服务打下基础。

本章解决的问题是物联网在系统层面是由什么组成的。

物联网融合了物理基础设施和信息基础设施这两个世界，涉及的行业和相关的技术相当多，因此全面理解它的体系结构变得不那么简单。就像学习计算机网络那样，抽象模型（例如 OSI 的七层体系结构）可以让我们从系统的角度看待网络，物联网抽象出的概念模型同样能够帮助我们高屋建瓴地看待物联网的组成。

分类是一种重要的方法。通过对物联网中组成节点的分类，可以了解不同子系统的特点及适用范围。同样，分层可以看作一种特殊的抽象和分类方法，对网络服务的分析和理解非常有效。

从软件工程的角度看，物联网的组成体系可以看成系统的架构体系。许多计算机科学领域的体系结构、架构模式和设计模式的思考方式在物联网领域同样适用，例如冯·诺伊曼的计算机体系结构等。无论是业务架构还是技术架构，都是对物联网体系结构非常有意义的描述。需要注意的是，物联网有其自身固有的约束条件。

2.1 物联网的概念模型

物联网的概念模型是网络世界与物理世界的融合模型。网络世界与物理世界的融合涉及三个层面：技术层面、社会层面和系统层面。

- 技术层面主要涉及一些与物联网相关的技术，例如嵌入式系统、传感器网络、中间件、云计算等。
- 社会层面主要涉及网络世界与物理世界融合的社会、经济、法律以及隐私保护等相关的问题。
- 系统层面涉及网络世界与物理世界融合的具体应用系统，例如智能家居系统、智能交通系统、智能电网系统、智慧校园、智慧城市等。

物联网系统本身是由三个功能维度构成的一个系统，这三个功能维度是信息物品、自主网络和智能应用。其中，信息物品表示这些物品是可以标识的或可以感知其自身的信息；自主网络表示这类网络具有自配置、自愈合、自优化和自保护能力；智能应用表示这类应用具有智能控制和处理能力。这三个功能维度是传统网络系统不具备的（包括自主网络的维度），这是连接物品的网络必须具有的维度。否则，物联网就无法满足应用的需求。

在图 2-1 中，信息物品、自主网络与智能应用三个功能维度的重叠部分就是具有全部物联网特征的物联网系统，可以称之为物联网基础设施。

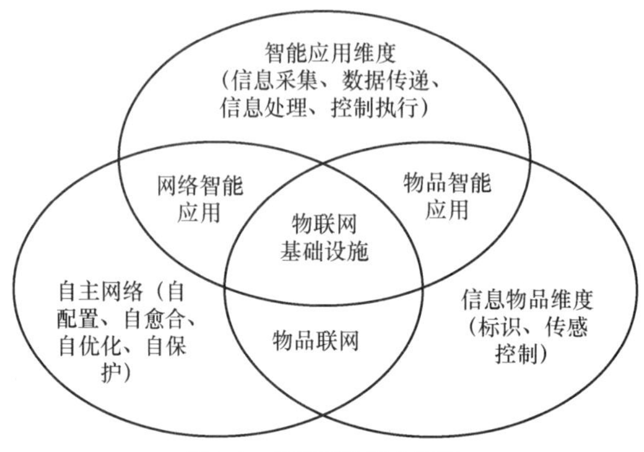

图 2-1 物联网的概念模型

物联网体系结构中三类功能维度之间都存在相互的关系，具体如下。

- 信息物品需要依赖自主网络提供的接入网络服务，使得信息物品成为物联网系统可以识别、可以访问的物品；还需要依赖智能应用的需求，确定提供信息的类型以及可以执行的相关操作。
- 智能应用需要依赖自主网络提供的数据传输与远程服务访问的功能，实现网络环境下的数据传输和服务调用；还需要依赖信息物品的数据语义，进行相关的处理和决策，确定对于信息物品的操作。
- 自主网络需要依赖信息物品的标识，自动选择相关的网络接入协议并配置协议，提供接入信息物品的服务；还需要依赖智能应用的需求，确定相应的服务质量以及可能的定制服务。

这三类功能维度之间的相互关系不同于互联网分层体系结构定义的功能部件之间的相互关系，这三类功能维度之间并不只是一个简单的分层服务调用和服务提供的关系。

2.2 物联网中的组成节点

为了认识物联网的体系结构，首先需要划分物联网中网络节点的类型。一般而言，物联网中的网络节点可以分成无源节点、有源节点和互联网节点，其特征从以下方面进行描述：电源、移动性、感知性、存储能力、计算能力、联网能力、连接类型。表 2-1 说明了这三类节点的区别。

表 2-1　物联网中的三类节点

	无源节点	有源节点	互联网节点
电源	无	有	不间断电源
移动性	有	可以有	无
感知性	被感知	有感知	有感知
存储能力	弱	有	强
计算能力	无	有	强
联网能力	无	有	强
连接类型	物与物	物与物、人与物、人与人	人与物、人与人

- 无源节点：一般指具有电子标签的物品，这是物联网中数量最多的节点。例如携带电子标签的人可以成为一个无源节点。无源节点一般不带电源，可以具有移动性，具有被感知能力和少量的数据存储能力，不具备计算和联网能力，提供被动的物与物之间的连接。
- 有源节点：一般指具备感知、联网和计算能力的嵌入式系统，这是物联网的核心节点。例如装备了可以传感人体信息的穿戴式电脑的人可以成为一个有源节点。有源节点带有电源，可以具有移动性、感知、存储、计算和联网能力，提供物与物、人与物、人与人之间的连接。
- 互联网节点：具备联网和计算能力的计算系统，这是物联网的信息中心和控制中心。例如，具有物联网安全性和可靠性要求，并能够提供时间和空间约束服务的节点，就是一个互联网节点。它是属于物联网系统的节点，采用了互联网的联网技术相互连接，但具有物联网系统中特有的时间和空间的控制能力，配备了物联网专用的、安全、可靠的控制体系。一般而言，互联网节点具有不间断电源，不具备移动性，可以具有感知能力，具有较强的存储、计算和联网能力，可以提供人与物以及人与人之间的连接。

节点之间可能存在的连接类型包括无源节点与有源节点、有源节点与有源节点，以及有源节点与互联网节点之间的连接。无源节点与有源节点通过物理层协议连接（如通过 RFID 协议），有源节点之间的信息转发和汇聚可以通过应用协议实现。一般来说，有源节点需要通过网关才能连接互联网节点。在这三种连接中，物理层协议提供了在物理信道上采集和传递信息的功能，具有一定的安全性和可靠性控制能力。数据链路层协议提供对物理信道的访问控制和复用，提供在链路层上安全、可靠、高效传递数据的功能，具有较为完整的可靠性、安全性控制能力，可以提供服务质量的保证。应用层协议提供信息采集、传递、查询功能，具有较为完整的用户管理、联网配置、安全管理和可靠性控制等能力。

2.3 物联网的分层体系结构

从分层的角度看，中国通信标准化协会（CCSA）泛在网技术工作委员会（TC10）给出了物联网的三层结构。第一层是感知延伸系统，通过传感器连接事物和感知信息；第二层是异构融合的泛在通信网络，包括现有的互联网、通信网、广电网以及各种接入网和专用网，实现对信息的传输和处理；第三层是应用和服务，为手机、PC 等各种终端设备提供感知信息的应用服务。因此，基于分层的物联网体系结构如图 2-2 所示。

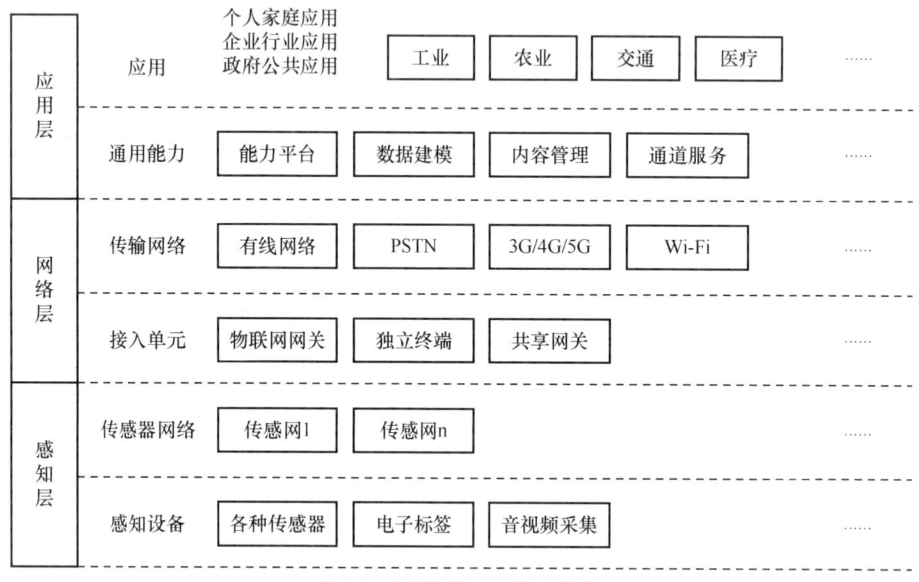

图 2-2 物联网的分层体系结构

在图 2-2 中，物联网的三层体系结构从下到上依次是感知层、网络层和应用层，这也体现了物联网的三个基本特征，即全面感知、可靠传输和智能处理。感知层是物联网三层体系结构中最基础的一层，主要完成对物体的识别和对数据的采集。网络层利用各种接入及传输设备将感知到的信息进行传送。应用层则像人的大脑一样，将收集的信息进行处理，为用户提供丰富的服务。物联网中的每一层都有自己的业务特征，也体现了技术上的差异。

2.3.1 感知层特征

感知层主要用于识别物体、采集信息，由传感器网络和感知设备两部分组成，包括有线传感器网络、无线传感器网络、传感器、RFID、视频采集设备等。

物联网感知层解决的是人类世界和物理世界的数据获取问题，包括各类物理量、标识、音频、视频数据。感知层处于三层体系结构的最底层，是物联网发展和应用的基础，具有物联网全面感知的核心能力。作为物联网最基本的一层，感知层具有十分重要的作用。

感知层中涉及一部分通信能力，主要是硬件设备之间的通信。由于各厂商的硬件标准、协议、接口可能不同，导致集成商开发工作量大，这需要通过智能的方式来解决。传感器必须具备低功耗特性，否则供电问题难以解决，而且终端内的电池应该具备长久的续航能力。目前的很多应用中，都会遇到供电这个瓶颈，这是物联网应用中亟待解决的一个重要问题。

2.3.2 网络层特征

网络层主要用于信息传输，包括接入单元和传输网络两个部分。接入单元有独立的物联网终端以及作为感知数据汇聚点的物联网网关；传输网络包括有线（宽带、PSTN）、无线（3G/4G/5G、Wi-Fi、WiMAX、LTE）等。网络层应该支持物联网终端的广泛接入和广泛互连，这对运营者的网络建设要求很高。

随着物联网终端的大量接入，运营者的网络将面临非常大的压力。而且，很多终端都是小流量长在线业务，发送的数据量很小，发送频率也不高，但是却又要求实时在线。这对网络资源占用造成了严重的影响。因此，需要规划用户用得起、运营商建得起，以及运营得起的经济型网络。

物联网业务的特点是上行流量大于下行流量、近程多于远程、持续多于突发、并发多于偶发、传感节点类型多。因此，需要建设智能型网络，具备传感网与通信网的异构融合，支持灵活的编码方式和传输方式，并引入 IPv6，为物联网提供海量 IP 地址。

物联网的网络层主要承担着数据传输的功能，特别是当三网融合后，有线电视网也能承担数据传输的功能。在物联网中，要求网络层能够把感知层感知到的数据无障碍、高可靠、高安全性地进行传送，它解决的是感知层所获得的数据在一定范围内的传输问题，尤其是远距离传输问题。同时，物联网网络层将承担比现有网络更大的数据量传输要求，面临更高的服务质量要求，所以现有网络尚不能满足物联网的需求，这就意味着物联网需要对现有网络进行融合和扩展，利用新技术以实现更加广泛和高效的互联功能。

2.3.3 应用层特征

物联网应用是物联网发展的驱动力和目的。应用层的主要功能是把感知和传输来的信息进行分析和处理，做出正确的控制和决策，实现智能化的管理、应用和服务。应用层解决的是信息处理和人机界面的问题。

应用层主要用于业务相关信息的处理和应用，其中也包括各种物联网通用能力，如基础通信能力调用、数据建模、目录服务、内容管理、通道服务等。在通用能力之上，是各种物联网的行业应用，包括企业的行业应用、个人家庭应用、政府公共应用等各类应用，涵盖物联网应用的各个领域。

通过物联网管理平台可以让用户对管理数据和业务数据进行灵活处理，并将大量数据合理呈现。另外，该平台对终端的管理还涉及注册、休眠、唤醒等多项功能，极大地提升了设备管理效率，更好地体现了集中管理的益处。各种数据信息通过信息采集设备、传输设备及网络传输，最后到达用户侧，并且大多数情况下用户又发出相关指令回传到终端设备，因此需要大量设备的协同工作才能保证有效的数据传输和对设备的准确控制。要实现这样的效果，除了需要管理平台、友好的用户界面之外，还需要大量的诸如物联网网关的中间件，从而保证终端设备与网络的顺畅通信。

物联网应用层的智能性主要体现在两个方面。一方面，语音、视频图像等识别技术的发展拓展了物联网的应用，也使原有的应用更加智能化。例如，通过将物联网的应用从被动变为主动，缩减响应时间，从而赋予物联网应用更多的商业价值。另一方面，云计算的发展大大提升了对海量信息的智能处理能力，这同样可以让更多新的的应用成为可能，让原有应用的响应速度得到提升。

对应于物联网的三层体系结构，所需的技术支撑体系如图 2-3 所示。

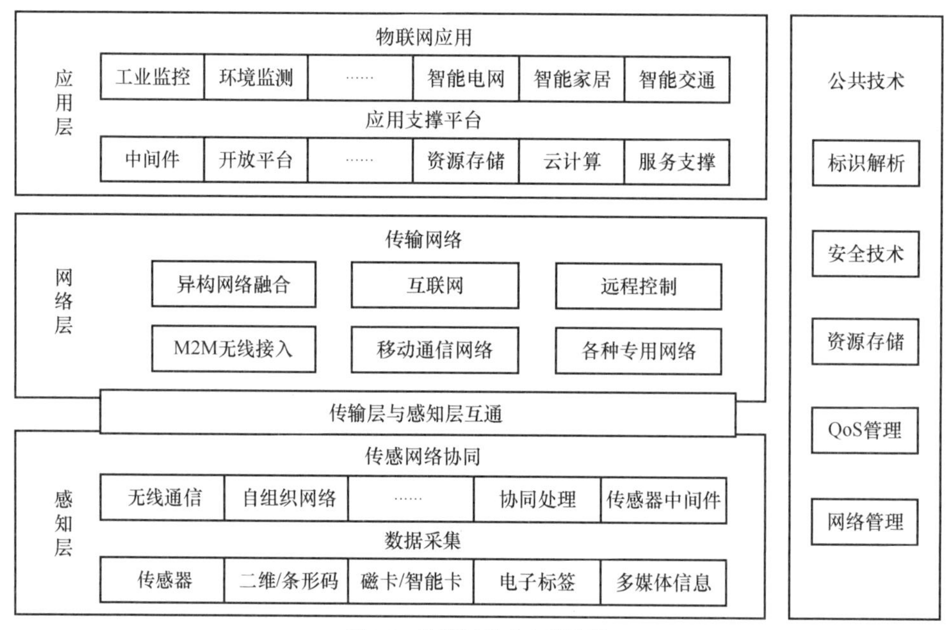

图 2-3 物联网技术支撑体系

图 2-3 指明了物联网各层涉及的主要技术，对于数据的感知和采集主要涉及传感器技术、条形码/二维码/磁卡/智能卡/电子标签等识别技术，以及诸如声音/图像/视频等多媒体信息的采集。对于感知层的本地连接而言，包括无线通信技术、自组织网络、协同处理以及传感器中间件等技术。传输层与感知层的互通涉及的协议的适配和转换，一般是物联网网关的职责。网络

层主要涉及 M2M 无线接入、移动通信网络等异构网络的融合以及互联网技术。应用层包括应用支撑平台和具体的物联网应用。公共技术是各层都会涉及的技术，例如安全技术、网络管理、标识解析等。

随着物联网的广泛应用，尤其是物联网开放平台和中间件系统的发展，依据物联网概述（ITU-T Y.2060），物联网的体系结构又可以分为应用层、业务层、网络层和感知层 4 层。其中，业务层对应物联网赋能平台，是终端到应用的接入网关，应用通过该网关调用接口查看和控制远端的物联网终端，终端也通过该网关接入云端共享数据。因此，物联网赋能平台面向应用开放能力，面向终端开放接入接口。简要的物联网系统 4 层体系结构如图 2-4 所示。

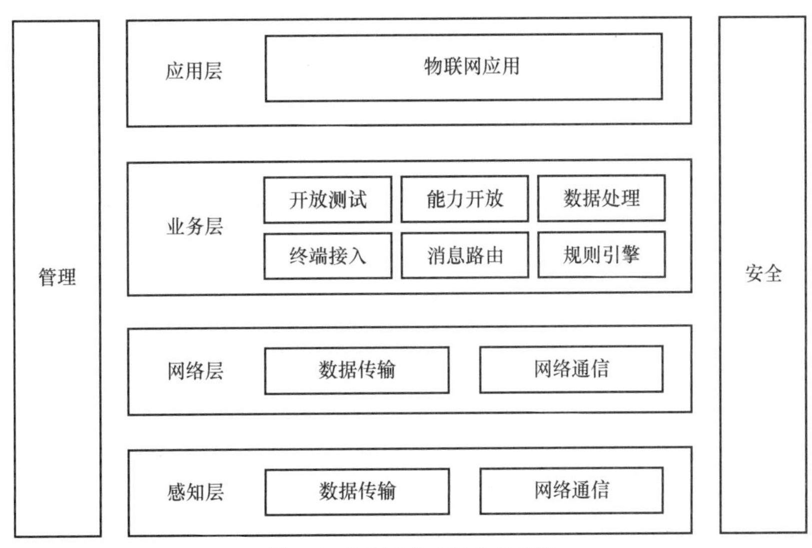

图 2-4　物联网的 4 层体系结构

在图 2-4 中，物联网的 4 层体系结构从实现的层面对三层体系结构进行了扩展。根据问题的复杂程度，该体系结构还可以分成 5 层或者更多层次，但本质是类似的。三层体系结构是描述物联网体系结构的基础。

从抽象的角度来看，物联网的主要技术分为连接和计算两个方面。就核心技术而言，可以将物联网的核心技术总结为两大类，即核心使能技术和协同性技术。前者包括 M2M 接口和通信协议、微控制器、无线通信技术、RFID 技术、节能技术、传感器技术、传动装置技术、定位技术和软件技术；后者包括地理标签技术、生物统计技术、机器视觉技术、机器人技术、扩大的现实世界技术、镜像世界技术、生命记录和个人黑盒技术、可触知的用户接口技术和清洁技术等。

物联网涉及感知、控制、网络通信、微电子、软件、嵌入式系统、微机电等技术领域，因此，物联网涵盖的关键技术非常多。

2.4 物联网的产业链

产业链的本质是用于描述一个具有某种内在联系的企业群结构，存在两种属性：结构属性和价值属性。产业链中存在大量的上下游关系和相互价值的交换，上游环节向下游环节输送产品或服务，下游环节向上游环节反馈信息。也就是说，产业链建立在劳动分工与协作的基础之上，它包含了产业上下游之间从原料到消费者的完整过程，上下游企业之间因技术联系和投入产出关系而相互连接。同样，物联网的产业链是各个产业部门之间基于一定的技术、经济关联、并依据特定的逻辑关系和时空布局关系客观形成的链条式关系形态。

在物联网中，还经常会涉及供应链。供应链与产业链的主要区别如表2-2所示。

表2-2　供应链与产业链的主要区别

	供应链	产业链
侧重点	如何有效地降低供应成本	如何在有效地创造价值的同时降低供应成本
主要目标	通过提高供应流程的效率来降低成本	为满足消费者需求并创造价值的同时提高供应流程效率，以降低成本
关注环节	产品的生产环节	产品设计研发、生产、销售的整个环节
数据流	从供应商到消费者的供应流	价值流与供应流的结合

物联网中的产业链主要包括芯片供应商、传感器供应商、无线模组（含天线）厂商、网络运营商（含SIM卡商）、平台服务商、系统及软件开发商、智能硬件厂商、系统集成及应用服务提供商。各参与方提供的服务/产品在物联网4层体系结构中的位置如图2-5所示。

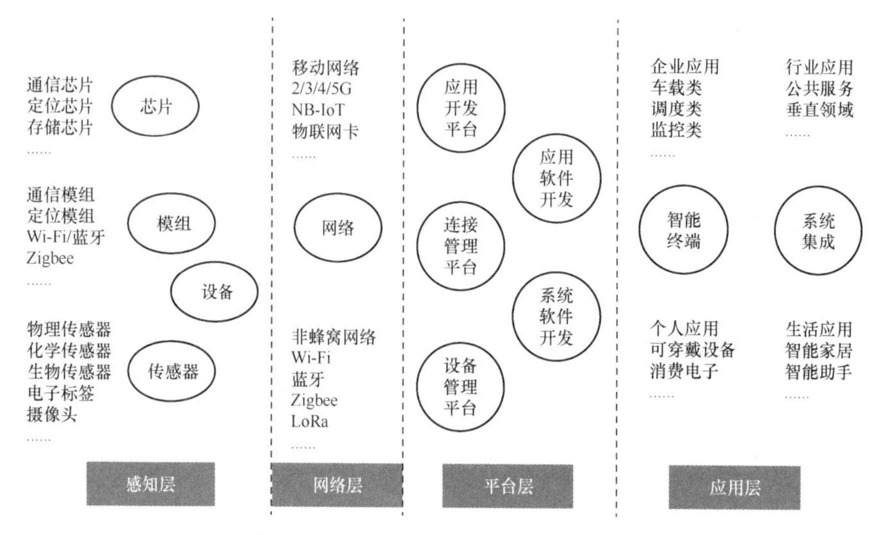

图2-5　各参与方提供的服务/产品在物联网4层体系结构中的位置

芯片是物联网的“大脑”，低功耗、高可靠性的半导体芯片是物联网几乎所有环节都必不可少的关键部件之一，芯片供应商在物联网的产业链中举足轻重。传感器供应商塑造了物联网的“五官”，是感知世界、获取具体数据信息的支撑点。无线模组厂商实现了联网和定位，是建立连接性的基础。网络运营商掌控物联网的通道，是广泛连接性的基石。平台服务商完善了物联网的有效管理，系统及软件开发商使得物联网应用的开发和运营更加高效。智能硬件厂商提供物联网的“终端承载”，提供了真正的物联网产品。系统集成及应用服务提供商是物联网应用落地的实施者以及内容的提供者。

从物联网产品和服务的发布来看，参与者更加多样化。研发参与者除了企业之外，还有科研机构、标准化组织、投资机构等。生产的参与者除了工厂之外，还包括软件及系统集成厂商、服务实施厂商和网络运营商等。最后，市场营销的各方也是参与者之一。

物联网终端设备环节包括传感器供应商、芯片供应商、无线模组厂商以及终端厂商等，基础通信网络环节包括网络运营商以及虚拟网络运营商等，服务集成平台与服务环节包括平台服务商、中间件开发商、服务开发商以及服务销售商等，系统集成环节包括系统集成商、硬件提供商以及方案提供商等，而物联网应用面向的客户包括集团客户、行业客户以及个人客户等。

物联网产业链的完善是物联网产业良性发展的前提条件。当前，我国物联网上下游产业环节已经相对成形，但产业链不同环节之间的结合还不够紧密，只有进一步统筹规划，才能产生有价值的物联网应用。

2.5 物联网的价值网

通过物联网的产业链输出的各种各样的物联网应用和服务，最终目标还是为用户创造价值，形成价值链（见图 2-6）。同时，物联网对于企业的改变将超越企业流程再造、六西格玛、精益生产、敏捷计算或者任何其他突然冒出来的商业概念。物联网对企业业务的冲击是革命性的，当一切都能进行通信时，物联网实际上已经重新定义并创造出了新的商业价值链。所谓价值链，是价值的创造和增值过程。价值来源于需求，来源于消费者当时所处环境下的主观需求，所以消费者是价值的源头，物联网价值链的关注重点自然就是消费者。

在图 2-6 中，物联网节点如传感器、电子标签等持续产生数据。这些数据通过提炼形成信息流和事件特征流，这就是数据传输和处理的过程。通过对事件特征流进行数据分析，探索事件的特征模式，形成知识流和价值流，这是知识生成和洞见生成的过程，最终得到数据的洞见和数据的价值。数据传输和处理是基于事件驱动的计算，知识和洞见的生成是基于知识驱动的计算。

物联网的价值链实际上是数据获取和处理 6C 流程的另一种表现形式，在形成物联网的价值网的同时，也产生了新的商业模式。价值网的业务设计包括价值定位、价值活动、价值创造和企业战略。物联网产业的价值网模型如图 2-7 所示，其中包含了价值创造活动的主要环节。

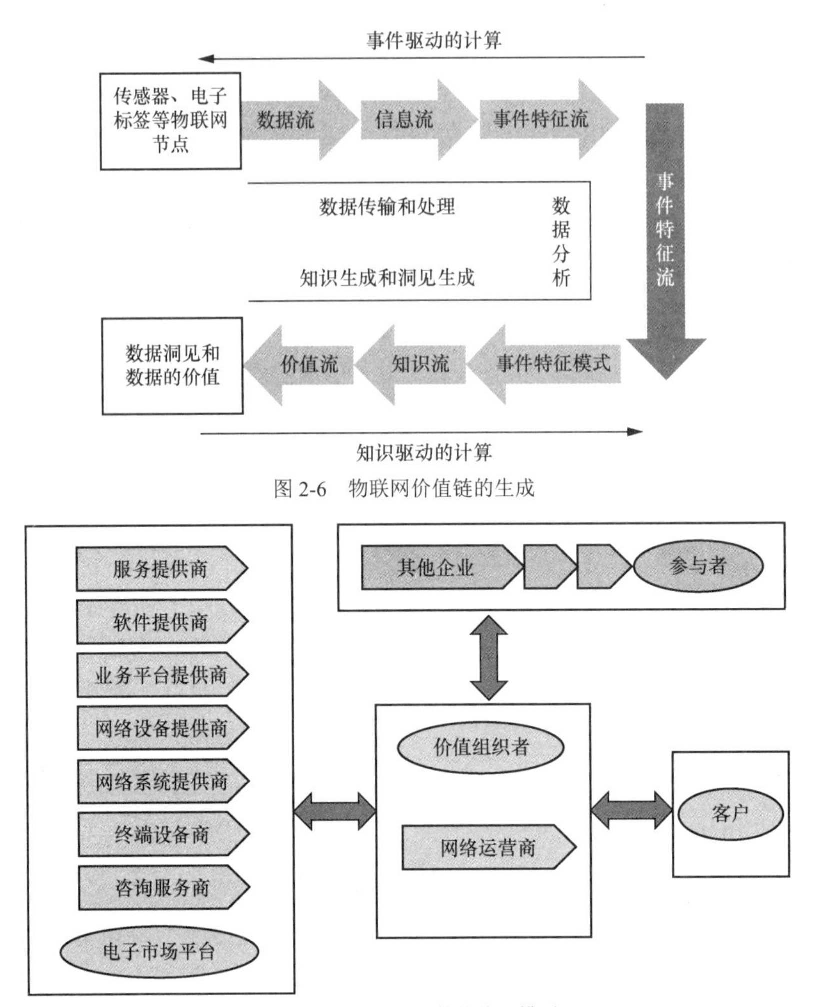

图 2-6 物联网价值链的生成

图 2-7 物联网产业的价值网模型

在图 2-7 中，价值网的概念突破了原有价值链的范畴，它从更大的范围出发，根据客户的需求，由各个相互协作的企业构成了虚拟的价值网。在价值网中，企业、供应商和客户都提供价值，并且参与者之间是基于相互协作的数字化的网络而运作。

物联网产业中的一种商业模式是以物联网通信网络运营商为组织者，它利用自身的运营资源和业务能力，针对目标市场寻找准确的价值定位。在此基础上实现内外部资源的整合，并以整合平台为媒介，连接其他市场参与者，建立起由客户、物联网通信网络运营商、服务提供商和其他参与者共同创造价值的价值网商业模式。

在这种基于价值网的物联网产业的商业模式中，物联网通信网络运营商是价值网目标设计者。它们制定价值网目标，凭借其广泛的客户资源、强大的业务提供和整合能力，识别并定义细分目标市场，然后在准确理解和分析目标市场客户需求的基础上，围绕客户确定需要提供的目标产品和业务。

在整个商业模式中，服务提供商、软件及业务平台提供商、设备供应商等都将为客户价值所驱动，充分体现出以客户为中心的思想。价值网组织者针对某个最有价值的用户群体（即目标客户群体）建立标准的接口平台，使所有参与者基于该平台整合网络内外部资源，面向客户进行一系列价值创造活动。物联网产业的价值网模型融合了每个参与者对客户需求的理解，通过网络结构连接众多成员。对客户需求的理解并不局限于物联网通信网络运营商，而是包含了所有参与者对客户需求的理解。

2.6 物联网的生态系统

我们正处于一个从信息碎片化过渡到终端碎片化的时代。如果说互联网是寡头之间的竞争，那么物联网将是生态系统之间的竞争。物联网的生态系统就是对全产业链要素实现有机融合，从而支撑起数字化企业各种内外资源的实时共享。

当前物联网业务应用的产业链过长，其业务共有的功能、性能、资源等优势难以发挥，缺少能够跨行业的系统统筹协调。根据物联网中各参与方之间的主次、从属关系，以及创造客户价值的不同主体，可以将目前以及未来可能存在的物联网商业模式分为以下 8 种类型：

- 运营商主导型；
- 系统集成商主导型；
- 软硬件集成商主导型；
- 软件内容集成商主导型；
- 政府主导型；
- 用户主导型；
- 合作运营型；
- 云聚合型。

尽管由于物联网的广泛性和新兴的可能性，以及它在整个行业中的扩展速度，我们难以捕获其生态系统正确的影子。但是，依赖于物联网商业模式中的每个主导类型，都能够形成一种物联网的生态系统。

例如，软硬件集成商主导型有自己的设备系统平台，以设备系统平台为核心的生态系统如图 2-8 所示。

在图 2-8 中，围绕设备系统平台，将器件供应商、设备制造商、智能设备、数字化的物理世界、开发者/开发商、应用场景、用户、云平台与大数据联系在一起，形成了以设备系统平台为中心的生态系统。

另一个例子是，在产业价值不断向软件和基于数据的服务转移的大趋势下，物联网大数据平台可凭借其对产业链上下游企业整合、促进开环应用发展的关键作用，成为产业生态构建的核心要素。大数据的应用就是将各种相关的数据加以开发和运用，而这些数据的基础，一是互联网时代丰富的资源库；二是物联网设备产生的数据（与目前互联网产生的数据相比，根本不在一个数量级上）。加快建成物联网数据处理平台，同样可以抢占市场先机，形成生态系统。图 2-9 所示为物联网大数据的产业链生态。

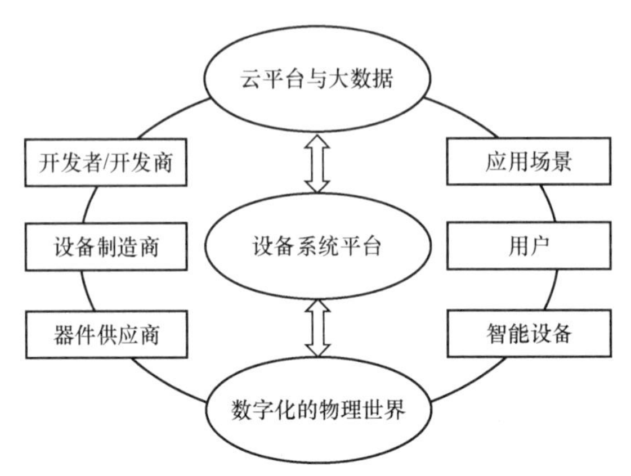

图 2-8 围绕设备系统平台的生态系统

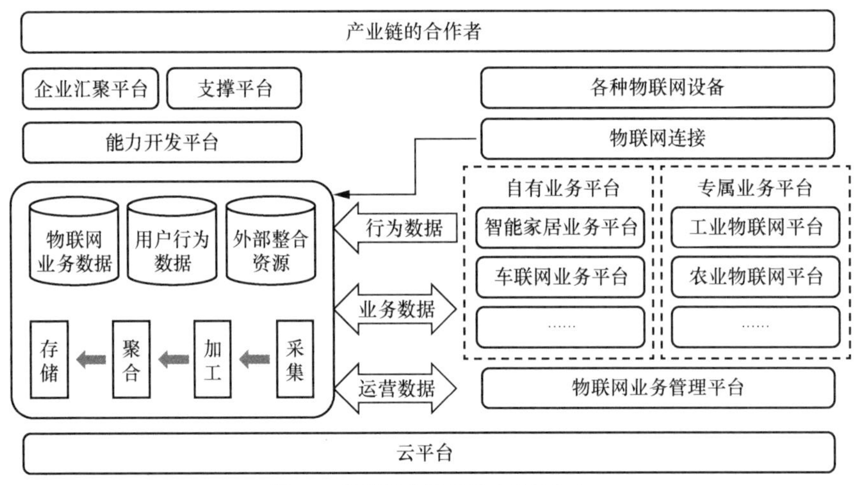

图 2-9 物联网大数据的产业链生态

在图 2-9 中，无论是自有业务平台还是专属业务平台，抑或是物联网业务管理平台，都会将用户的行为数据、业务数据和运营数据传输到基于云服务的大数据平台，进行数据的进一步采集、加工、聚合和存储。同时，整合外部资源，通过能力开发平台、企业汇聚平台和支撑平台反馈给产业链的合作者。

实际上，企业需要构建的是一个物联网的生态系统。必须摒弃传统的由一个垂直集成供应商提供端到端解决方案的模式，让合作伙伴利用横向可重复使用的模块开发最优化的运营和服务解决方案。从事物联网的企业可以依照自身的特点，明确自身在物联网体系结构中的位置，发挥在物联网产业链和价值网中的作用，以构建相应的生态系统。

物联网的竞争不仅是产品的竞争，更是生态系统的竞争，生态系统要考虑和谐共存、协同发展。

2.7 小结

通过学习物理构造和空间特性，我们可以明晰物联网的体系结构，以物联网的概念模型给出物联网系统的抽象轮廓。物联网的三种节点类型是对网络中主要元素组件的高度概括，同时指出了每种类型节点的特性。

对物联网的分层描述给出了物联网内在的体系结构。在业界，感知层、网络层和应用层的三层体系结构正达成基本的共识。此外，从具体实现和具体应用出发，还可以将物联网划分成多种体系结构。无论哪一种分层结构，物联网中的关键技术基本上是一致的。

物联网的参与者共同组成了物联网的产业链，从而“以用户为中心”的物联网也构成了价值网。为用户创造价值才是物联网的目标和意义所在。面向不同的商业模式，物联网企业能够根据自己的特点构建相应的生态系统。

第 3 章

物联网的应用

物联网遍及各行各业：智能交通、环境保护、政府工作、公共安全、平安家居、智能消防、工业监测、环境监测、老人护理、个人健康、花卉栽培、水系监测、食品溯源、敌情侦查和情报搜集等。早在 2017 年，部分统计数据表明，智慧城市和工业物联网占据了物联网应用领域中接近一半的比例，之后是网络化健康、智能家居、车联网、可穿戴设备等。

从数据传输的速率和可用的接入技术的视角来看，物联网的应用又可以分为低速率、中速率和高速率三种类型。从该维度同样可用对物联网的应用领域进行分类，如图 3-1 所示。低速率的物联网应用主要为低功耗广域网应用，主要应用在传感器、物流与物品追踪、水电气表、智慧农业等领域中。中速率的物联网应用、领域包括智能家居、M2M 应用、移动 POS 机等，而高速率的物联网则主要应用在视频监控领域等。

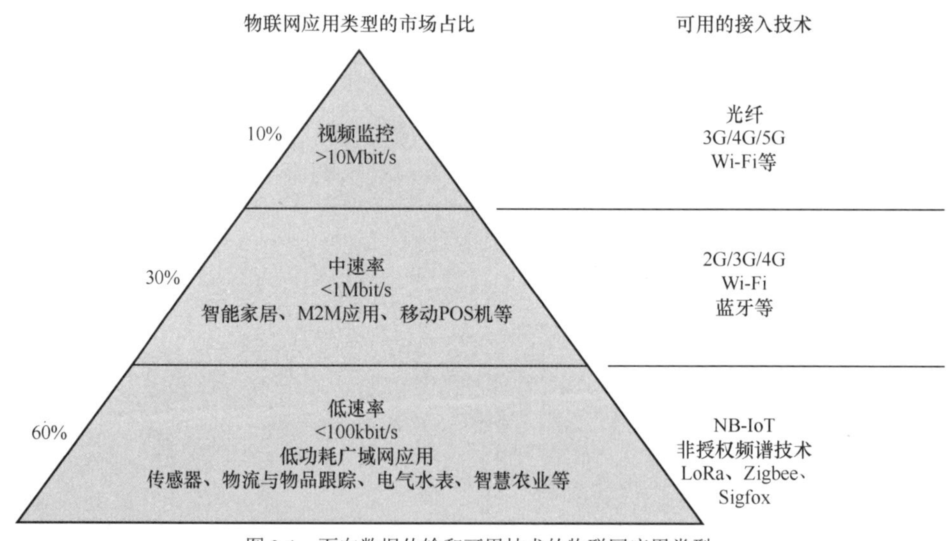

图 3-1　面向数据传输和可用技术的物联网应用类型

那么，物联网到底可以应用到哪些具体领域呢？

回归到时空观，以个人工作和生活的空间来认识物联网的应用领域是一个简单的思路。把物联网作为人们与物理世界的连接纽带，通过构造整个的智能空间，可形成庞大的应用领域。按照美国国家标准与技术研究院（NIST）给出的定义，智能空间是“一个嵌入了计算、信息设备和多模态的传感器的工作空间，其目的是使用户能非常方便地在其中访问信息和获得计算机的服务，以高效地进行单独工作和与他人的协同工作”。

可以将智能空间看成物理世界和信息空间的融合，具备感知/观察、分析/推理、决策/执行三大基本功能。这种融合表现为两个方面：

- 物理世界中的物体将与信息空间中的对象互相关联；
- 物理世界中物体状态的变化会引发信息空间中相关联的对象状态的改变，反之亦然。

智能空间的目的是建立一个以人为中心的充满计算和通信能力的空间，让计算机参与到从未涉及计算行为的活动中。用户可以像与他人交互一样与计算机系统进行交互，从而随时随地、透明地获得人性化的服务。

不同的智能空间有着不同的物联网应用场景，根据个人与物理世界交互的空间，物联网应用场景大致可分为用户的身边智能助手、智能家居、智能建筑、智慧园区、智能工厂、智能交通、智慧城市乃至智慧地球。

3.1 智能助手

人占据了一定的物理空间，对自身空间的感知涉及健康等领域。宽泛地讲，对人体自身感知的各种穿戴式设备、与外界交互的便携式设备，都可以看作智能助手。

可穿戴设备也称为可穿戴计算设备，MIT 的媒体实验室对可穿戴计算设备的定义是“计算机技术结合多媒体和无线传播技术，以不突显异物感的输入或输出仪器，如通过首饰、眼镜或衣服连接个人局域网络、侦测特定情境或提供私人智慧助理，进而成为使用者在行进动作中处理信息的工具”。

便携式电子产品已经成为我们日常生活的一部分，并且不断地改变着我们的生活方式。以手机、平板电脑以及各种播放器为代表的便携式电子产品操纵了我们的业余时间。我国已成为全世界最大的手机消费市场，其中智能手机所占比重日益提高。无论是可穿戴设备，还是便携式电子产品，只要提供网络连接，就都可以看作物联网中的一个组成部分。这些设备将拓展并增强物联网的能力，使数据获取更为便利。尤其是智能手机，已经成为物联网应用中不可分割的一部分。

在物联网的近距离场景中，智能助手扮演越来越重要的角色。随着苹果公司 Siri 的出现，智能助手又有了新的含义，人们可以采用自然语言的方式通过智能助手与外界进行交互。亚马逊推出了 Echo，谷歌推出了 Google Assistant，百度推出了小度系列智能音箱，它们都希望这样的智能助手能够真正地走进千家万户，给人们的生活带来便利。

3.2 智能家居

家是每个人活动的主要场所之一，所以家庭也是物联网技术应用实现最广泛的场景。目前的智能家居只具备一些简单的智能应用，例如电灯的自动开关、电暖气的温度自动调节等。在不久的将来，各种家庭设备将通过智能家庭网络实现不同程度的自动化，用户可以通过 Wi-Fi、宽带、固话和 3G/4G/5G 等无线网络实现对家庭设备的远程管理和控制；空调、照明灯等设备会自动感知主人的生活习惯，自动调节室温、光线的明暗，减少能源浪费。智能家居将为人们提供舒适宜人且高品位的家庭生活空间，实现更智能的家庭安防系统并提供全方位的信息交互功能。

智能家居是以住宅为平台，利用物联网技术、网络通信技术等将家居生活有关的设施进行集成，构建高效的住宅设施与家庭日常事务的管理系统。具体而言，智能家居是利用计算机、嵌入式系统和网络通信技术，将家庭中的各种设备（如照明系统、环境控制设备、安防系统、网络家电）通过家庭网络连接到一起。一方面，智能家居将让用户有更方便的手段来管理家庭设备。例如，通过无线遥控器、电话、互联网或者语音识别方式控制家用设备，以及执行场景操作，使多个设备形成联动。另一方面，智能家居内的各种设备相互间可以通信，不需要用户指挥就能够根据不同的状态互动运行，从而给用户带来最大程度的高效便利与舒适安全。一个智能家居的物联网服务体系示例如图 3-2 所示。

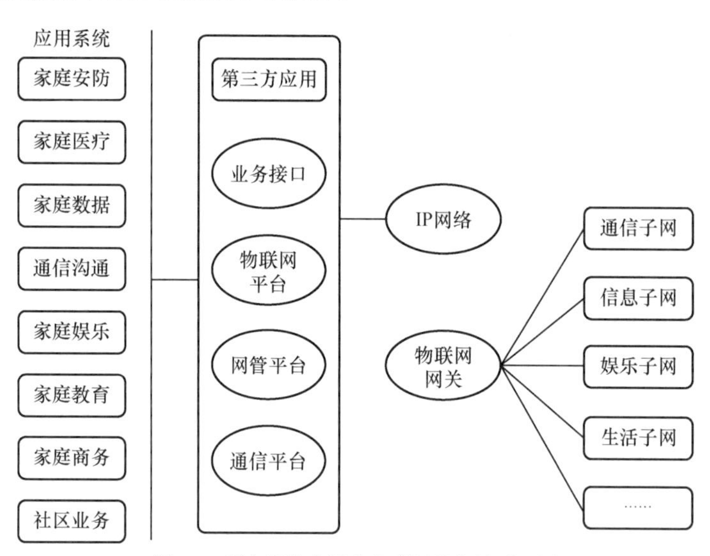

图 3-2 面向智能家居的物联网服务体系示例

在图 3-2 中，智能家居的应用系统涵盖了家庭安防、家庭医疗、家庭数据、通信沟通、家庭娱乐、家庭教育、家庭商务和社区服务等领域。这些应用系统与物联网平台、网管平台、通信平台、业务接口及第三方应用对接，通过 IP 网络以及物联网网关连接各个业务子网，以实现具体的应用服务。

智能家居最热门的一个应用领域是厨房。LG 公司已经推出了智能家电，包括冰箱、冰柜、洗衣机和烤箱，允许用户使用智能手机或者自然语言指令对其进行操控，例如“用温水洗衣服”。而且，用户也可以在外出期间进行远程管理。例如，LG 冰箱中配置的智能管家可以让用户通过内置的摄像头在智能手机上查看冰箱中都存放了什么。另外，这种冰箱还配备了一种追踪保质期的新鲜度追踪器（freshness tracker）和根据特定时刻冰箱内保存的物品提供烹饪建议并显示食谱的膳食计划器（meal planner）。

智能家居将新一代信息通信技术与传统家居安防产业进行融合与协同，包括各种室内物品、设施管理、控制以及人的室内生活及其安全等，推进了家居安防服务的信息化与智慧化。智能家居满足了人们对家庭生活、楼宇管理、社区服务的安全性、舒适性、功能多样性等需求，智能养老、远程医疗和健康管理、儿童看护、家庭安防、水电气的智能计量、家庭空气净化、家电智能控制、家务机器人等应用的普及也提升了人民生活质量。通过融合拓展生活服务信息、公共安全服务信息、社区管理服务信息以及新农村综合服务信息等，我们可以开展家居环境感知与远程控制、建筑节能与智能控制、公共区域管理与社区服务、物业管理与便民服务等方面的综合应用，我们可以通过示范对底层通信技术、设备互联及应用交互等方面进行规范，促进不同厂家产品的互通性，带动智能家居技术和产品整体突破。

与普通家居相比，智能家居不仅具有传统的居住功能，还提供了舒适安全、高品位且宜人的家庭生活空间。智能家居不再是被动的静止结构，而是成为具有能动智慧的工具，可提供全方位的信息交换功能，帮助家庭与外部保持信息交流畅通，从而优化人们的生活方式，帮助人们有效安排时间，增强家居生活的安全性，甚至降低各种能源费用。

类似地，与智能家居相似的含义还有家庭自动化、电子家庭、数字家园、网络家居等。

3.3 智能建筑

将智能家居的物理空间放大到住宅所在的整个建筑，就形成了基于物联网的智能建筑。随着个人所处空间的移动，日常工作的办公空间也属于智能建筑的一部分。

智能建筑是以“绿色”环境为标志的一种新型建筑体系。通过应用物联网技术，智能建筑实现了人员实时管理、能耗数据实时采集、设备自动控制、室内环境舒适度调整，以及能源状态显示、统计、分析和预警等功能，从而实现了建筑的节能降耗。

美国智能建筑协会指出，智能建筑是通过对建筑物的 4 个基本要素——结构、系统、服务、管理，以及它们之间的内在联系的优化，来提供一个投资合理、高效舒适的环境。

在新加坡，智能建筑必须具备三个条件：

- 大楼必须具备先进的自动控制系统，能对空调、照明、安保、火灾报警等设备进行监控，从而为住户提供舒适的工作环境；
- 大楼必须具备良好的通信网络设施，使数据能在大楼内的各个区域之间进行流通；
- 大楼能提供足够的对外通信设施。

日本智能建筑研究会提出，智能建筑应提供包括商业支持、通信支持等功能在内的先进通信服务，并能通过高度自动化的大楼管理体系来保证舒适的环境和安全，以提高工作效率。在我国，修订版的国家标准《智能建筑设计标准》（GB/T 50314—2006）对智能建筑的定义是“以建筑物为平台，兼备信息设施系统、信息化应用系统、建筑设备管理系统、公共安全系统等，集结构、系统、服务、管理及其优化组合为一体，向人们提供安全、高效、便捷、节能、环保、健康的建筑环境”。

智能建筑是物联网技术与建筑技术相结合的产物，包括办公自动化（OA）系统、建筑自动化（BA）系统和通信自动化（CA）系统三大系统（简称为 3A 系统）。如果将火灾报警及自动灭火系统从 3A 系统中分割出来，形成独立的消防自动化（FA）系统，并将面向整个大楼各个智能化系统的一个综合管理系统也独立形成信息管理自动化（MA）系统，这样亦可称为“5A 系统”。

目前的智能建筑主要具有两大特点：一是节能。例如，在空调系统中采用了阈值控制、最佳启停控制、设定值自动控制和多种节能优化控制措施，每个房间都安装有电子感应器和微型处理机，可以自动调节温度、光线、室内冷暖气和通风等，相比一般建筑，通常能节省 30%以上的能源。二是弹性。首先是建筑内部的弹性化，如办公室的大小、家具的形状和位置等，均可根据人们的要求进行变化。其次是人员安排和设备使用的机动化，员工不受办公桌、办公室、职位的束缚。例如，当经常外出的员工返回公司时，既可以选择某个电脑终端来处理电子邮件，也可以在某个舒适的办公室撰写工作报告或者准备开会使用的会议资料；而管理人员则可以在某一工作地点管理不同地区工作地点的运作。

智能建筑的真正魅力在于“智能互联”，所实现的不仅仅是一个房间电器设备的智能管理，而是在整个建筑或多个建筑中，实现所有设备的协调统一和智能管理。

3.4 智慧园区

随着物理空间的再次放大，智能建筑与道路、绿地等公共设施结合起来，可以形成基于物联网的智慧园区。

智慧园区大致可以分为服务型园区、生产型园区、文化型园区和特色行业园区等 4 种类型。不同类型的园区虽然在业务范畴和管理诉求等方面有很大差异，但都是通过多样的感知手段、丰富的应用平台为各类人员提供高效、便捷、舒适的生产生活环境，为园区建筑、公共设施、园区生态提供高效智能的监控和管理手段。

智慧园区经过多年发展，国内外均已建设出一批独具特色的优秀园区，如微软雷德蒙德园区、中国电信信息园区、中国移动南方基地、东莞松山湖园区等。这些科技型园区的共性都是通过整体规划，建设停车、餐饮、安防、环境监控、信息发布等一系列业务功能以支撑园区办公、交通、生活、环控、门户展现等基础需求。每个园区也根据不同定位及人员群体特点，在共性应用的基础之上打造个性化特色服务，如松山湖园区的“宜居生活”、中国移动南方基地的“卓越运营”等。

智慧化服务的实现要以感知为核心，只有全面获取园区信息，才能以智能化手段搭建支撑平台，整合各类信息资源，突破信息孤岛，并为用户提供全方位的信息化服务，实现全面感知和智能管理。智慧园区的体系结构从下到上通常包含基础设施层、平台层、业务应用层和展示层，如图 3-3 所示。

在图 3-3 中，通过摄像头、电子标签等多终端设备的感知信息，能够了解楼宇配套的相关状态和数据，之后通过移动网络/Wi-Fi/光纤网络和IT资源池将数据传递至公共资源的服务平台，通过平台提供环境监控、车辆管理、能耗管理、访客管理等具体应用，同时提供应用服务统一展示门户和展示终端。

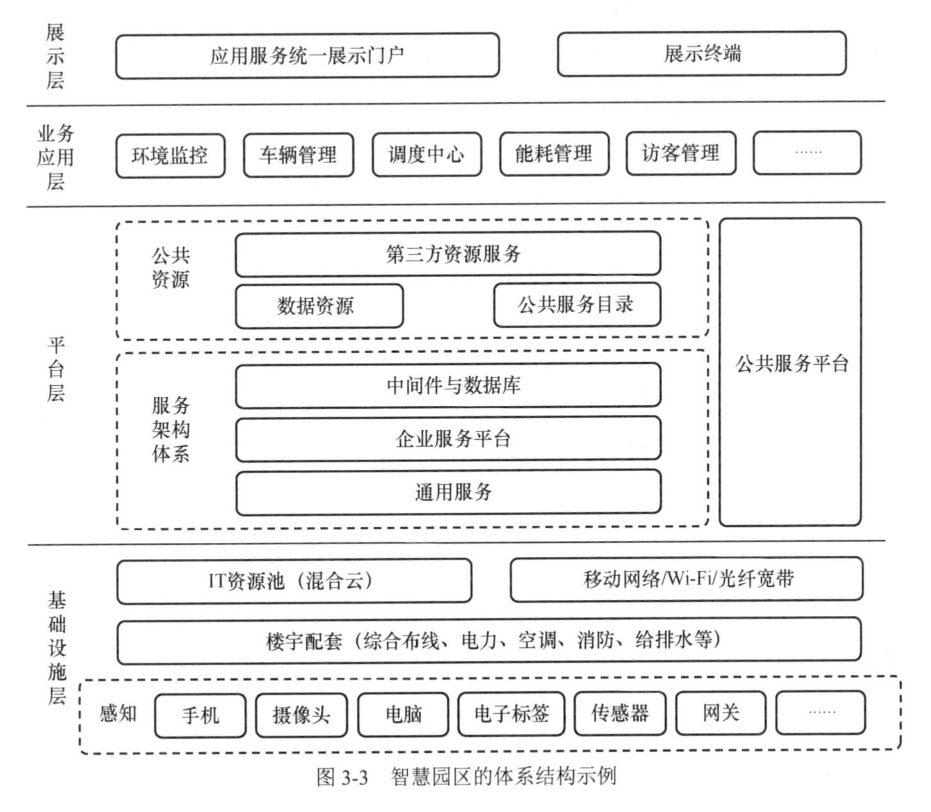

图 3-3 智慧园区的体系结构示例

智慧园区作为一个综合性工程，除了基础设施的底层智能化建设外，更多是大量智慧型业务的系统建设，园区建设内容繁杂，涉及众多的技术。为了能够满足不断变化的需求，保证新业务的快速部署，需要考虑系统的扩展性和技术的演进性等因素。因此，统一规划和持续引导在智慧园区的建设中起到了关键性作用。

3.5　智能工厂

工厂是一个主要的工作场所。在物理空间上，可能是一座建筑，也可能是一个园区。智慧工业是将物联网技术、通信技术、信息处理等多种技术不断融入工业生产的各个环节，旨在大幅提高制造效率，改善产品质量，降低产品成本和资源消耗，将传统工业提升到智能化的新阶段。2013 年，德国政府推出“工业 4.0 战略”，在全球范围内引发了新一轮的工业转型竞赛，被认为是“第四次工业革命”的开始。我国国务院在 2015 年印发《中国制造 2025》，积极发展智能制造。

物联网为工业自动化领域带来了前所未有的变革。现场网络作为工业自动化网络的基础，已成为现代工业自动化系统的重要组成部分。目前，主流的现场网络可以分为 3 代：现场总线系统（fieldbus system）、工业以太网（industrial ethernet）、工业无线网络（industrial wireless network）。这些主流工业网络技术如图 3-4 所示。

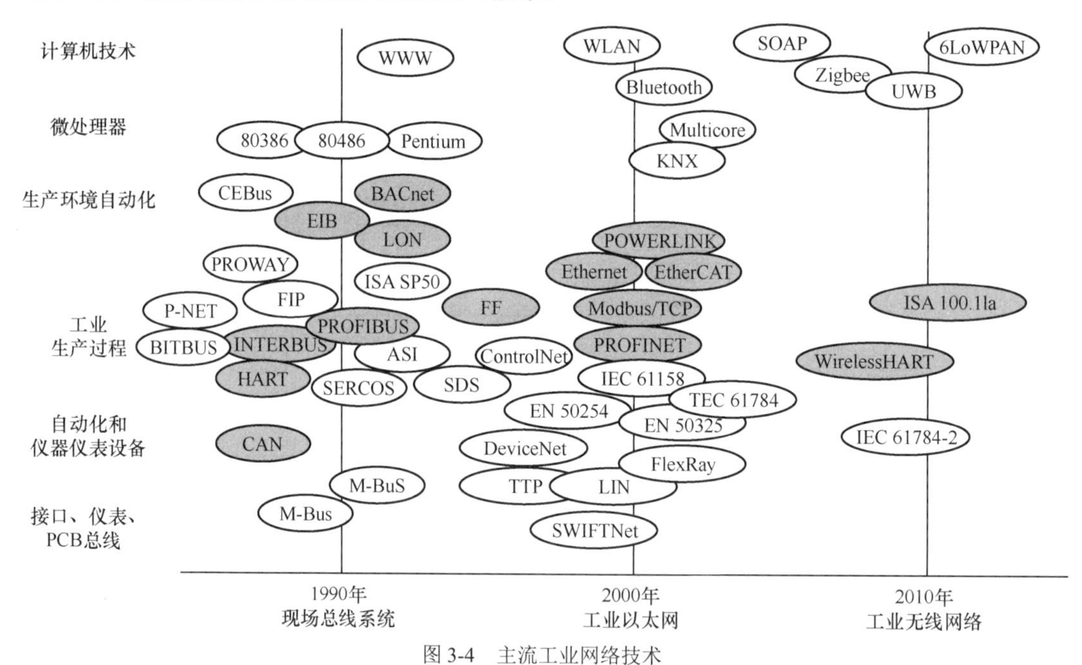

图 3-4　主流工业网络技术

工业物联网中的无线技术是继现场总线系统和工业以太网之后，工业控制领域的一个热点技术，是降低工业测控系统的成本、提高工业测控系统应用范围的革命性技术，也是未来几年工业自动化产品的新增长点。据美国市场研究机构 Freedonia 的统计，工业传感器网络的布线成本是传感器本身成本的 10 倍。传统工业有线网络布线的成本是每米 30～100 美元，在一些恶劣环境下，可达到每米 2000 美元。使用无线网络最高可降低 90%的布线成本。另外，工业无线技术可以极大降低能耗。美国总统科技顾问委员会在“面向 21 世纪的联邦能源研究与发展规划”中指出，工业无线技术的应用将使工业生产效率提高 10%，并使排放和污染降低 25%。美国能源部将无线工业技术列为其以节能降耗为目标的未来工业主要支撑技术之一。具体而言，应用于工业的主流无线技术包括 Zigbee、WirelessHART、ISA 100.11a、WLAN 等。

工业物联网是智能制造提升的关键所在。它整合了机器与实现物联网的传感器、软件和通信系统。工业物联网统筹了诸如大数据、机器学习和 MIM 等领域中的技术和工序，通过工业资源的网络互联、数据互通和系统互操作，实现了制造原材料的灵活配置、制造过程的按需执行、制造工艺的合理优化和制造环境的快速适应，达到了资源的高效利用，从而构建出服务驱动型的新工业体系。智能制造体系将具有感知、监控能力的各类传感器、控制器和专用设备以及先进的信息技术不断融入工业生产过程的各个环节，收集数据并执行大量扩展企业能力的任务，如图 3-5 所示。工业物联网可以大幅度提高企业的生产效率与企业竞争力，有助于推动人、社会与自然的协调、和谐发展，最终将传统工业提升到智能化的新阶段。

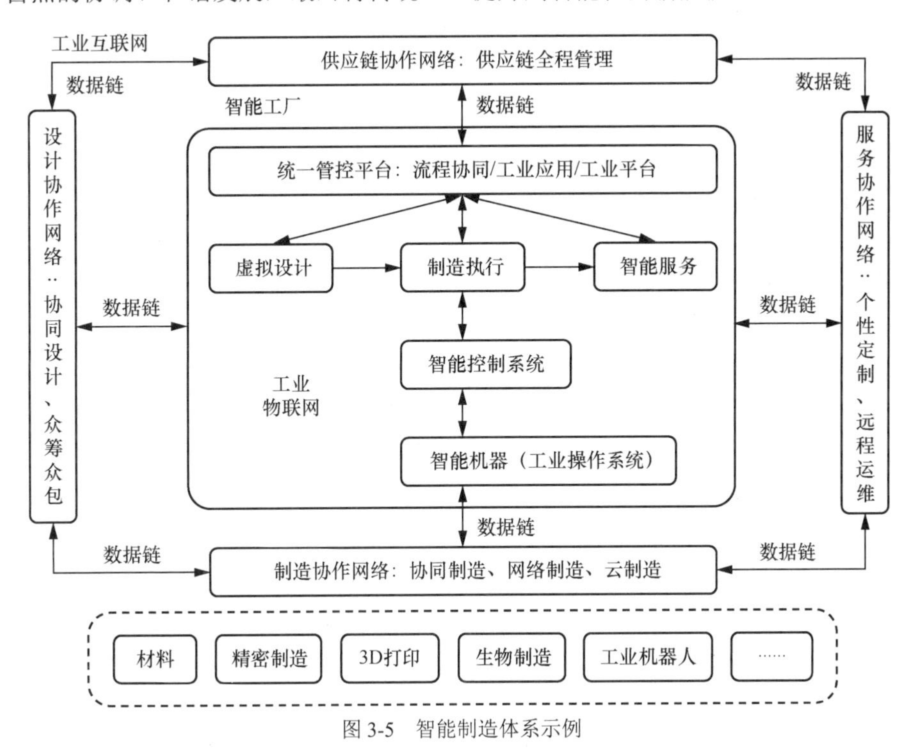

图 3-5 智能制造体系示例

在图 3-5 中，智能工厂包括网络化的生产设施及智能化的生产系统。它是一种新的生产模式，融合了智能设计、智能制造、智能装备、商业智能、运营智能等全新的信息通信技术。在工业 4.0 时代，建设智能工厂的关键在于智能可靠的传感器、海量高速的数据存储、细致深刻的大数据分析洞察、安全稳定的工业通信网络以及灵巧的智能机器人。

智能制造就是将物联网技术与传统制造业进行融合与协同，推进制造业服务的信息化与智慧化。例如，通过 RFID 等技术对相关生产资料进行电子化标识，实现生产过程及供应链的智能化管理。利用传感器等技术加强生产状态信息的实时采集和数据分析，提升效率和质量，促进安全生产和节能减排。通过在产品中预置传感、定位、标识等功能，实现产品的远程维护，进而实现制造业的服务化转型。物联网给了制造业一个将产品变为服务的机会，智能制造将实现的是 C2B 或 C2M 的商务模式，实现商品的定制化生产。

3.6 智能交通

在基于物联网的智能交通领域中，一个热门话题就是车联网。

车联网是指车与车、车与路、车与人等交互，实现车辆与公众网络通信的动态移动通信系统。它是物联网在交通领域的重要应用，也是移动互联网、物联网向交通领域发展的必然结果。该系统实现了智能交通管理控制、车辆智能化控制和智能动态信息服务的一体化，可以极大地改善人们生活的方方面面。实际上，未来的智能汽车就相当于一个超级移动终端或移动网络，它将装备几十甚至上百个传感器以及摄像头，在车内经过高速网络互联，并需要时刻与外界（其他车辆、周边道路、路边基础设施、指挥中心、云服务中心等）进行信息交互，这对未来信息网络的功能和性能都提出了非常高的要求。我们完全可以将该系统理解为未来物联网、智慧城市或是“互联网+”应用的一个重要组成部分，同时也是 5G 及后 5G（post-5G）移动通信网络的最重要应用之一。

采用物联网技术的智能交通会是怎样的呢？

如果拥有了实时的交通和天气信息，所有的车辆都能够预先知道并避开交通堵塞，这可在减少二氧化碳排放的同时，沿最快捷的路线到达目的地，并能够随时找到最近的停车位，甚至在大部分的时间内车辆可以自动驾驶，而且乘客可以在旅途中欣赏在线节目。交管部门可以通过该网络及时获取与发布交通信息，从而有效地管理交通基础设施与路面交通。交通基础设施可以自动地根据路面交通状况进行智能调节。交通参与者可以获取更全面的交通信息、出行建议和路上服务，获得高效安全的交通服务。在节能环保方面，整个交通网络更高效率地运行可提高能源利用率并减少环境污染。为实现如上所述的高效、安全、节能的交通环境，面向智能交通系统的物联网将发挥关键作用，其体系结构如图 3-6 所示。

在图 3-6 中，智能交通感知层主要通过多种传感器（网络）、射频识别、定位以及视频采集等技术，实现人、车、路等各种交通信息的感知和采集。

感知层的数据采集主要采集的是公路上物体的状态和数据，包括各类车辆的位置信息和行驶状态、公路上各类智能移动终端的状态，以及一些路边传感器的实时数据等。公路无线物联网的数据采集涉及传感器、RFID、无线通信、多媒体信息采集等技术。传感器网络和协同信息处理技术实现了传感器、RFID 等数据采集技术所获取数据的短距离传输、自组织组网以及多个传感器对数据的协同信息处理过程。

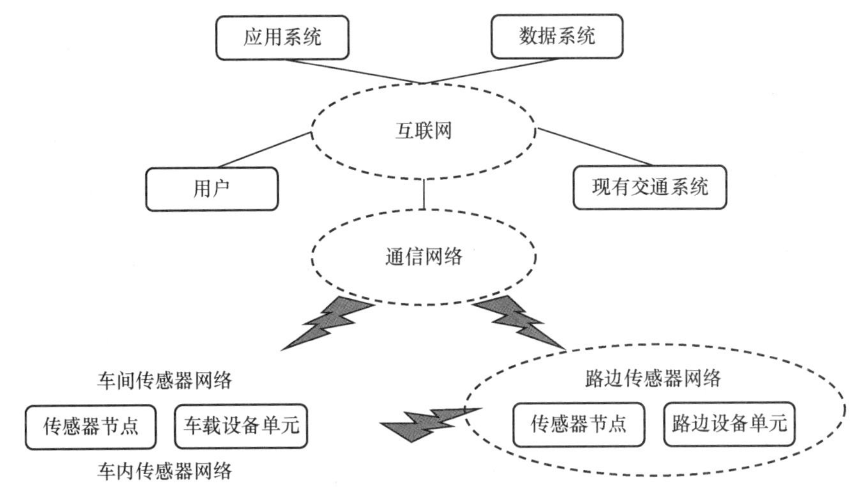

图 3-6 智能交通体系结构示意图

网络层可以实现更加广泛的互联功能，将感知层所采集到的信息无障碍、高可靠、高安全性地传送到公路无线物联网的应用层，同时也可以把公路无线物联网应用层的数据和指令高效、实时、安全地传送到感知层的相应设备上，而这些都需要传感器网络与移动通信技术、互联网技术相融合。5G 移动通信技术和互联网技术的发展与应用，能够较好地满足公路无线物联网数据传输的需要。

应用层主要包含公路无线物联网应用以及移动通信网、互联网和其他专有网络，用于支撑跨应用、跨系统之间的信息协同、共享、互通的功能。公路无线物联网应用包括智能导航、智能停车、安全驾驶、智能运输等智能交通应用系统。

总之，智能交通系统是未来交通系统的发展方向。它有效地集成了先进的信息技术、数据通信传输技术、电子传感技术、控制技术及计算机技术等，并将其应用于整个地面交通管理系统，建立了一种实时、准确、高效的综合交通运输管理系统，能够在大范围内、全方位发挥作用。

3.7 智慧城市

智能助手、智能家居、智能建筑、智慧园区、智能工厂和智能交通聚集成为更大的物理空间，形成了智慧城市。智慧城市自提出以来，就受到了广泛关注，到目前为止已经取得了阶段性的成果。

智慧城市以为民服务全程全时、城市治理高效有序、数据开放共融共享、经济发展绿色开源、网络空间安全清朗为主要目标，围绕建设一个更全面、更协调、更可持续发展的城市为核心，通过体系规划、信息主导、改革创新，推进新一代信息技术与城市现代化深度融合、迭代演进，实现国家与城市协调发展的新生态。智慧城市的本质是全心全意为人民服务的具体措施与体现，这是一个系统工程，涵盖了城市的产业、交通、环境、民生、行政治理、资本配置、防灾减灾、信息共享等诸多系统。智慧城市旨在使用信息化等手段全面感知城市的各个元素或空间的实时状态、参数和属性等，结合网络通信技术和数据融合处理等技术，使得城市管理者能动态感知城市的整体态势，逐渐将事后事件复核处理模式转换为事前预警消除隐患模式，获得更加科学性的辅助决策。

智慧城市的信息体系结构是以用户为中心、各种物联网体系周向排布的多层结构。智慧城市的基本组成单元是物联网。智慧城市的信息体系结构建立在物联网六域模型基础之上。考虑到智慧城市中物联网内信息流转的特点，可以将智慧城市的信息体系结构归纳为五域结构，依次为用户域、服务域、管理域、通信域、对象域。

智慧城市的物理体系结构是以用户端为中心的五层结构，根据物理实体在智慧城市中的作用不同，可将智慧城市物理实体分为传感器、无线传感器网络、运营商管理设施、公共服务设施、用户端 5 个物理层。智慧城市功能体系是智慧城市实现的方式，包括五大功能平台：对象平台、通信平台、管理平台、服务平台和用户平台。

智慧城市利用物联网技术，对城市基础设施与生活发展相关的各方面内容进行全方面的信息化处理。它是一个数字化的信息体系，具有对城市地理、资源、生态、环境、人口、经济、社会等复杂系统的数字网络化管理、服务与决策功能。智慧城市能够充分运用信息和通信技术手段感测、分析、整合城市运行核心系统的各项关键信息，从而对民生、环保、公共安全、城市服务、工商业活动在内的各种需求做出智能的响应，为人类创造更美好的城市生活。智慧城市并不是数字城市简单的升级，其目标是更透彻的感知、更全面的互联互通和更深入的智能。

从广义角度看，基于智慧城市的全面感知内容应该包括对城市综合管理相关的公共部件和公共环境的信息感知、对家居生活场所和环境的信息感知、对市民教育和健康状况的信息感知、对潜在安全威胁的特殊人群活动的信息感知、对大众网络舆情的信息感知等。从狭义角度看，城市全面感知主要内容包括有关城市公共安全和可持续性发展的人、物、空间环境及事件/事故的综合信息感知。

随着物联网技术的发展，未来城市中传感器网络无处不在，成为和移动通信网络、无线互联网一样重要的基础设施。它将作为智能城市的神经末梢，解决智能城市的实时数据获取和传输问题，形成可以实时反馈的动态控制系统。同时，利用网络对传感器进一步组织管理，形成具有一定决策能力和实时反馈的控制系统，将物理世界和数字世界连接起来，可为智能城市提供普适性的信息服务提供必要支撑。

综合信息感知体系总体框架包括 7 个层面，自下至上分别为感知要素层、感知层、传输层、数据层、知识层、服务层和应用层，如图 3-7 所示。该框架主要实现城市运行和生活的各个重要方面的透彻感知、各种感知工具和数据的互联互通、数据分析和决策的深度智能化。城市感知体系具体由城市感知数据体系、城市感知技术体系和感知应用体系等构成。

图 3-7 综合信息感知体系总体框架

智慧城市的全面感知数据框架结构如图 3-8 所示。感知对象指的是用于评价和影响城市运行状态的人、物、信息等相关要素。其中，城市感知对象中的人指的是所有参与城市运行和管理的人员，包括城市活动参与人员、日常运行管理人员、应急状态下的救援人员和受灾人员等。感知内容包括人员的活动轨迹、行为动作、健康状况等。

智慧城市的“物”指的是广义的固态、液态、气态三种形态的物质。这包括政府部门需要管理的各类城市基础设施、城市事故应急处置过程中需要使用的应急物资和救援设施设备，以及需要监管的易燃、易爆、高温高压、有毒等危险物质等城市各类环境资源。

另外，随着互联网技术和应用的快速发展，人们之间的日常联系、交往、工作和商业关系对互联网的依赖程度越来越高，互联网空间是否有序正常运行日益影响城市运行管理的总体态势。因此，需要将互联网空间纳入感知对象的范畴，关注与网络安全相关的因素，包括网络流量、媒体文字等。并通过技术手段识别出恶意网络攻击行为，汇总市民在网络环境下宣泄的情绪和影响社会舆论的网络言论等。

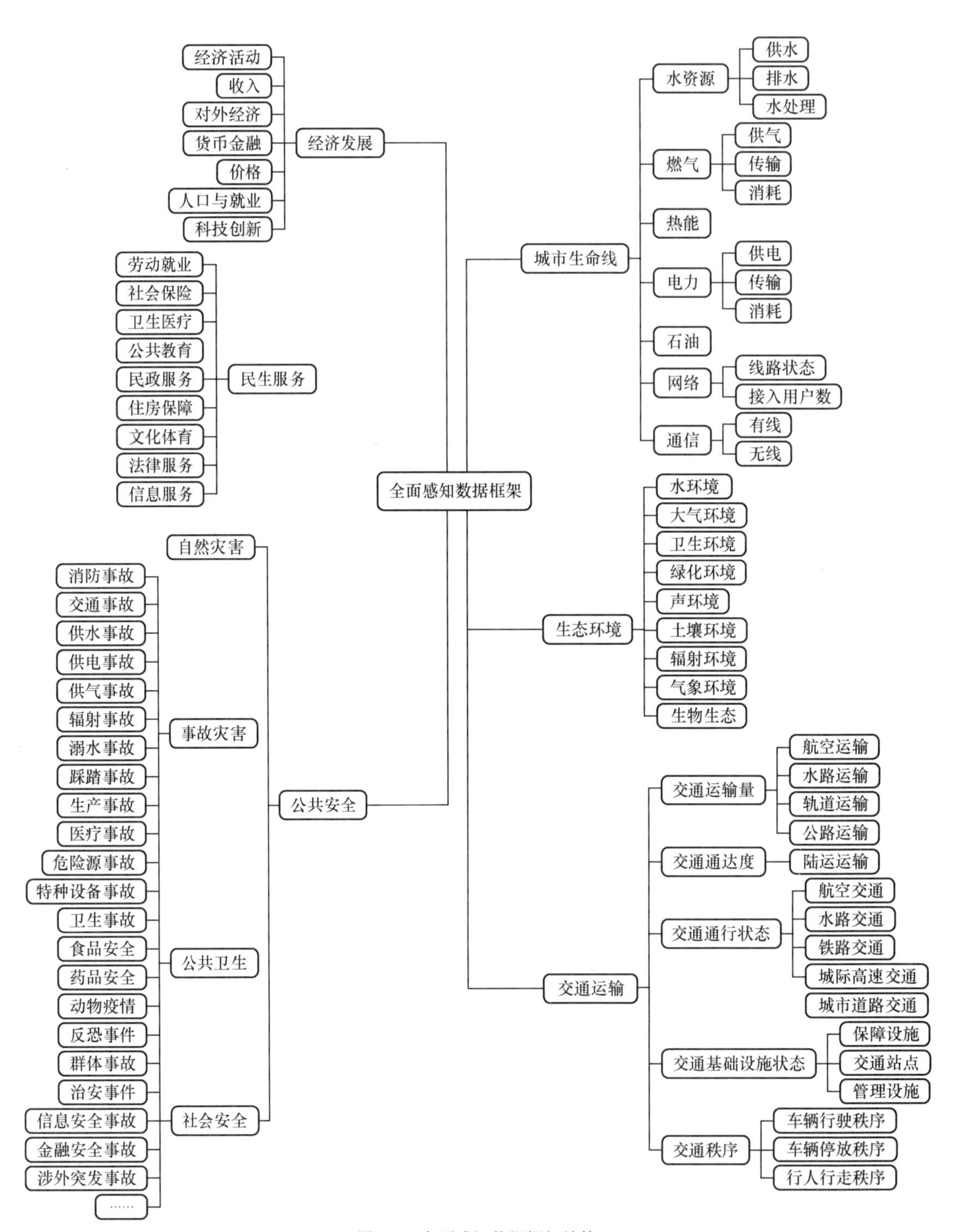

图 3-8　全面感知数据框架结构

3.8 智慧地球

把物联网应用的物理空间扩大到我们生存的星球，这就是智慧地球。智慧地球是物联网技术充分运用在各行各业中的集大成表现。例如，把传感器嵌入和装备到电网、铁路、桥梁等各种物体中，并连接形成物联网，然后在此基础上将各种现有网络进行对接，实现人类社会与物理系统的整合，从而使人类以更加精细和动态的方式管理生产和生活，达到智慧状态。智慧状态应具有三个方面的特征：更透彻的感知、更全面的互联互通、更深入的智能化。

按照 IBM 的定义，智慧地球包括三个维度：

- 能够更透彻地感知和度量世界的本质与变化；
- 促进世界更全面的互联互通；
- 所有事物、流程、运行方式都将实现更深入的智能化，企业因此获得更智能的洞察。

智慧地球的核心是，无处不在的智能对象被无处不达的网络与人连接在一起，再被无所不能的超级计算机调度和控制。与这一战略相关的前所未有的智慧基础设施，为创新提供了无穷无尽的空间，其应用领域如图 3-9 所示。

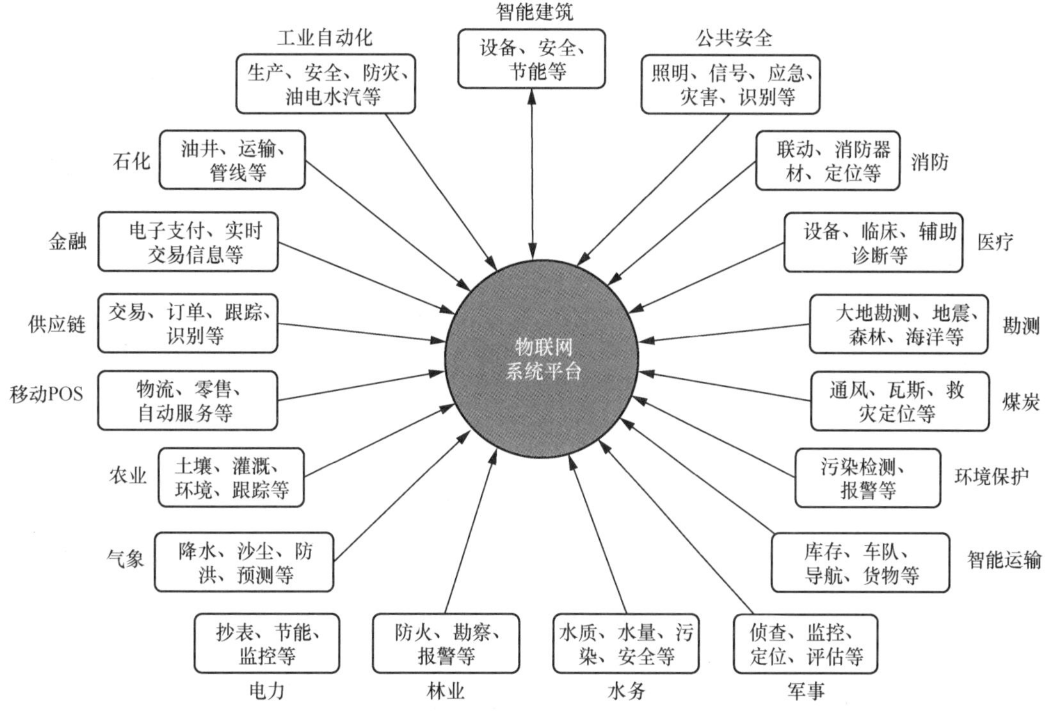

图 3-9 智慧地球中物联网的应用领域示例

物联网及其应用作为新一轮 IT 技术革命，其对于人类文明的影响之深远，将远远超过互联网。

3.9 小结

从物联网的数据传输速率和可用的接入技术来看，物联网的应用可以分为低速率、中速率和高速率三种类型。物联网作为一个超系统，其应用非常广泛，以至于难以界定物联网的应用领域。

本章从人们所处的物理空间的角度出发，从小到大对物联网的应用进行了归纳，涵盖了智能助手、智能家居、智能建筑、智慧园区、智能工厂、智能交通、智慧城市和智慧地球等 8 个领域。尽管可能有所片面，但是可以对物联网的具体应用场景有比较系统的认识。物联网的服务对象也从个人延展到组织和行业，一直到国家乃至整个人类。

第 2 部分

数据的感知与采集

- 第 4 章，数据的感知
- 第 5 章，物体的辨识
- 第 6 章，嵌入式系统

依靠充分的计算能力、合适的传感器及充足的存储空间，我们就可将数据收集和数据分析提高到之前看来无法想象的水平。物联网应用需要各种各样的数据，表 P2-1 给出了部分数据类型。由此可以看出，数据的感知和采集是物联网的开始。

表 P2-1　物联网中的部分数据类型

数据类型	领域	主要数据
连接数据	移动网	智能卡状态、智能卡生命周期、群组、带宽、流量、连接故障等
	固定网	连接设备名称、MAC 地址、连接设备类型、当前速率、历史速率、历史流量、在网时长、IP 地址、上线时间、下线时间、当前应用等
业务数据	用户信息	用户资料、用户状态、设备绑定关系、用户鉴权数据等
	设备信息	设备类型、设备状态、设备协议、使用地点等
	订购关系	用户资费、用户账单等
行为数据	家庭物联网	智能家电、家庭健康、家庭环境、家庭安防、家庭娱乐等
	车联网	车辆基础数据、车辆行驶数据、司机驾驶数据等
	工业物联网	生产数据、企业运营数据、价值链数据等
运营数据	商户信息	商户资料、商户状态、商户服务能力等
	业务信息	能力调用的分布、结算方式、使用频率等

第 2 部分面对的问题是：如何对物理世界的数据进行感知和采集？

通常，在研究自然现象和规律时，人们通过五官接受外界的信息（信息获取），经过大脑的思考（信息处理）后做出反应动作（执行动作）。控制自动化设备时，计算机也需要感知外部世界的信息，传感器则相当于计算机的五官。

传感器是现代科学中负责感知的神经系统，用于机器的数据获取和采集。同时，传感器也是人类对外部世界感知能力的一种延伸。就像人有眼睛、耳朵、鼻子、嘴、触觉等感观，各种各样的感知技术也不一而同。感知是物联网的重要特征，是从物理世界获取数据的第一步。

人们需要识别物品，进而控制它们发挥相应的作用，因此物联网需要识别物品。由于涉及交互和通信，物联网也需要识别人，并包含相关技术以识别人们的身份。物联网离不开物体和相关人员的身份识别。物品具备自动识别与物物通信的功能，物联网平台、物品、人员相互能够自动识别身份。

所谓的“万物互联”，在某种意义上就是给物联网中的每一个实体赋予特定的标识。每一个标识包含物体的信息，通过可读取标识的物联网设备可将有标识的物体纳入物联网中。目前，世界范围内可统计的物联网标识体系已有几十种，规模较大的有用于商品流通的国际物品编码组织的GS1，用于RFID芯片标识的电子产品代码（EPC）。国内有对象标识符（OID）和物联网统一标识 Ecode 等标识体系。同时，依托于研究机构和高校的物联网标识平台建设得如火如荼，并通过加入各行业垂直领域和基础设施建设的方式争夺可标识设备，希望通过数量上的优势在竞争中取胜。但是，各标识体系都没有绝对的技术优势，在实现物联网应用的时候，需要认真考量。

物联网通过各种信息传感设备，如传感器、射频识别系统、全球定位系统、红外感应器、激光扫描器、气体感应器等，实时采集任何需要监控、连接、互动的物体或过程，并采集其声、光、热、电、力学、化学、生物、位置等各种需要的信息，进而与互联网结合，形成了一个巨大的网络。

无论是通过感知获取数据，还是通过物品的辨识获取数据，都需要一个系统层面的实现载体，这就是嵌入式系统。嵌入式系统的概念有很多，最通俗的解释就是“嵌入式系统是计算机应用的一种形式”。经过多年的发展，嵌入式系统已经广泛应用于科学研究、工程设计、军事技术，以及人们日常生活的方方面面。嵌入式系统与传感器技术、识别技术相结合，把计算机嵌入物体中，让物体有智能化的功能和更高的价值，进而完成了数据的感知和采集，最终形成物联网的产品和服务。

第 4 章 数据的感知

数据已经成为我们的重要资产，数据的生成和获取是从数据中产生价值的先决条件。通过物联网能够了解物理世界的海量数据，数据感知是物联网应用的价值核心。

物联网是如何得到关于物理世界的数据信息呢？

作为物联网数据输入的关键组成部分之一，传感器在物联网中占据着至关重要的位置。在实现物物相连的物联网中，首先要检测和连接所有事物，实现信息共享。传感器正是实现物联网对事物的感知和检测功能的关键设备之一。

本章首先介绍了物理世界中物体的特征描述，进而阐述传感器及其分类，其次以苹果手机的发展为例介绍了传感器在我们身边的应用。在物联网应用中，传感器的选型是实现目标的前提。

4.1 物体的数据表达

物联网中的物体从简单到复杂，存在极大的异构性，用一套统一的规则对其进行描述是十分困难的，图 4-1 所示为一辆汽车在物联网中为了解各种状态的数据而安装的设备。可以看到，在车身的前后左右、上上下下都布满了各种传感器，此外还有摄像头、显示器、导航系统等。

元数据是表征数据的数据，虽然不同专业领域对元数据有不同的理解，但它们都强调了元数据的重要性，因为元数据是关于数据集的描述与说明。物体描述中的元数据就是反映物体本身数据的数据。

物联网中的物体通过网络对外界产生作用（主要依靠其物理特征和网络特征）。经过对其使用需求的调查与分析，并结合语义互操作性、基于本体构建的知识图谱技术，可以构建物联网物体的元数据描述结构，如图 4-2 所示。

在图 4-2 中，描述物体的元数据结构共分为属性（attribute）、状态（state）、动作（action）

和能力（capability）这 4 个维度，每个维度构成物体描述字段的一部分，将其组合为一个完整的列表，即物体的描述结构。

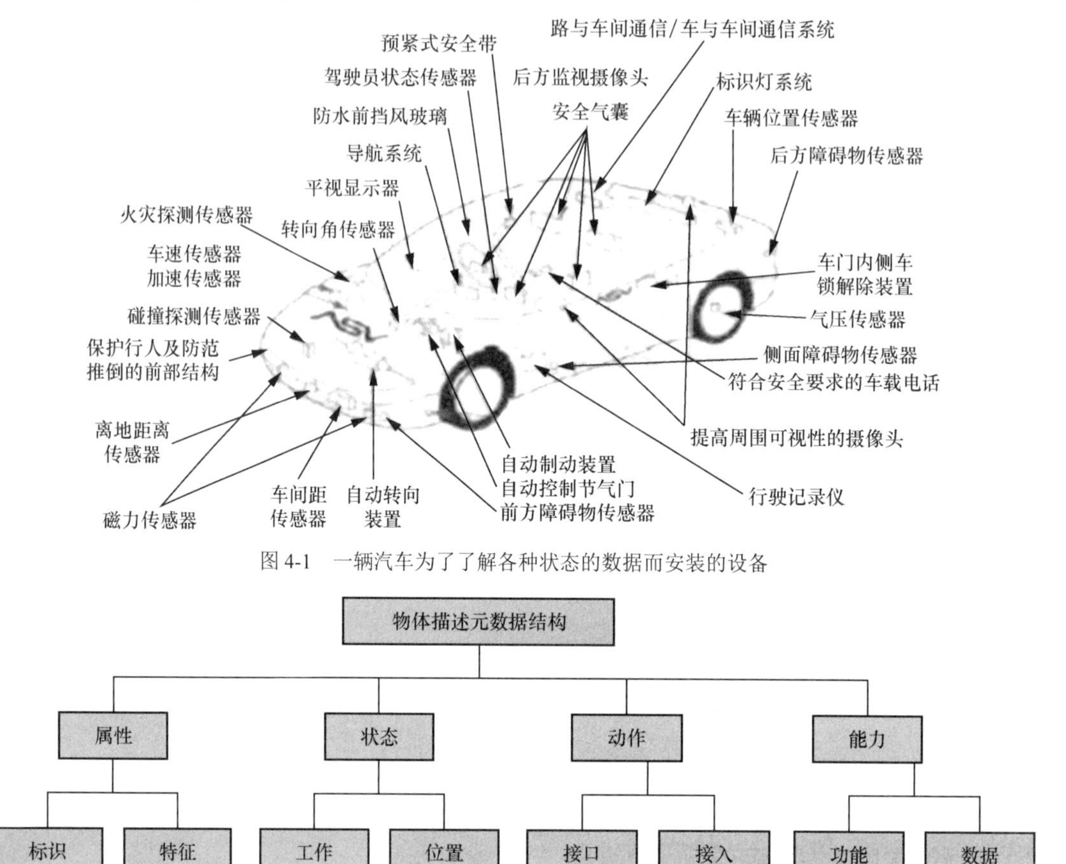

图 4-1　一辆汽车为了了解各种状态的数据而安装的设备

图 4-2　物体的元数据描述结构

4.1.1　物体属性

物体属性是指物体的基本信息描述，如标识、名称、特性、生产信息等。属性描述解决了“物体是什么”这个问题。通过对属性描述字段的读取，可以获取物体的所属权限、流通信息、核心功能等内容。其中，所属权限的信息对于物体的意义十分重要，因为物联网中的物体作为现代社会中的工业品，其所属权限应该清晰明确。属性字段对物联网物体的归属权限进行了准确记录，在发送归属权限变更时要及时更新信息。

4.1.2　物体状态

物体状态是指物体在使用过程中所产生的状态，主要包括工作状态、错误状态、能源消耗状态等。此字段解决了“物体在哪里”这个问题。通过读取物体状态信息，可以了解物体所处的状态和位置，这对操控物体有绝对重要的意义。

物联网物体如果存在于一个物理实体中，就一定有一个相对于地球的绝对位置。引入了开放架构新概念的物体发现系统可以支持应用层以最优化的策略找到可以利用的物体，通过时间和空间上的优势，将更多物体纳入物联网中。

4.1.3 物体动作

物体动作是指对物体感知的操控信息，主要包括不同的接口函数信息、通信方式和接入管理等内容。通过读取物体动作信息，可以实现物体感知信息的获取、控制命令的传入、入网操控等操作。

根据是否需要网关辅助接入网络，物联网物体可以分为全功能物体和受限功能物体。全功能物体通常具有一定的计算能力和通信能力，物体动作信息对这两个能力进行描述，可以将物体的信息接入物联网资源管理与控制相关的平台中，满足平台化管控物联网的需求。

4.1.4 物体能力

物体能力是指物体的能力属性。信息的本质是数据，有数据才有信息，可以传递信息是电子设备存在于物联网中的意义。在大数据时代，物体只有具有数据处理能力才能充分发挥其价值。

物体的能力属性主要分为两类。

- 功能属性：物体可以通过处理数据并执行动作来实现不同的功能。
- 数据属性：物体所存储的各种数据是物体的重要组成部分，而对数据的需求也是多数物体间交互的重要原因。

4.1.5 物体特征的元数据描述

一般而言，对于物体的特征数据，可以采用二层元数据或者多层自定义元数据进行描述。

二层元数据将每个一层元数据拆分成两个关键的维度，是对一层元数据的细化。实际上，二层元数据的划分方法并不是唯一的，在面向网络应用开放能力的物联网架构中，物体描述元数据是按照图 4-2 中的形式进行划分的。二层元数据类似于二叉树形式的划分，可方便元数据的存储，但在物联网技术的发展过程中还应根据网络需求进行优化。

多层自定义元数据要对数据的具体内容进行元数据描述。其中，标识字段应该包含物体的商业或学术名称，以及一个或多个物体 ID，即物体的标识码，这些标识码可以是 GS1 码，也可以是 EPC。这些码记录在物体 ID 字段，不会发生冲突。当这些码进入对应的系统中时，只需要查验某一串字符即可。

具体行业领域的描述字段可以根据业务需求和行业特点进行自定义。例如，车联网中的位置字段用于描述车辆运行的具体位置，是车联网的核心数据，直接影响车联网系统的服务质量和安全性。可以对位置字段进行扩展，使其包含经纬度、行政区域位置等详细信息。

4.2 传感器

我们人类的五官和皮肤是我们的“传感器”，可帮助我们感知外部世界，收集有用的数据，是人们生产活动过程中，进行感知、传输、分析、决策、执行的闭环系统中的起始环节。相对于人类，存在着各类对应的传感器：

- 视觉——光敏传感器；
- 听觉——声敏传感器；
- 嗅觉——气敏传感器；
- 味觉——化学传感器；
- 触觉——压力传感器、温度传感器、流体传感器等。

传感器被定义为“能感受规定的被测量并按照一定规律转换成可用信号的输出器件或装置”。传感器实际上是一种包含特定功能的功能模块的检测装置，其作用是感受外界的各种信号，将其转换成电信号或其他所需形式的信息并输出，以满足信息的传输、处理、存储、显示、记录和控制的要求。

传感器所检测的信号形式多种多样。为了对各种信号进行检测和控制，就必须获得尽量简单和易于传输、处理的信号。由于电信号具有容易传输、放大、反馈、滤波、存储和控制的特性，因此一般将检测的信息按照一定的规律变化成电信号。

传感器是信息采集系统的一部分，位于检测和控制环节之前，是数据感知、获取和检测的最前端。传感器技术在工业自动化、军事国防等重要领域应用广泛，同时，在医疗卫生、环境保护、生物工程、安全防范、家用电器、网络家居等与人们生活密切相关的方面也有传感器的身影。传感器技术正在向高精度、高集成、智能化方向发展，新型传感器层出不穷、日新月异，并将伴随物联网技术的应用而不断发展。

目前，传感器技术已渗透到科学和国民经济的各个领域，在工农业生产、科学研究及改善人民生活等方面起着越来越重要的作用。

4.2.1 传感器的分类

作为一种测量装置，传感器能够将被测量转换为另一种便于应用的某种物理量，二者之间具有确定的对应关系。

由于传感器的种类很多，且原理各异，检测对象门类繁多，因此其分类方法甚繁，至今尚无统一的规定。表 4-1 列出了不同的分类方法及一些常见的传感器类型。

表 4-1 常见传感器的分类方法与常见类型

分类方法	常见传感器类型
按被测量分类	温度传感器、力传感器、湿度传感器、速度和加速度传感器、流量传感器、位移传感器、气体传感器、声音传感器、磁场传感器、光敏传感器、色彩传感器、红外传感器等
按输出信号分类	模拟传感器、数字传感器
按工作原理分类	电容式传感器、电感式传感器、压电式传感器、热电式传感器等
按敏感材料分类	半导体传感器、陶瓷传感器、光导纤维传感器、高分子传感器、金属传感器
按加工工艺分类	厚薄膜传感器、MEMS（微机电系统）传感器、纳米传感器
按传感对象分类	地震传感器、心电传感器、水质传感器、轮胎传感器、气体传感器
按应用领域分类	机器人传感器、家电传感器、环境传感器、汽车传感器

4.2.2 传感器的特性

传感器的特性可以分为静态特性及动态特性。静态特性是描述输入为不随时间变化的恒定信号时，传感器输出与输入的关系。在实际的传感器应用中，静态特性往往是我们选择传感器的重要依据。

传感器典型的静态特性参数包括量程、精度、灵敏度、线性度、重复性、分辨率和漂移。

- 量程：传感器的测量范围是一个确定的量，所能测量到的最小输入量与最大输入量之间的范围称为传感器的量程。
- 精度：传感器的精度是指实际测量观测结果与真值（或被认为是真值）之间的接近程度，即测量值与真值的最大差异。
- 灵敏度：灵敏度定义为输出量的增量与引起该增量的相应输入量增量的比值（即输出量的变化值除以输入量的变化值）。
- 线性度：其输出与输入量之间的实际关系曲线偏离直线的程度，又称为非线性误差。
- 重复性：重复性表示传感器在按同一方向进行全量程多次测试时，所得特性不一致性的程度。可以将其简单地理解为对同一个被测量进行多次测量时结果的一致性。
- 分辨率：分辨率是指传感器可感受到的被测量的最小变化。
- 漂移：指在输入量不变的情况下，传感器输出量随时间的变化。

传感器的动态特性描述的是输入为随时间变化的信号时，输出与输入的关系。研发人员在传感器的设计、生产和测试过程中需要重点考虑这种特性。

4.2.3 传感器的工作原理

从工作原理的视角了解传感器，有助于我们在实施物联网设计与工程时选择合适的传感器。

1. 电阻应变式传感器

电阻应变式传感器将被测的非电量转换成电阻值的变化，再经过转换电路变成电量输出，其实现方法是将电阻应变片粘贴在弹性元器件表面上。力、扭矩、速度、加速度等物理量作用在弹性元器件上时，会导致弹性元器件和粘贴的电阻应变片发生应变效应，从而引起电阻应变片电阻的变化。

2. 压电式传感器

压电式传感器是利用某些物质的压电效应制作而成的。当被测量物因为受力而产生变化时，压电式传感器能够产生静电电荷或电压变化。压电效应是指当沿着一定方向对某些介质施加力使其变形时，介质内部产生极化现象，同时在表面上产生符号相反的电荷，外力去掉后，介质恢复不带电状态。

3. 热电式传感器

热电式传感器是一种将温度的变化转换成电量变化的装置。它利用敏感元器件的电参数随温度变化的特性，对温度和与温度有关的参量进行测量。热电式传感器是众多传感器中应用最广泛、发展最快的传感器之一。热电式传感器所基于的物理原理主要包括热电效应、热阻效应、热辐射效应，以及磁导率随温度变化的特性等。

4. 光电式传感器

光电式传感器是利用光电元器件把光信号转换成电信号的装置。光电式传感器在工作时首先把被测量的变化转换成光量的变化，然后通过光电元器件再把光量的变化转换为相应电量的变化，从而实现非电量的测量。光电式传感器的敏感元器件是光电元器件。

光电式传感器的工作原理基于光电效应。光电效应是指物体吸收光能后，光能转换为该物体中某些电子的能量，从而产生电效应。

光敏电阻是一种特殊的电阻器利用硫化镉或硒化镉等半导体材料制成，表面涂有防潮树脂，具有光电导效应。光敏电阻对光线十分敏感，在无光照时，电阻值（暗电阻）很大。当光敏电阻受到一定波长范围的光照时，它的电阻值（亮电阻）急剧减小。这种特性可以应用于光控元器件，实现对设备的自动化控制。

5. 磁电式传感器

磁电式传感器的工作原理基于霍尔效应。霍尔效应是指磁场作用于载流金属导体、半导体中的载流子时，产生横向电位差的物理现象，其输出的稳定电位差即霍尔电压。根据霍尔效应原理制成的磁电式传感器可用于磁场和功率的测量，也可制成开关元器件。

4.2.4 传感器的发展方向

传感器是感知信息的关键，是物联网中不可缺少的信息采集元器件，也是采用微电子技术改造传统产业的重要工具，对提高经济效益、科学研究与生产技术水平有着举足轻重的作用。传感器技术的研究与发展，已成为推动国家乃至世界信息化产业进步的重要标志与动力。传感器技术将主要朝着智能化、微型化、集成化和多样化等方向发展。

其中，传感器的集成化具有两种含义：

- 同一功能的元器件并列化，即将同一类型的单个传感器元器件用集成工艺在同一平面上排列起来，组成一维的线性传感器；
- 将传感器与放大、运算以及温度补偿等环节一体化，集成为一个元器件。

目前，集成化传感器已经具备多个系列的产品，并得到了广泛的应用。集成化已经成为传感器技术发展的一个重要方向。

把多个功能不同的传感器集成在一起，除了可以同时测量多种参数外，还可以对这些参数的测量结果进行综合处理和整合，以反映被测系统的整体状态。传感器的多功能化也是其发展方向之一。

传感器与微处理器相结合后，不仅具有检测功能，还具有信息处理、逻辑判断、自我诊断等人工智能的能力，这也称为传感器的智能化。智能传感器是传感器技术和大规模集成电路技术相结合的产物，它的实现取决于传感器技术与半导体集成工艺的发展。智能传感器具有多功能、高性能、体积小、使用方便、适合批量生产等优点，是传感器发展的重要方向之一。

4.3 传感器在电子产品中的应用示例

鉴于传感器种类众多，应用极为广泛，为了便于理解，下面以人们身边所熟知的电子产品为例来介绍传感器的一些应用。

从电子产品的市场占有率看，在提及便携、普及、用户体验好的电子产品时，很难绕过苹果手机（即 iPhone）。苹果手机之所以强大，主要是因为其特别优秀的用户体验，很多用户体验都建立在各种强大的传感器之上。我们以苹果手机为例，分析苹果手机中使用过的传感器，以方便大家理解传感器的类型、选用原则，以及部分传感器产业链的历史。

以 iPhone 6 为例，它主要使用了加速度传感器、陀螺仪、电子罗盘、指纹传感器、距离与环境光传感器、MEMS 麦克风、图像传感器等，尤其是气压传感器，这也是该传感器首次在手机上使用。

4.3.1 iPhone 一代与多点触控屏幕

2007年初，苹果对外发布了新产品 iPhone，这款手机的交互体验完全依赖于触控屏幕，这让整个产业为之疯狂。

在这之前，手机产品的触控屏幕还是以电阻触控屏幕为主，需要配置一支笔来配合触控屏幕的操作。正是因为存在需要笔协助操作的中间环节，因此交互体验的流畅感并不好，这使得触控屏幕在之前手机产品的交互定义中主要是用来做文字输入，以及人机交互的补充。

iPhone 采用了电容屏幕，反应灵敏，并且支持多点触控，通过手指就可以实现精准操作。自 iPhone 问世以来，触屏交互成为手机交互的主流。人与手机之间不再是通过按键和触控笔交互，而是通过更简单、更易操作的手指滑动进行交互。多点电容触控屏幕让人跟机器之间的交互更为自然。

电容式触控屏幕（见图 4-3）是在玻璃表面贴上一层透明的特殊金属导电物质。当手指触摸在金属层上时，触点的电容就会发生变化，使得与之相连的振荡器频率发生变化，通过测量频率变化可以确定触碰位置获得信息。

电容式触控屏幕的感应屏是一块四层复合玻璃屏，玻璃屏的内表面和夹层各涂有一层导电层，最外层是一薄层矽土玻璃保护层。当我们用手指触碰感应屏时，人体的电场会让手指和触控屏幕表面形成一个耦合电容。对于高频电流来说，电容是直接导体，于是手指从接触点吸走一个很小的电流。这个电流从触控屏幕四角上的电极中流出，并且流经这 4 个电极的电流与手指到四角的距离成正比，控制器通过对这 4 个电流比例的精确计算得出触摸点的位置。

图 4-3 电容式触控屏幕

1. 距离传感器

在 iPhone 的正面，有一个距离传感器。它通过发射特别短的光脉冲并测量从发射到被物体反射回来的时间来计算手机与物体之间的距离。红外线感应可以检测到人脸与手机屏幕的距离，如果非常贴近，屏幕会自动关闭，避免脸部触碰产生的误操作，从而减小通话时的功耗，延长通话时间。

2. 光线传感器

光线传感器由投光器和受光器组成。投光器将光线聚焦并传输至受光器，最后通过传感器接收变成电信号。光线传感器的作用是根据周围环境光线调节手机屏幕本身的亮度。环境光传感器可以感知周围光线情况，并告知处理芯片自动调节屏幕背光亮度，从而降低产品的功耗。

在手机正面还有个光线传感器，可以获取周边的光亮强度，从而智能调节屏幕亮度。在手机中使用的光线传感器件一般是光敏三极管，也叫光电三极管。光敏三极管有电流放大作用，所以比光敏电阻和光敏二极管应用更广泛。

光敏三极管在结构上与半导体三极管相似，它的引出电极通常只有两个（也有三个的）。光敏三极管的制作工艺与普通半导体三极管一样，采用具有 NPN 或 PNP 结构的半导体管。光敏二极管的芯片结构如图 4-4 所示。为适应光电转换的要求，它的基区面积做得较大，发射区面积做得较小，入射光主要被基区吸收。和光敏二极管一样，光敏三极管的芯片被装在带有玻璃透镜的金属管壳内，当光照射时，将通过透镜集中照射在芯片上。

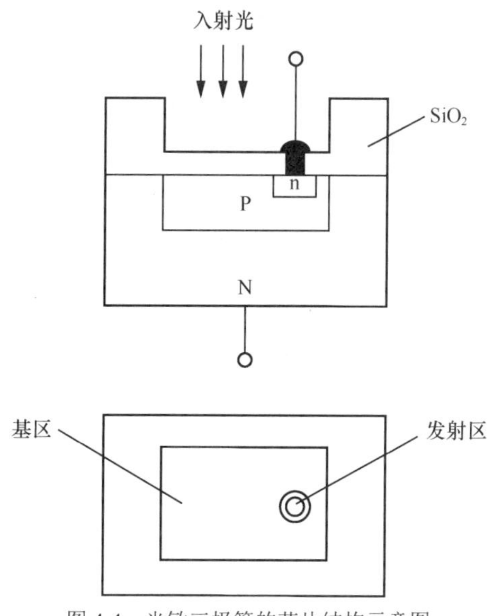

图 4-4 光敏三极管的芯片结构示意图

由于手机显示屏消耗的电量一般高达电池总电量的 30%，采用环境光传感器可以最大限度地延长电池的工作时间。环境光传感器也有助于让屏幕提供柔和的画面。当环境亮度较高时，使用环境光传感器的液晶显示器会自动调成高亮度。当外界环境较暗时，显示器就会调成低亮度。

3. 加速度传感器

手机加速传感器是一种能够测量加速力的电子设备。加速力就是当物体在加速过程中作用在物体上的力，比如重力。加速度传感器的原理是运用压电效应，将一片重力块和压电晶体做成一个重力感应模块。当手机方向改变时，重力块作用于不同方向的压电晶体上的力也随之改变，并输出不同的电压信号，从而判断手机的方向。加速力可以是常量，也可以是变量。通过重力感应产生的速度变化量，可以计算出手机相对于水平面的倾斜度。

借助于加速度传感器，iPhone可在自动横屏时其内容自动转成横屏显示。加速度传感器常用于自动旋转屏幕以及一些游戏，由于它是根据重力判断方向，通过感应重力两个正交方向的分力大小来判断水平方向，所以其本身局限性比较大。

iPhone还配备了200万像素的摄像头。正是从iPhone开始，苹果开始了也许像素不是最高，但是拍摄质量一定是最好的道路。iPhone手机屏幕跟摄像头的高度配合，显示照片的效果远好于同期其他手机。

4.3.2 iPhone 2、iPhone 3中3G技术的应用与定位导航技术

苹果公司在2008年发布的iPhone 2中率先使用了3G通信技术，同时引入了GPS，由此成为同年定位技术最成熟的手持通信产品。随后，LBS（基于位置的服务）数据产业及LBS周边服务产业开始蓬勃发展。

GPS起始于1958年美国军方的一个项目，于1964年投入使用，主要目的是为陆海空三大领域提供实时、全天候和全球性的导航服务，并用于情报搜集、核爆监测和应急通信等一些军事目的。经过20余年的研究实验，该项目耗资超过300亿美元，到1994年，全球覆盖率高达98%的24颗GPS卫星已部署完成。

从专业角度来说，GPS并不属于单纯的传感器范畴，但由于手机的特殊性，形成了以民用移动终端为主体的位置信息体系。手机更像一个贴合人随时移动的双向位置传感器。这使得个人用户可以更好地享受导航服务，也使得个人用户的移动数据可以被反向采集成为可能。

2009年，iPhone 3发布。iPhone 3将摄像头像素升级到300万的同时，也升级了个人导航系统，引入了电子罗盘，丰富了个人位置数据。

电子罗盘即磁力仪，由三维磁阻传感器、双轴倾角传感器和MCU（微控制单元）构成。三维磁阻传感器用来测量地球磁场；双轴倾角传感器用于在磁力仪非水平状态时进行补偿；MCU则是处理磁力仪和双轴倾角传感器的信号以及数据输出和软铁、硬铁补偿。该磁力仪采用了三个互相垂直的磁阻传感器，每个轴向上的传感器检测在该方向上的地球磁场强度。X方向（水平前后）的传感器检测地磁场在X方向的矢量值；Y方向（水平左右）的传感器检测地球磁场在Y方向的矢量值；Z方向（垂直上下）的传感器检测地球磁场在Z方向的矢量值。每个方向的传感器的灵敏度都已根据该方向上地球磁场的分矢量调整到最佳点。传感器产生的模拟输出信号在放大后送入MCU处理。通过采用12位A/D转换器，磁力仪能够分辨出小于1mG的磁场变化量，我们可以通过该高分辨力来准确测量出200～300mG的X和Y方向的磁场强度，不论是在赤道上的向上变化还是在南北极的更低值位置。

GPS 虽然能够定位坐标，但是无法辨别方向，需要通过位移估算运动方向，导航体验并不完整。同时，在卫星信号弱时，GPS 的定位偏差较大。在手机中引入了电子罗盘后，可使手机在不联网的情况下指示方向，从而节省了流量，也方便了使用。

4.3.3 iPhone 4 的前置摄像头、双麦克风和陀螺仪

iPhone 4 首次加入了 30 万像素的前置摄像头、双麦克风、陀螺仪，以优化用户体验。

双麦克风的引入，使得手机端首次不仅可以把麦克风用作通话时的声音采集，还可用作声学传感器。通过在不同的位置引入外部环境声音，可以去除环境噪声，提高通话质量。

iPhone 4 手机使用的陀螺仪芯片属于 Invensens 公司的 MPU 系列。陀螺仪能够同时测定多个方向的位置、移动轨迹和加速度。iPhone 4 使用的是三轴传感器。三轴传感器具有体积小、重量轻、结构简单、可靠性好等特征，成为发展趋势。

4.3.4 iPhone 5S 的生物识别

2013 年，苹果公司发布了 iPhone 5S，并引入了生物识别传感器，以识别指纹（见图 4-5），这也是苹果公司在设计上引入生物识别技术的第一步。同时，为了优化整体功耗及待机时间，获得更好的传感器体验效果，该手机中新增了专门管理传感器群组的协处理器，在传感器体验与整机使用时长上做出了平衡。

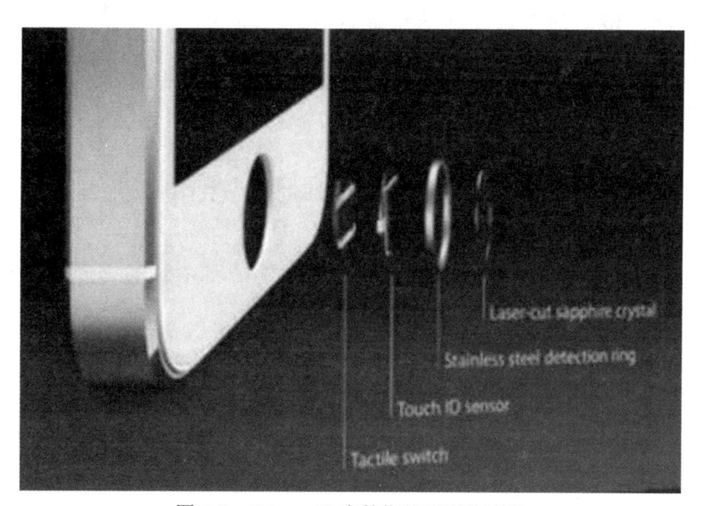

图 4-5　iPhone 5S 中的指纹识别传感器

iPhone 5S 手机的指纹识别传感器位于 Home 键下方，Home 键周围的光环也是感应性的，当手指靠近时就能检测到。这可以让用户无须按下 Home 键就可知道自己的指纹是否在扫描。iPhone 5 手机内使用的是电容式指纹采集方式。然而，电容式传感器存在一个问题，即电容阵

列是一种精密设备，电容阵列带电才能检测手指在采集区域内的位置和特征，而电容阵列一直带电会对电容器造成损害。因此，iPhone 5S 采用不锈钢圆环的设计来实现手指带电和触发电容检测阵列加电的功能。

由于手机上的传感器越来越多，CPU 的资源占用和耗电量也越来越大。于是苹果公司推出了 M7 协处理器（见图 4-6），用于完成与这些运动相关的传感器（包括加速度传感器、陀螺仪、磁阻传感器）的数据采集与处理，从而降低耗电量，并且让 CPU 可以专门做其他的事情。需要注意的是，M7 并不是传感器，只是苹果设计出来专门为管理与更好地处理传感器信息服务的，是苹果可以随心所欲地使用传感器功能的同时不影响用户使用时长的关键一步。

图 4-6　iPhone 上的协处理器

协处理器是移动端设备传感器使用功耗与使用功能相平衡的产物，同时也是传感器使用层面的一个标志性产物。将 CPU 功耗跟传感器的使用功耗解耦，大幅度降低了手机的待机功耗，同时方便了更多传感器的引入。

4.3.5　iPhone 6/6 Plus 和 iPhone 6S/6S Plus

2014，苹果发布 iPhone 6。iPhone 手机一直都以其尖端科技领跑全球手机行业，因此 iPhone 6/6S 系列是当时最具有代表性的智能手机产品。

除了以往的传感器外，iPhone 6 采用 4.7 英寸屏幕，分辨率为 1334×750 像素，内置 64 位构架的苹果 A8 处理器，性能提升非常明显。此外，iPhone 6 还搭载了全新的 M8 协处理器，专为健康应用所设计。它采用了后置 800 万像素、前置 120 万像素的高清摄像头。Touch ID 指纹识别得以保留，并首次新增了 NFC 功能。iPhone 6 是一款三网通手机，4G LTE 连接速度可达 150Mbit/s，支持多达 20 个 LTE 频段。

iPhone 6 手机上拥有多种传感器，包括加速度传感器、光线传感器、距离传感器、指纹识别传感器、三轴陀螺仪、电子罗盘（磁力感应器）、湿度传感器、相机传感器、声波传感器、触摸屏传感器和温度传感器等。iPhone 6 已经不再是一个单纯的通信手机，而是一个集各种传感器以及传感器体验为一体的移动终端。

由于指纹识别的使用使密码输入的场景减少，苹果优化了手机支付的步骤，构建了 NFC 与指纹识别相结合的 iOS 8 系统的安全保密体系，进而形成了 Apple Pay 系统，苹果借此切入线下移动支付。

（1）气压计

iPhone 6 手机采用的气压计芯片是来自 Bosch 公司的 MBP280 芯片。

iPhone 手机中的气压计类似于现实生活中的这气压计，只不过是通过两个传感器之间的转换来将压力转换可以测量的量。

尽管气压计的基本作用只是测量大气压强，但 iPhone 6 中的气压计可以与 GPS 配合，形成三维空间，从而快速计算出设备所在的位置。因此，气压计在地图类 APP、使用 GPS 或天气类的应用中也有着广泛的应用。

（2）六轴陀螺仪

iPhone 6 的陀螺仪是六轴的，相比 iPhone 4 多了三轴（主要是增加了三个轴的加速度传感器）。iPhone 6 使用的陀螺仪芯片是 Invensens 公司的 MPU-6700。同时，iPhone 6 依然保留有专门的加速度传感器。那么，为什么有了六轴传陀螺仪后还要保留加速度传感器呢？

结论是出于体验和功耗的考量。启动专门的加速度传感器只需要 3ms，而启动六轴陀螺仪需要 30ms。另外，从功耗考虑，同样是测量加速度，六轴陀螺仪是加速传感器的数倍电耗。

于是，苹果对于手机横屏、计步这样的应用，只调用加速度传感器，而针对灵敏度比较高的场景使用六轴陀螺仪。

陀螺仪的主要作用是进行游戏的控制。通过陀螺仪，我们只需要通过移动手机相应的位置，就可以达到改变方向的目的。平衡球游戏或者极品飞车等游戏就是应用了陀螺仪的原理，完全摒弃了以前通过方向按键来控制游戏的操控方式，使游戏更加真实，操作更加灵活。

（3）压力传感器

iPhone 6S 增加了屏幕压力传感器，能够采集到按压力度，这样可以在交互上带来更多的体验。尽管屏幕能够感知到按压的力度，但人们并不会感受到。为了给人们进行反馈，手机内部增加了一个名为触感引擎的设备，它会根据压力产生振动，这样人们就能感受到按压了。

通过上面的回顾可以看到，苹果在传感器的使用上越来越广泛。事实上，随着后续机型的更新，苹果引入了更多的传感器。不止苹果，其他手机生产企业也同样采用了越来越多的传感器。有了各种传感器，就可以采集到各种数据，再加上大数据分析技术，可以挖掘出越来越多的价值。

4.4 传感器的选型原则

一般而言，传感器会成为物联网发展的瓶颈，这主要体现为如下两方面。

- 传感器的能源问题。当前，多数传感器需要使用存储式电源（如电池）供电或使用太阳能，由此带来的缺点是不够便捷、需要人工维护或不够可靠。

- 传感器的成本问题。在许多方面，部署传感器确实有利于生活或生产，但是其电路成本或维护成本太高，从而缺乏足够的利益来推广传感器及物联网。

以智能交通中所使用的传感器（见表4-2）为例，可以发现，这会涉及大量传感器的选型问题。

表4-2　智能交通中涉及的部分传感器

技术	原理	优点	缺点	具体设备
微波雷达	发送微波雷达信号，捕捉反射波，以此检测车辆的速度和方向	不受天气影响，可以检测车速，可同时检测多条车道	无法检测静态车辆	天线、控制单元和处理器
感应器线圈	当车辆通过线圈时，电感量下减少	不受天气影响，灵活易用，可提供精确计数数据	安装维护时需路面施工，车辆类型多时精度下降	控制道路传感器、导入电缆、电子单元等
磁强计	感应地球磁场的水平和垂直分量	不受天气影响，数据通过无线链路传输	安装维护时需要封闭道路施工，影响道路使用寿命	磁探针、微环探头和控制单元
磁传感器	通过测量由于金属物体产生的地球磁场扰动来检测车辆	适用于无法使用感应器线圈的情况；不受天气影响	需要在路面钻孔，且无法检测静态车辆	磁探针、微环探头和控制单元
超声波	发射超声波并收集物体发出的反射波，利用声波的时间间隔来确定物体的位置	可监控多车道；可精准检测超高车辆	性能受环境影响较大	传感器（发射机和接收机）、放大器和振荡器

在选择合适的传感器设备时，需要考虑实际工作环境、具体功能要求、成本等多方面的因素，并通过以下几个原则进行选择。

4.4.1　性能指标

在选择传感器时，首先要考虑所要测量的数据目标。从被测量的角度来看，传感器主要测量的数据如表4-3所示。

表4-3　传感器的测量数据

基本被测量	派生被测量
热工量	温度、热量、比热、压力、压差、真空度、流量、流速、风速
机械量	位移、尺寸、形状、力、力矩、振动、加速度、噪声、角度、表面粗糙度
物理量	黏度、温度、密度
化学量	气体化学成分、液体化学成分、浓度、盐度
生物量	心音、血压、体温、气流量、心电流、眼压、脑电波
光学量	光强、光通量

要关注传感器的性能指标，就要清楚被测量及测量范围。需要注意的是，温度既是比较物体冷热程度的物理量，也是热工测量的重要参数之一。类似地，压力也是力的一种。

1. 关注灵敏度要求

通常，在传感器的线性范围内，传感器的灵敏度越高越好。因为只有灵敏度高时，与被测量变化对应的输出信号的值才比较大，才有利于信号处理。但需要注意的是，如果传感器的灵敏度过高，则与被测量无关的外界噪声也容易混入，这些噪声也会被放大系统放大，从而影响测量精度。因此，传感器本身应具有较高的信噪比，尽量减少从外界引入的干扰信号。

传感器的灵敏度是有方向性的。当被测量是单向量，而且对方向性要求较高时，则应选择其他方向灵敏度小的传感器；如果被测量是多维向量，则传感器的交叉灵敏度越小越好。

2. 关注精度值

精度是传感器的一个重要的性能指标，它关系到整个测量系统的测量精度。传感器的精度越高，其价格越昂贵，因此传感器的精度只要满足整个测量系统的精度要求就可以，不必选得过高。

如果测量目的是定性分析，选用重复精度高的传感器即可，不宜选用绝对量值精度高的；如果是为了定量分析，必须获得精确的测量值，就需选用精度等级能满足要求的传感器。

对于无法选到合适传感器某些特殊使用场合，则需自行设计制造传感器。

3. 关注线性范围

传感器的线形范围是指输出与输入成正比的范围。理论上，在此范围内，灵敏度保持不变。传感器的线性范围越宽，则其量程越大，并且能保证一定的测量精度。在选择传感器时，首先确定传感器的种类，然后再看其量程是否满足要求。

实际上，任何传感器都不能保证绝对的线性，其线性度也是相对的。当要求的测量精度比较低时，在一定的范围内可将非线性误差较小的传感器近似看作线性的，这会给测量带来极大的方便。

4. 关注稳定性

传感器在使用一段时间后，其性能保持不变的能力称为稳定性。影响传感器长期稳定性的因素除传感器本身结构外，主要是传感器的使用环境。因此，传感器要想具有良好的稳定性，必须有较强的环境适应能力。

传感器的稳定性有定量指标，在使用期超过后，应重新进行标定，以确定传感器的性能是否发生变化。

在要求传感器能长期使用而又不能轻易更换或标定的某些场合，所选用的传感器的稳定性要求更严格，要能够经受住长时间的考验。

5. 关注频率响应特性

传感器的频率响应特性决定了被测量的频率范围，为了不失真，必须将传感器保持在允许的频率范围内。实际上传感器的响应总有一定延迟，因此希望延迟时间越短越好。传感器的频率响应越高，可测量的信号频率范围就越宽。

在动态测量中，应根据信号的特点（稳态、瞬态、随机等）响应特性选择合适的传感器，以免产生过大的误差。

4.4.2 硬件接口和信号输出形式

不同传感器的信号输出形式不尽相同，这也决定了后续处理电路及后续设备的选择。一些传感器的信号输出形式如表 4-4 所示。

表 4-4 一些传感器的信号输出形式

名称	传感器的输出信号
土壤温度传感器	电压信号（0～2V、0～5V、0～10V；三者选一）、电流信号（4～20mA）
土壤水分传感器	电压信号（0～2V）和电流信号（4～20mA）
光照传感器	电压信号（0～5V、0～10V；二者选一）、电流信号（4～20mA）
煤矿用风速传感器	以传统模拟量信号（4-20mA、0-10V、0-5V）进行数据输出
液压系统用压力传感器	一般为 4～20mA 的电流信号
烟雾传感器	一般为开/闭的脉冲
酒精气敏传感器	一般为 4～20mA 的电流信号
人体红外传感器	一般为 0～3.3V 或 0～5V 的电压信号

4.4.3 成本分析

成本只是指传感器的自身价格吗？答案是否定的，传感器的自身价格只是其中的一部分。成本分析还包括基于传感器的物联网工程成本以及运营成本。例如：

- 是否还需要购买电缆、连接器和信号转接器；
- 可靠性如何，该产品标定的寿命有多长；
- 是否需要定期停机检修或者校准；
- 交付周期如何；
- 是否有明确的文档支撑；
- 是否需要培训及技术支持如何。

4.4.4　工作环境

通常，如下工作环境/环境因素会给传感器造成影响：

- 环境中的温度；
- 环境中的粉尘浓度和湿度；
- 腐蚀性环境；
- 电磁场环境；
- 防爆环境。

在选择传感器之前，应对其使用环境进行调查，并根据具体的使用环境选择合适的传感器，或采取适当的措施以减小环境的影响。

4.4.5　关注故障分析

物联网中的传感器感知节点主要包括 4 个模块：传感器感知模块、处理器控制模块、无线通信模块和电源供电模块；相应的无线传感器网络故障分为传感器感知模块故障、处理器控制模块故障、无线通信模块故障和电源供电模块故障。结合已有的“故障原因工单”数据，常见的具体故障主要有以下几个方面。

- 传感器感知模块故障：基站节点故障、路由节点故障、终端节点故障。
- 处理器控制模块故障：核心板内部节点故障、核心板外部节点故障。
- 无线通信模块故障：数据传输接口节点故障、发射天线节点故障、网络芯片节点故障、UART 接口节点故障。
- 电源供电模块故障：参考电压电路故障、差分运放电路故障、脉冲发射电路故障、外部接口电路故障。

4.5　传感器在物联网系统中的应用示例：桥梁监测

作为交通系统的组成部分，桥梁在人类文明的发展和演化中起到了重要作用。桥梁监测的基本内容即是通过对桥梁结构状况的监控与评估，为桥梁在特殊气候、交通条件下或桥梁运营状况异常严重时发出预警信号，为桥梁的维护维修和管理决策提供依据与指导。

4.5.1　桥梁监测的指标体系

为了综合考虑桥梁的实际交通负荷和结构恶化情况（如疲劳、腐蚀），需要监测各种指标，包括交通状况、结构应变和荷载、位移、腐蚀、疲劳裂纹扩展、温度以及其他指标。如图 4-7 所示，桥梁监测指标体系分为 3 个类别：环境类、变形类和结构类。环境类主要是指当前的温度和湿度；变形类主要是指伸缩缝、支座、主架和墩（塔）的变化；结构类主要是指应变、裂缝和震动响应。在进行结构状况评估时，只有将环境状态与结构的响应信号相结合进行分析，才能准确地反映结构的真实状况。

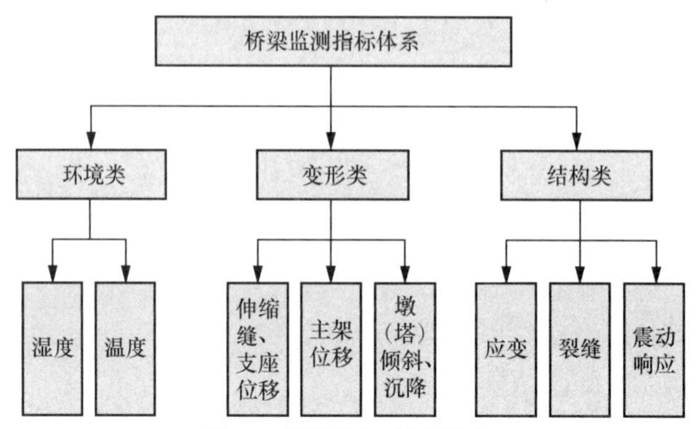

图 4-7　桥梁的主要监测指标

在确定桥梁安全的监测参数后，需要根据不同类型的桥梁的受力特点选择合适的测量方法，确定传感器节点的布设方案和数量，并选择满足相关要求测试指标的无线网络采集设备，最终得到桥梁监控系统的整体方案（见图 4-8）。

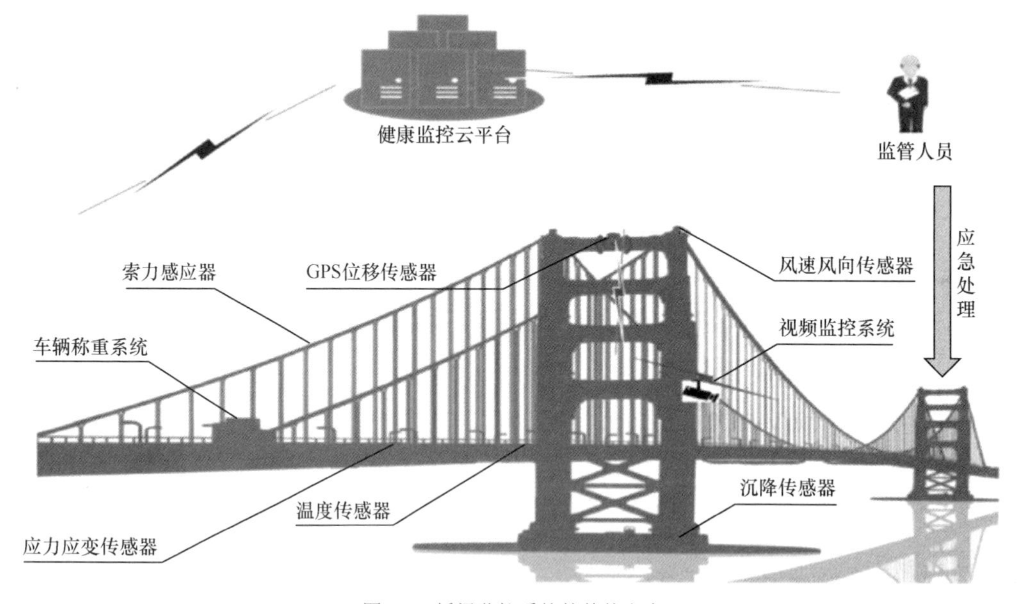

图 4-8　桥梁监控系统的整体方案

在图 4-8 中，监管人员通过健康监控云平台监控桥梁的应力应变、风速风向、索力感应和沉降等，了解通过桥梁的车辆重量，对交通状况进行视频监控和检测评估，并且能够执行应急处理。

4.5.2 数据采集

数据采集节点的工作流程如图 4-9 所示。

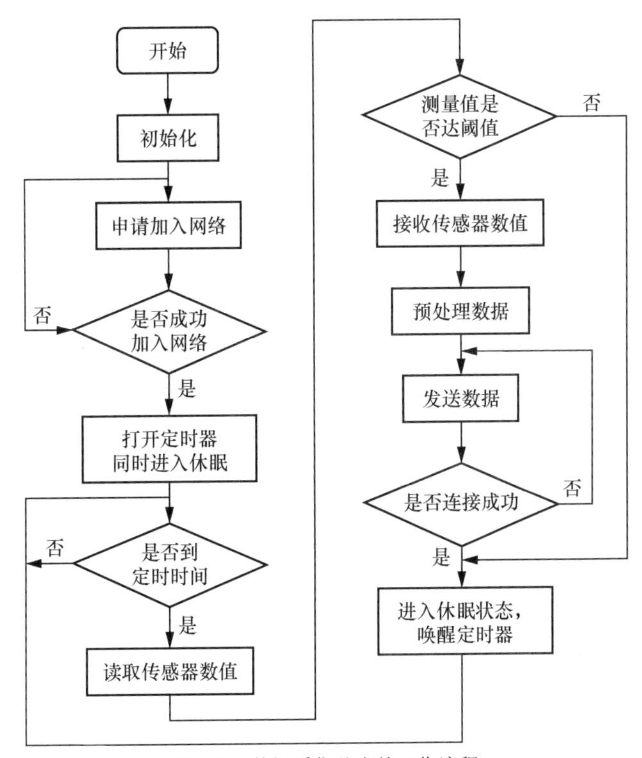

图 4-9 数据采集节点的工作流程

首先，数据采集节点系统在上电之后将进行硬件及系统初始化。然后，它会申请加入网络，根据扫描结果选择合适的信道、网络号和网络地址。接下来，它会对网络进行监听并开启定时器。如果收到来自其他节点的入网请求，则给节点分配网络号并回复请求，若没收到则继续对网络进行监听。当定时器时间到达时，则对接收到的相关采集信息进行预处理，并在处理完后将监测数据上传。

桥梁监测系统的总体框架如图 4-10 所示。其中，数据传感器将计量的指标数据经传输汇聚层传输到桥梁核心数据层，核心数据层包含桥梁健康监测数据库和桥梁在线数据分析数据库。其中，桥梁健康监测数据库基于大数据平台实现，负责存储不同桥梁节点的传感网数据，例如不同桥梁的环境参数等。业务应用层根据具体需求从数据库中读取所需数据。同时，业务应用层将桥梁状况分析的结果存储到桥梁在线数据分析数据库中，以便进一步支撑业务应用层的其他业务系统。

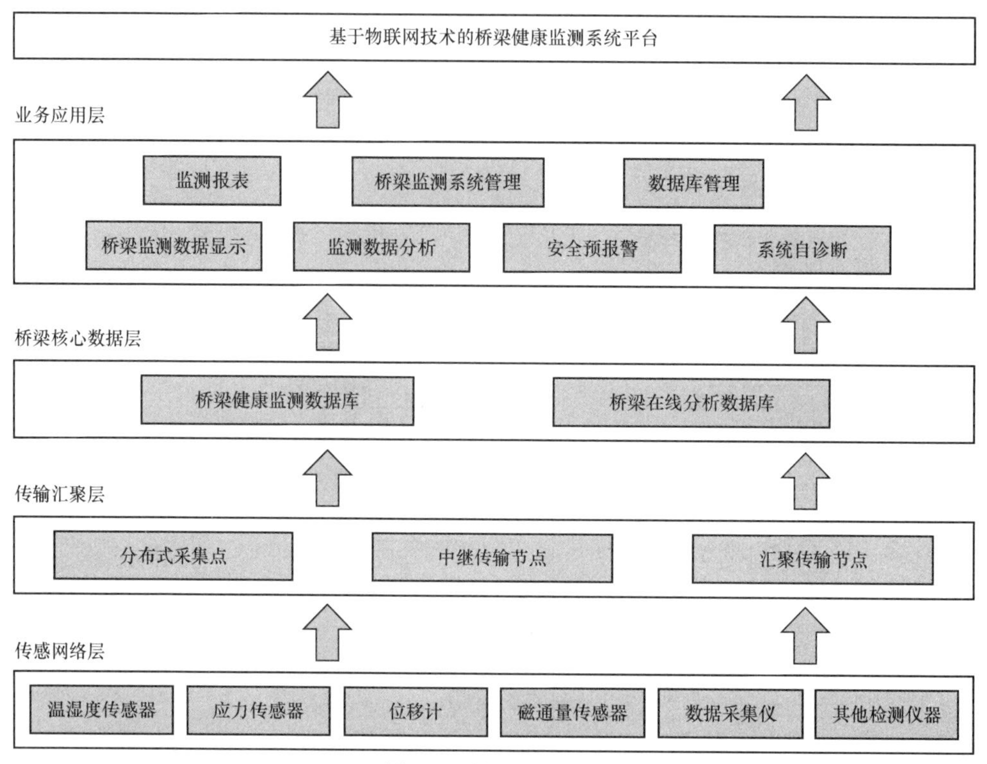

图4-10 桥梁监测系统的总体框架

4.5.3 桥梁监测点管理

桥梁监测点主要控制和管理对桥梁之间与检测区域之间的检测接入，主要用于对传感器、检测因素及拓扑结构进行相关配置。具体体现为在传感器出现失灵等情况后，用户可以在后台对其进行重新配置等操作；当温度、应力、位移和振动等检测因素发生改变后，检测平台需要对后台服务器进行相关配置；根据实际检测需求，改变监测点的部署位置从而实现拓扑管理，以达到最佳的检测效果。桥梁监测系统中的监测点管理如图4-11所示。

图4-11是一套基于物联网技术的桥梁监测系统。该系统采集不同的数据参数，部署实时荷载、位移、应力应变、加速度等力学传感器、温/湿度等环境传感器及视频监控等，构成监控网络。然后通过多种无线技术，将传感器信息实时传输到桥梁健康监测云平台进行分析和处理。这样可以对城市的桥梁安全状况进行实时监测预警、分析、评估，以及对高危桥梁及时地发出危险警告。这对桥梁健康与交通安全具有重大意义。

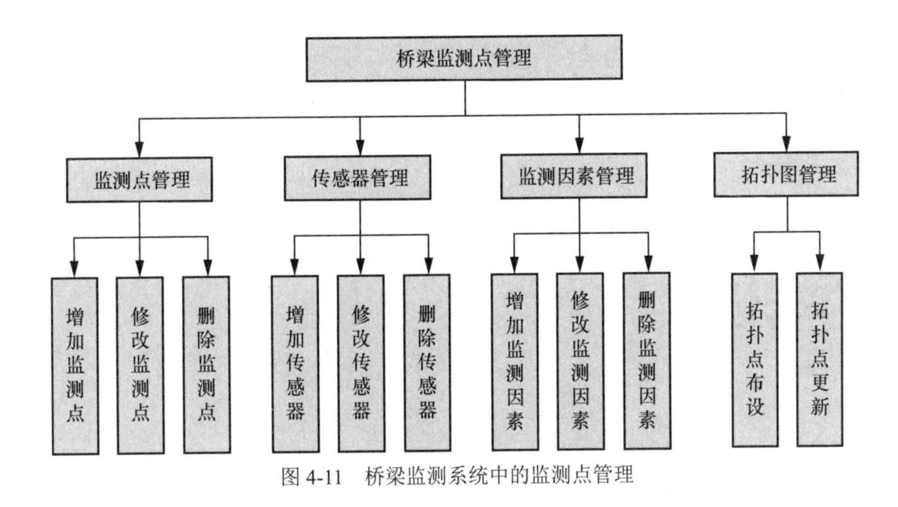

图 4-11　桥梁监测系统中的监测点管理

4.6 小结

感知技术是物联网的应用中非常重要，但也要建立在我们对物理世界中物体的数据认知基础之上，否则会失去数据感知的方向，而物体的元数据描述是描述物联网数据的重要方法。

在物联网应用中，感知技术是基于传感器来实现的。例如，在利用传感器、无线通信技术、计算机等技术对智能楼宇进行控制时，首先就需要红外传感器、温度传感器、湿度传感器、火焰传感器、气体传感器等，通过部署传感器节点，实现对整个楼宇的监控和管理。通过对传感器定义、分类、工作原理和发展方向的讨论，以及分析传感器在电子产品中的应用，可以让我们对传感器有相对全面的了解，进而实现对传感器的选型，将其应用到实际的物联网系统中。

总之，传感器是物联网获取信息的节点，没有传感器就没有信息，物联网也就成为无源之水。因此，传感器在物联网中的作用十分重要。同时，传感器技术的进步也极大促进了物联网技术的发展。

第5章

物体的辨识

根据上一章物理世界中物体的元数据描述结构，我们可以粗略地认为，大多数传感器都用来感知环境的变化、物体的状态和动作等。很多时候，我们已经了解了某些物体的属性和能力，但怎样才能在广阔的世界中辨识这些物体呢？

辨识有两个含义，一个是辨认，一个是识别。辨认是指根据身份特点辨别，做出判断，以便找出或认定某一对象。识别是指区分和分辨，又称为归类和定性，分为光学识别、生物识别、语音识别、磁识别、射频识别等。

与互联网类似，物联网是用一组特定的数据来辨识用户和物体。这组特定的数据代表了数字身份，所有对用户和物体的授权也是针对数字身份的授权。为了保证以数字身份进行操作的使用者就是这个数字身份的合法拥有者，也就是说保证使用者的物理身份与数字身份相对应，物联网用电子身份证标识（eID）来解决这个问题。eID 的应用由来已久，从计算机产生之初，使用口令来验证计算机使用者的身份是最早的 eID 应用。作为物联网的第一道关口，eID 服务的重要性不言而喻。

自动识别技术是应用一定的识别装置，通过被识别物品和识别装置之间的接近/接触活动，自动地获取被识别物品的相关信息，并提供给后台处理系统来完成相关后续处理的一种技术。自动识别系统因应用不同，其组成会有所不同，但基本都是由标签、读写器和计算机网络这三大部分组成。

在物联网中，用于对用户身份进行辨识确认的基本方法可以分为 3 种，核心是：说出所知道的信息、展示所拥有的东西，以及提供独一无二的生物特征。在物联网中，身份认证手段与真实世界中一致。物联网中身份认证的手段有：

- 输入保密信息，如用户的姓名、通行字或加密密钥等；
- 展示访问卡、钥匙或令牌等实物，通过询问应答系统和物理识别设备来识别；
- 利用生物特征，如指纹、声音、视网膜等识别技术对用户进行唯一的识别。

5.1 物联网标识

物联网标识是辨识各种物理和逻辑实体的方法，辨识之后可以实现对物体信息的查询、管理和控制，并以此为基础实现各种各样的物联网应用。物联网标识用于在一定范围内唯一识别物联网中的物理和逻辑实体、资源、服务，使网络及应用能够以此为基础对目标对象进行管控，以及进行相关信息的获取、处理、传送与交换。

物联网标识管理是对物联网标识进行编码、分发、注册、解析、寻址和发现等全过程的管理。在互联网中，连接上层业务应用和底层物理基础设施的就是类似 DNS 这样的标识服务，提供互联网标识管理和解析服务，包括域名、IP 地址、网络标识。物联网突破了传统的人与人之间的通信模式，引入了对物理世界的感知，从而建立人与物、物与物之间的通信，并实现信息的动态获取、智能处理、无缝交互与协同共享。物联网标识用于识别区分不同的目标对象，是实现以上信息通信和各类应用的基础与前提。物联网标识是物联网中最重要的基础资源，是物联网对象的“身份证”。

国内外相关标准化组织都在积极推进物联网标识相关技术的研究。迄今为止，各标准组织还未形成统一的国际标准。当前的设备编码标准众多，例如，美国 EPCglobal 的电子产品编码（EPC）、日本泛在识别中心的泛在编码（uCode）、韩国的可移动 RFID 编码（mRFID code）、我国商务部的商务产品编码（CPC）等。然而，各种设备编码之间相互孤立、没有联系，有的甚至重复交叉。要实现信息的互联互通和系统的有效协同，在建立统一的物联网标识体系时需要特别关注这些问题。

基于识别目标、应用场景、技术特点等的不同，物联网标识可分为对象标识、通信标识和应用标识三类，如图 5-1 所示。一套完整的物联网应用流程需由这三类标识共同配合完成。

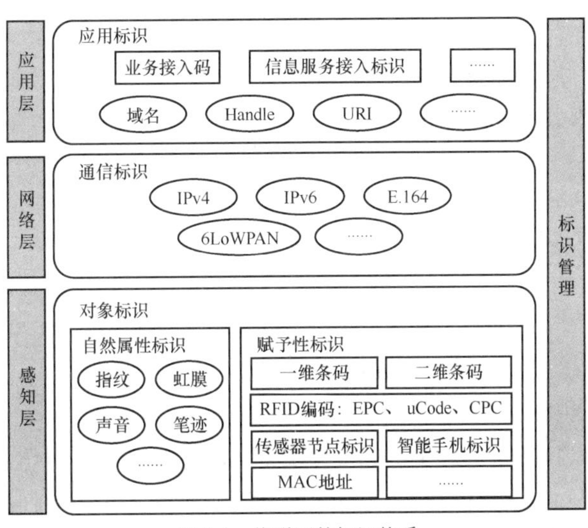

图 5-1 物联网的标识体系

在图 5-1 中，感知层的对象标识包括自然属性标识和赋予性标识，网络层的通信标识主要是 IPv4/IPv6 等，应用层的应用标识更加丰富，包括业务接入码、域名、URI 等。

5.1.1 对象标识

对象标识用于唯一识别物联网中的实体对象（如传感器节点、电子标签、网卡等）或逻辑对象（如文档、温度等）。根据标识形式的不同，对象标识又可进一步分为自然属性标识和赋予性标识。一个对象可以拥有多个对象标识，但一个标识必须唯一地对应一个实体对象或逻辑对象。

5.1.2 通信标识

通信标识用于唯一识别具备通信能力的网络节点（如智能网关、手机终端、电子标签读写器及其他网络设备等）。通信链路两端的节点一定具有同类别的通信标识，作为相对地址或绝对地址用于寻址，以建立到目标对象间的通信连接。

5.1.3 应用标识

应用标识用于唯一识别物联网应用层中各项业务或各领域的应用服务的组成元素，例如电子标签在应用服务器中所对应的数据信息等。基于应用标识，可以直接进行相关对象信息的检索与获取。

应用标识带有一定的语义特征，主要用于各种物联网应用方便地管理各种物联网资源或数据，不同应用可根据应用需求的不同给同一个物联网资源或数据赋予不同的应用标识。而对象标识则主要用于标注各种物联网对象，与使用该对象的物联网应用无关。同一个物联网对象，可拥有多个对象标识、通信标识和应用标识。在各物联网应用领域，不同环节需要使用不同类型的标识，这就需要掌握不同标识之间的映射关系。这些标识之间的映射主要通过标识服务技术进行管理和维护。

5.1.4 物联网标识的发现服务

在互联网中，传统的标识服务是将映射记录存储在指定的唯一标识服务器上。即使针对同一标识，也可能有多条不同类型的映射记录，但是信息来源基本上都是单一的，通常只有资源管理者提供标识该资源的唯一标识符。但在物联网中，由于被标识对象（资源）存在多粒度性，导致映射目标数量的多样性；而标识对象（资源）存在可移动性，导致了映射目标位置的不确定性。

以 RFID 网络为例，采用不同粒度的电子标签编码标识，可以为不同批次粒度的商品关联商品名称、产地等静态信息；也可以为单品粒度的对象关联物流状态、销售情况等动态信息。

如果采用前者进行寻址，目标通常只是生产商指定的标识服务器；而若采用后者进行寻址，则目标可能会涉及生产商以及商品在物流、销售过程中所经历的多个信息节点及关联的标识服务器。在物联网中，针对前者的映射服务，一般称为标识解析服务；针对后者的映射服务，一般称为标识发现服务。

5.2 EPC 系统

物联网起源于 EPC 系统，主要由 RFID 电子标签、RFID 读写器和互联网组成（见表 5-1）。RFID 电子标签存储着物品的编码（即 EPC），RFID 读写器对电子标签加以识别，并进行交互通信。然后，通过 EPC 中间体系统将电子标签存储的信息上传到互联网，以对象名称解析服务完成信息发布。最后，由互联网提供对物品信息的全方位服务。

表 5-1 EPC 系统的组成

EPC 系统构成	名称	简介
EPC 信息网络服务	对象名称解析服务、信息发布服务	网络和软件支持系统
EPC 中间件	Savant 中间件	中间件标准
EPC 射频识别标准	EPC 标签、EPC 读写器	标签和读写器的标准
EPC 编码标准	EPC 编码	物品的编码标准

EPC 系统可以为全球物品提供唯一编码，通过对 EPC 进行射频识别，可实现互联网上物品信息的共享。EPC 系统的体系结构如图 5-2 所示。

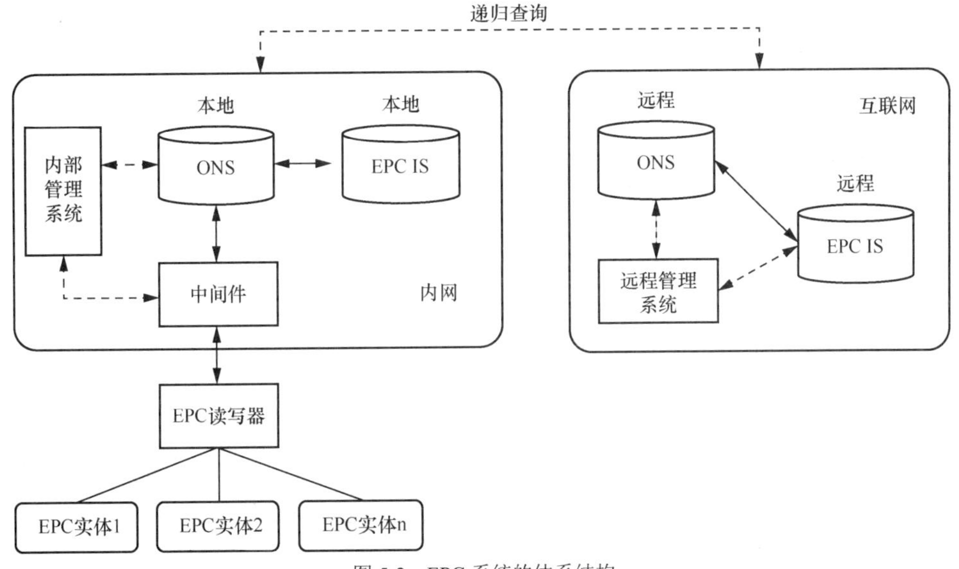

图 5-2 EPC 系统的体系结构

在图 5-2 中，EPC 系统是在全球互联网的基础上，通过 EPC 中间件、对象名称服务（ONS）和 EPC 信息服务（EPC IS）实现全球“实物互联”。

5.2.1 EPC 编码标准

EPC 存储着需要识别的实体，包括物品、人、动物等基本标识信息。这些信息被嵌入到 RFID 标签中，目前 EPC 编码采用 64 位、96 位和 256 位这 3 种具体方案。EPC 编码的结构如图 5-3 所示。

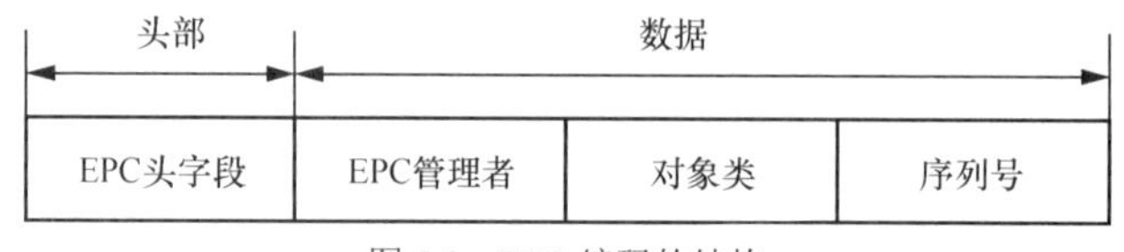

图 5-3　EPC 编码的结构

EPC 编码由“头部”（head）（也称为 EPC 头字段）和“数据”（data）两部分组成用于定义 EPC 编码总长度、识别类型和编码结构。其中，“数据”部分又由用于标识产品生产商的“EPC 管理者”、用于标识某一生产商所生产的某一产品具体类型的“对象类”和用于标识具体产品的“序列号”这 3 个字段组成。

虽然 EPC 系统具有完整且近乎完美的结构和应用期望，但在标准制订、知识产权拥有、信息安全等方面存在利益和主导地位的争议，以及在互联网应用中暴露出了安全问题和存在的发展瓶颈。

EPCglobal 提出的 ONS 和 EPCDS（EPC 发现服务）是目前最权威的物联网编码解析规范，其中 ONS 利用 DNS 架构实现，完成以编码到相关制造商的信息服务的寻址，但 ONS 只提供了产品类型级别的解析，无法实现单一产品的解析。EPCDS 是对 ONS 的有效补充，可以实现以单一编码到多企业提供的信息服务的寻址，且支持本地查询和全局查询，但具体的规范细节尚未公布。

5.2.2 EPC 编码的解析技术进展

欧盟联合全球数据标准机构 GS1 提出的 BRIDGE 项目建立在 EPCDS 规范的基础上，列举了编码解析应具备的接口，将编码解析的实现分为三个阶段：配置、发现和响应，并提出了多种可行的解析记录发布和查询模式，从较高的层面分析了编码解析的特性。其中，基于分布式哈希（DHT）覆盖网络的域名解析系统（例如 DDNS 和 Overlook）实现了负载均衡，避免了单点失效，增强了系统的健壮性。但是，它们增加了记录查询的延迟，忽视了编码具有分级结构的特性。另外，利用互联网现有的 DNS 也能够构建域名解析系统，例如 CoDoNS。其机制是 CoDoNS 依靠 DNS 获取记录，介于客户端和 DNS 之间，对客户端是透明的，通过复制缓存 DNS 记录为客户端提供解析服务，于是 DNS 可能成为性能瓶颈。

还有基于分级 P2P 的 RFID 编码解析网络将节点分为多个组，每个组构成一个的 P2P 网络。组内的超级节点组成上级 P2P 网络，编码自上而下逐层就解析。该模型破坏了原始编码的结构，实现复杂，组内的超级节点容易成为系统的性能瓶颈。

上述模型虽然有些不是针对物联网编码解析提出的，但它们的设计思想可以被物联网编码解析所借鉴。目前，物联网编码解析的功能描述和基本组成模块已日渐清晰。多数成果是一些部署在供应链闭环应用的集中式系统，或者是一些单一应用场景下的仿真模型，它们与物联网的大规模动态应用需求之间还有很大差距。

5.3 条码和二维码

条形码由一组按一定编码规则排列的线条、空白和数字符号组成，用以表示一定的信息。条形码可印刷在纸面和其他物品上，因此可方便地供光电转换设备再现这些数字、字母信息，从而供计算机读取。条形码可以标出商品的生产地区、制造厂家、商品名称、生产日期、图书分类号、邮件起止地点、类别、日期等信息，因而在商品流通、图书管理、邮电管理、银行系统等领域都得到了广泛的应用。

条形码识别技术是一种利用光识别技术对条形码所表示的信息进行自动识别的技术，主要由扫描阅读、光电转换和译码输出到计算机三大部分组成，具有输入速度快、准确度高、成本低、可靠性强等优点，在当今的自动识别技术中占有重要的地位。

条形码识别技术已相当成熟，其读取的错误率约为百万分之一，首读率大于 98%。世界上有 225 种以上的一维条码，每种一维条码都有自己的一套编码规格。一般较流行的一维条码有 39 码、EAN、UPC、128 码，以及专门用于书刊管理的 ISBN、ISSN 等。

随着条形码技术应用领域的扩大，人们对它的需求层次也在不断提高，不但要求条形码技术能够解决计算机的数据输入速度、数据输入正确性等问题，而且希望条形码技术还能解决将更多信息印刷在更小面积上等其他一些问题。因此，一种能够在更小面积上表示更多信息的新条码产生了，这就是二维码。

二维码技术是物联网感知层实现过程中最基本且关键的技术之一。二维码也称为二维条码或二维条形码，它是用某种特定的几何形体按一定规律在平面上分布（黑白相间的）图形来记录信息的应用技术。从技术原理来看，二维码在代码编制上巧妙地利用构成计算机内部逻辑基础的“0”和“1”比特流的概念，使用若干与二进制相对应的几何形体来表示数值信息，并通过图像输入设备或光电扫描设备自动识读以实现信息的自动处理。与 RFID 相比，二维码最大的优势在于成本较低，一条二维码的成本仅为几分钱，而 RFID 标签因其芯片成本较高，制造工艺较复杂，所以价格较高。

除了成本以外，相较于条形码，二维码还有许多其他优势：

- 数据容量更大，能够在横向和纵向两个方向同时表达信息，因此能在很小的面积内表达大量的信息；

- 可以编码的信息不局限于字母、数字，还可以编码图片、声音等；
- 相对尺寸小；
- 具有抗损毁能力；
- 保密性强。

条形码和二维码的技术对比如表 5-2 所示。

表 5-2 条形码和二维码的技术对比

	条形码	二维码
存储容量	只能容纳 30 个字符左右	可容纳多达 1850 个大写字母或 500 多个汉字，比条形码的存储容量约高几十倍
编码范围	英文、数字、简单符号	可以把图片、声音、文字、签字、指纹等可以数字化的信息都进行编码
容错能力	遭到损坏后便不能阅读	因穿孔、污损等引起局部损坏时，照样可以正确识读，在损毁面积高达 50%时仍可恢复信息
保密性	不高	高，可加密
译码错误率	百万分之二左右	不超过千万分之一
识别速度	快	较慢
识别设备成本	低	较高

二维码的编码标准有很多，我国制定的国家标准包括 QR 码、GM 码、CM 码、汉信码，其中 CM 码不适宜作为手机二维码进行应用。此外，由于 DM 码有国际标准可依，它在我国也得到了实际上的广泛应用。

5.4 磁卡与 IC 卡

磁卡和 IC 卡是进行用户身份认证的有效手段。它们使用方便，造价便宜，并且用途极为广泛，可用于制作信用卡、银行卡、地铁卡、公交卡、门票卡、电话卡以及各种交通收费卡等。

5.4.1 磁卡

磁卡是一种磁记录介质卡片。根据矫顽磁力的不同，碰卡可分为低亢磁卡和高亢磁卡。卡体材料有普通 PVC、透明 PVC、PET、ABS、PETG 等。通常，磁卡的一面印刷有说明提示性信息（如插卡方向），另一面则有磁层或磁条。

磁卡上面的剩余磁感应强度在磁卡工作过程中起着决定性的作用，当磁卡以一定的速度通过装有线圈的工作磁头时，磁卡的外部磁力线切割线圈，在线圈中产生感应电动势，从而传输了被记录的信号。除了对磁感应强度的要求，磁卡工作中产生的记录信号也需要有较宽的频率响应、较小的失真和较高的输出电平。

磁卡是卡片界的元老，其使用时间最长，使用数量最大。但随着信息化和电子化技术的发展，磁卡因其自身的局限，开始逐渐淡出历史舞台。

5.4.2 IC 卡

智能卡除了也被称为 IC 卡外，有些国家和地区还将其称为智慧卡（intelligent card）、微电路卡（microcircuit card）或微芯片卡等。通常说的智能卡多数是指接触式智能卡，它是将一个微电子芯片嵌入符合 ISO 7816 标准的卡基中，制成卡片形式。智能卡是继磁卡之后出现的又一种新型标识工具。

IC 卡按所嵌的芯片类型的不同，可分为三类：存储器卡、逻辑加密卡和智能卡（CPU 卡）。智能卡是一个带有微处理器和存储器等微型集成电路芯片的、具有标准规格的卡片。智能卡必须遵循一套标准，ISO 7816 是其中最重要的一个。ISO 7816 标准规定了智能卡的外形、厚度、触点位置、电信号、协议等。智能卡操作系统通常称为芯片操作系统 COS。COS 一般都有自己的安全体系，其安全性能通常是衡量 COS 的重要技术指标。COS 功能包括传输管理、文件管理、安全体系、命令解释。

IC 卡与磁卡是有区别的，IC 卡通过卡内的集成电路存储信息，而磁卡是通过卡内的磁介质记录信息。虽然智能卡的成本一般比磁卡高，但保密性更好。磁卡和 IC 卡的技术对比如表 5-3 所示。

表 5-3 磁卡和 IC 卡的技术对比

	IC 卡	磁卡
存储容量	小到几百个字符，大到上百万个字符（取决于型号）	大约为 200 个数字字符
安全保密性	IC 卡上的信息能够随意读取、修改、擦除，但都需要密码	磁卡仅仅使用了“卡的号码”。卡内除了卡号外，无任何保密功能，其“卡号”是公开、裸露的，比较容易被复制
数据处理能力	IC 卡具有数据处理能力。在与读卡器进行数据交换时，可对数据进行加密、解密，以确保交换数据的准确可靠	无此功能
使用寿命	较长	较短，容易磨损和被其他磁场干扰而失效
制造成本	较高	较低

IC 卡已经在银行、电信、交通、社会保险、电子商务等领域得以广泛应用。IC 电话卡、金融 IC 卡、社会保险卡和手机中的 SIM 卡都属于智能卡的范畴。

5.5 电子标签

电子标签可以把“物”变成为“智能物”，它的主要用途是为移动和非移动的物品贴上标签，实现各种跟踪和管理。电子标签是 RFID 系统的数据载体，部内存有一定格式的电子数据，常被作为待识别物品的标识性信息。

电子标签由标签天线和标签专用芯片组成，一般而言，电子标签采用 RFID 技术实现，每个 RFID 标签具有唯一的电子编码，附着在物体上标识目标对象。

5.5.1 什么是 RFID

RFID 技术可通过无线电信号识别特定目标并读写相关数据，而无须识别系统与特定目标之间建立机械或光学接触。RFID 的电子阅读器（读写器）通过天线与 RFID 电子标签进行无线通信，可以实现对标签识别码和内存数据的读出或写入操作。典型的阅读器包含有高频模块（发送器和接收器）、控制单元以及阅读器天线。

RFID 作为一种非接触式的自动识别技术，可通过射频信号自动识别目标对象并获取相关数据，因此识别工作无须人工干预，因此可工作于各种恶劣环境。另外，RFID 技术还可用于识别高速运动的物体并且可同时识别多个标签，操作快捷方便，因此广泛应用于交通领域。

5.5.2 RFID 的工作原理和技术特点

一般而言，RFID 的工作原理是这样的：标签进入磁场后，接收读写器发出的射频信号，凭借感应电流所获得的能量发送出存储在芯片中的产品信息（passive tag，无源标签或被动标签），或者主动发送某一频率的信号（active tag，有源标签或主动标签）；读写器读取信息并解码后，送至中央信息系统进行有关数据处理。

RFID 读写器分为固定式和手持式，工作频带覆盖了低频、高频、超高频、微波等。

RFID 的工作频段、优缺点和典型应用如表 5-4 所示。

表 5-4 RFID 的工作频段、优缺点和典型应用

分类	工作频段	优点	缺点	典型应用
低频（LF）	30～300kHz（典型：125kHz 和 133kHz）	技术简单，成熟可靠，无频率限制	通信速度低，读写距离短（<10cm），天线尺寸大	动物耳标识别、商品零售、电子闭锁防盗等
高频（HF）	3～30MHz（典型：13.56MHz）	相对 LF，有较高的通信速度和较长的读写距离；此频段在非接触卡中应用广泛	受金属材料等影响较大，识读距离不够远（最大 75cm 左右），天线尺寸大	电子车票、电子身份证、小区物业管理等

续表

分类	工作频段	优点	缺点	典型应用
超高频（UHF）	433.92MHz 及 860MHz～960MHz	读写距离长（大于 1m），天线尺寸小，可绕开障碍物，无须保持视线接触，可多标签同时识别	定向识别；各国家/地区有不同的频段的管制，发射功率受限制，受某些材料的影响较大	生产线产品识别、车辆识别、集装箱识别、包裹识别等
微波	2.45GHz 或 5.8GHz	除具备 UHF 特点外，还具备更高的带宽和通信速率、更长的识读距离、更小的天线尺寸	除 UHF 缺点外，还具备产品拥挤、易受干扰、技术相对复杂等缺点	ETC 收费、雷达和无线电导航等

在选择 RFID 作为解决方案时，需要关注以下约束条件：

- RFID 系统的成本；
- 通信距离因素；
- 理想的 RFID 系统是工作距离长，传输速率高，功耗又低，但这三者又相互制约；
- RFID 系统所在的外部环境、存储器容量和安全特性。

5.5.3 RFID 的产品分类

从供电的角度来看，RFID 产品可以分为有源、半有源和无源三种类型。

1．无源 RFID

无源 RFID 产品发展最早，也是目前发展最成熟、市场应用最广的产品。例如，公交卡、食堂餐卡、银行卡、宾馆门禁卡等，都属于无源 RFID 产品。无源 RFID 没有内装电池，当处于阅读器的读出范围之外时，电子标签处于无源状态；当处于阅读器的读出范围之内时，电子标签从阅读器发出的射频能量中提取其工作所需。无源 RFID 一般均采用反射调制方式完成电子标签信息向阅读器的传送。

2．半有源 RFID

半有源 RFID 产品的内部是带有电源的，但必须经过阅读器的激活后才能向阅读器传送数据，也就是说不能主动传输数据。半有源 RFID 类似于无源 RFID，不过它多了一个小型电池，电力恰好可以驱动标签的集成电路芯片，使得的集成电路芯片处于工作的状态。这样的好处在于，天线可以不承担接收电磁波的任务，而是充分用作回传信号。相比无源 RFID，半有源 RFID 有更快的反应速度和更高的效率。

3．有源 RFID

有源 RFID 产品的内部带有电源，可以供应内部的集成电路芯片所需电源以产生对外的信号，因此可以主动向阅读器发送数据。一般来说，有源 RFID 拥有较长的读取距离和较大的存储容量，可以用来储存读取器传送来的一些附加信息。有源 RFID 主要应用在对传输距离要求比较高的场合。有源 RFID 产品是最近几年才慢慢兴起的，其远距离自动识别的特性决定了其巨大的应用空间和市场潜质。

RFID 技术的应用非常广泛，据有关统计，目前典型应用场景包括动物芯片、门禁控制、文档追踪管理、包裹追踪识别、移动商务、产品防伪、运动计时、票证管理、汽车防盗、停车场管制、生产线自动化、物料管理等。

5.6 生物特征识别技术

生物特征识别技术指通过获取和分析人体的身体与行为特征来实现个人身份的自动鉴别。具体来讲，生物特征识别技术就是通过计算机与光学、声学、生物传感器和生物统计学原理等科技手段的密切结合，利用人体固有的生理特性和行为特征来进行个人身份的鉴定。

目前可被应用的生物特征非常多，主要包括语音、脸、指纹、掌纹、虹膜、视网膜、体形、个人习惯（例如敲击键盘的力度和频率、签字）等。

5.6.1 人脸识别

人脸识别的优势在于其自然性和被测个体不易察觉的特点。

人脸识别的实现包括面部识别和面部认证，主要用于快速而高精度的身份认证。由于人脸识别属于非接触型认证，仅仅看到面部就可以实现认证，因而可被用在不同的安全领域。随着网络技术和桌面视频的广泛采用，以及电子商务等网络资源的利用对身份验证提出的新要求，依托于图像理解、模式识别、计算机视觉和神经网络等技术的人脸识别技术在一定应用范围内已获得了成功。目前国内人脸识别技术在安全领域应用得比较多。

5.6.2 语音识别

就生物特征识别技术而言，这里的语音识别更确切地说应该是声纹识别，也称为说话人识别，是一种通过声音判别说话人身份的技术。声纹识别技术有两类，即说话人辨认技术和说话人确认技术。不同的任务和应用会使用不同的声纹识别技术，如缩小刑侦范围时可能需要辨认技术，而银行交易时则需要确认技术。

声纹识别的主要应用包括语音信号处理、声纹特征提取、声纹建模、声纹比对、判别决策等。声纹识别技术通过利用录音设备不断地测量来记录声音的波形和变化，将现场采集到的声音与登记过的声音模板进行匹配，从而确定用户的身份。当前，这种声纹识别因为技术原因，识别精度仍需提升。

5.6.3 指纹识别

指纹识别技术已经有很长的历史了，通过指纹识别可以可靠地确认一个人的身份。但是，某些人或某些群体的指纹因为指纹特征很少而难以识别，手指出汗或被污染时也常常无法识别。

指纹识别已被全球大多数政府接受与认可，并广泛地应用到政府、军队、银行、社会福利保障、电子商务和安全防卫等领域。在我国，指纹识别技术的研究与开发已达到国际先进水平，北京汉王科技有限公司在指纹识别算法上取得了重大进展，拒识率小于 0.1%，误识率小于0.0001%，居国际前列。随着物联网的普及，指纹识别的应用将更加广泛。

5.6.4 虹膜识别

虹膜识别技术比其他生物特征识别技术的精确度高几个到几十个数量级。但虹膜识别的缺点是使用者的眼睛必须对准摄像头，而且需要摄像头近距离扫描用户的眼睛。这是一种侵入式识别方式，会造成一些用户的反感。

虹膜识别的优点是个体的虹膜结构独一无二，不具遗传性（即使同卵双胞胎的虹膜也各不相同），并且自童年以后便基本不再变化，因此非常适合应用于生物特征识别。有统计数据表明，到目前为止，虹膜识别的错误率是各种生物特征识别技术中最低的。

5.6.5 皮肤识别

皮肤识别通过把红外光照进一小块皮肤并通过测定反射光波长来确认人的身份，其理论基础是每个人的皮肤都有其特有的标记。由于皮肤具有个性和专一特性，这些都会影响光的反射波长。

Lumidigm 公司开发了一种包含两种电子芯片的系统，第一个芯片用来实现光反射二极管照射皮肤的一小部分，然后收集反射回来的射线，第二个芯片用于处理由照射产生的“光印”（light print）标识信号。相对于指纹识别和人脸识别所采用的采集原始形象并仔细处理大量数据，然后从中抽提出所需特征的生物统计学方法，皮肤识别不依赖于影像处理，只需较少的计算能力即可完成识别。

5.6.6 体形识别

体形识别的理论基础是每个人在生活中都具有自己专一独特的体形，其工作原理是收集人体语言（即独特的体形）并把它转化为计算机能识别的数字。体形识别的一种方法是通过建立个人的“运动信号”来识别，即通过拍摄人走路或跑步的方法研究每个人的运动信号，再利用计算机上的模拟照相机捕捉和储存这一运动行为（用软件工具除去冗余，最终只以数字形象储存物体的一系列轮廓）。因此根据一个人的整个走路过程，计算机就能根据储存的数字形象确定这个人的身份。另一种方法则是使用结构分析方法去测定一个人的跨步和四肢伸展等特性。迄今为止，这两种技术在很大程度上都取决于照相机拍摄的角度。

5.6.7 签字识别

个人习惯中的签字识别可以看作光学字符识别的一种。光学字符识别（OCR）是指对文本资料进行扫描，然后对生成的图像文件进行分析处理，从而获取文字及版面信息的过程。光学字符识别已有30多年历史，近几年又出现了图像字符识别和智能字符识别，实际上这三种识别技术的基本原理大致相同，都是通过扫描等光学输入方式将各种票据、报刊、书籍、文稿及其他印刷品的文字转化为图像信息，再利用文字识别技术将图像信息转化为计算机可以使用的信息。

5.7 小结

通过对物体进行编码和标记，我们可以实现对物体的辨识。有很多种对物体进行编码的方法，其中EPC系统出现较早，可以起到一定的参考作用。条码和二维码可以作为物体标识的承载技术，而磁卡和IC卡一般用作人的身份识别。电子标签技术则既可以应用于物体的标识，也可以应用于人的标识。RFID产品分为无源、有源和半有源类型，应用非常广泛。

对于人的身份识别而言，以人脸识别、语音识别、指纹识别、虹膜识别、皮肤识别、体形识别和签字识别等为主的生物特征识别技术已经逐步开始应用到物联网系统中，这些技术正在受到越来越多的关注。

第 6 章

嵌入式系统

无论是传感器还是电子标签之类的辨识设备，都需要一个物联网终端系统作为载体，最终以产品或服务的形式成为物联网的具体应用。通过物联网终端系统，可以将各种外部感知数据汇集和处理，并通过各种网络接口传输到互联网中。如果没有物联网终端系统的存在，传感数据将无法送到指定位置，“物”的联网将不复存在。

那么，物联网终端系统是什么呢？

在物联网中，嵌入式系统既是传感器等感知或辨识设备接入网络的物联网终端系统，也是直接控制物理对象的触发器。物联网终端一般都是通过嵌入式系统实现的。

嵌入式系统是一种专用的计算机系统，是装置或设备的一部分。通常，嵌入式系统作为一个控制程序存储在 ROM 中的嵌入式处理器控制板中。事实上，所有带有数字接口的设备，如手表、微波炉、电冰箱、照相机、汽车等都使用了嵌入式系统，有些嵌入式系统还包含操作系统，但更多的嵌入式系统都是由单个程序来实现整个的控制逻辑。面向不同规模的嵌入式系统有着不同的应用框架，这些应用框架使嵌入式系统上的应用开发更加简单高效。需要特别注意的是针对嵌入式系统的在线软件升级技术。

6.1 嵌入式系统基础

嵌入式系统是一种“完全嵌入受控硬件内部，为特定应用而设计的专用计算机系统”。根据英国电气工程师协会的定义，嵌入式系统是用于控制、监控或辅助设备、机器，或工厂大型设备运作的装置。与个人计算机这样的通用计算机系统不同，嵌入式系统通常执行的是带有特定要求的预先定义的任务。一般而言，由于嵌入式系统只针对一项特殊的任务，设计人员能够便捷地对它进行性能优化，并减小尺寸以降低成本。另外，嵌入式设备通常可以大规模量产，可以进一步降低单个系统的成本。

从分层的角度看，嵌入式系统一般分为三层：硬件层、中间层和系统软件层。

- 硬件层的核心是嵌入式微处理器，与通用 CPU 相比，嵌入式微处理器最大的不同在于其大多工作在为特定用户群所专门设计的系统中，它将通用 CPU 中许多由板卡完成的任务集成在芯片内部，从而有利于嵌入式系统在设计时趋于小型化，同时还具有很高的效率和可靠性。
- 中间层的另一个主要功能是驱动硬件相关的设备。尽管中间层中包含硬件相关的设备驱动程序，但是这些设备驱动程序通常不直接由中间层使用，而是在系统初始化过程中由中间层将它们与操作系统中通用的设备驱动程序关联起来，并在随后的应用中由通用的设备驱动程序调用，从而实现对硬件设备的操作。与硬件相关的驱动程序是中间层设计与开发中的一个关键。
- 系统软件层是由多任务实时操作系统（RTOS）、文件系统、图形用户界面（GUI）、网络系统及通用组件模块组成。其中，RTOS 是嵌入式应用软件的基础和开发平台。

6.1.1 嵌入式微处理器

嵌入式微处理器的体系结构可以采用冯 • 诺依曼体系，指令系统可以选用精简指令集系统或复杂指令集系统。精简指令集系统只包含最有用的指令，确保数据通道快速执行每一条指令，从而提高了执行效率，同时也使 CPU 硬件结构设计变得更为简单。

嵌入式微处理器有各种不同的体系结构，即使在同一体系结构中也可能具有不同的时钟频率和数据总线宽度，或集成了不同的外设和接口。据不完全统计，目前全世界嵌入式微处理器已经超过 1000 种，体系结构涉及 30 多个系列，其中主流的体系结构有 ARM、MIPS、PowerPC 和 x86 等。与个人计算机市场不同的是，嵌入式微处理器的选择是根据具体的应用而决定的，因此没有一种嵌入式微处理器可以主导市场。

6.1.2 嵌入式系统中的相关存储

主存是嵌入式微处理器能够直接访问的存储器，用来存放系统和用户的程序及数据。主存可以位于微处理器的内部（称为片内存储器）或外部（称为片外存储器），其容量为 256kB～1GB，根据具体的应用而定。一般片内存储器容量小，速度快，而片外存储器则容量较大。常用作主存的存储器有 ROM 类的 NOR Flash、EPROM 和 PROM 等，还有 RAM 类的 SRAM、DRAM 和 SDRAM 等。其中 NOR Flash 凭借其可擦写次数多、存储速度快、存储容量大、价格便宜等优点，在嵌入式领域得到了广泛应用。

除了生存外，嵌入式系统中还会用到辅助存储器。辅助存储器用来存放大数据量的程序代码或信息，它的容量大，但读取速度与主存相比会慢很多，主要用来长期保存用户的信息。嵌入式系统中常用的辅助存储器有硬盘、NAND Flash、CF 卡、MMC 和 SD 卡等。

在嵌入式系统中，缓存是一种容量小、速度快的存储器，它位于主存和嵌入式微处理器内核之间，存放的是最近一段时间微处理器使用最多的程序代码和数据。在需要进行数据读取操作时，微处理器尽可能地从缓存中读取数据，而不是从主存中读取，这样就大大改善了系统的性能，提高了微处理器和主存之间的数据传输速率。在嵌入式系统中，缓存全部集成在嵌入式微处理器内，可分为数据缓存、指令缓存或混合缓存，缓存的大小依不同处理器而定。

6.1.3 嵌入式系统的相关接口

嵌入式系统和外界的交互需要一定形式的通用设备接口，这种接口的种类很多。

目前嵌入式系统中常用的通用设备接口有模/数（A/D）转换接口、数/模（D/A）转换接口和输入/输出（I/O）接口，其中，I/O 接口有串行通信接口（RS-232 接口）、以太网接口、通用串行总线（USB）接口、音频接口、VGA 接口、现场总线、串行外设接口（SPI）和红外线（IrDA）接口等。

6.1.4 嵌入式系统的初始化

从时间的维度来看，需要重点关注嵌入式系统的初始化。嵌入式系统的初始化分为三个过程：芯片级初始化、板级初始化和系统级初始化。

- 芯片级初始化完成的是嵌入式微处理器的初始化，包括设置嵌入式微处理器的核心寄存器和控制寄存器、嵌入式微处理器核心工作模式和嵌入式微处理器的局部总线模式等。把嵌入式微处理器从上电时的默认状态逐步设置成系统所要求的工作状态，是一个纯硬件的初始化过程。
- 板级初始化除了要完成嵌入式微处理器以外的其他硬件设备的初始化，还需设置某些软件的数据结构和参数，为随后的系统级初始化和应用程序的运行建立硬件与软件环境，这是初始化过程同时包含软硬件两部分内容。
- 系统级初始化过程以软件初始化为主，主要进行操作系统的初始化。板级初始化完成后，将嵌入式微处理器的控制权转交给嵌入式操作系统，由操作系统完成余下的初始化操作，包含加载和初始化与硬件无关的设备驱动程序、建立系统内存区、加载并初始化其他系统软件模块（如网络系统、文件系统等）。最后，创建应用程序环境，并将控制权交给应用程序的入口。

6.1.5 嵌入式操作系统

嵌入式操作系统（EOS）是一种用途广泛的系统软件。它负责嵌入式系统中全部软硬件资源的分配、任务调度，控制和协调，它需要体现其所在系统的特征，能够通过装卸某些模块来达到系统所要求的功能。

随着互联网技术的发展、信息家电的普及应用以及微型化和专业化，EOS 开始从单一的弱功能向高专业化的强功能方向发展。

6.2 嵌入式系统的设备类型

鉴于嵌入式系统设备的概念外延较大，我们可以参考 Java 技术系统的分类方法（Java 技术可以分为 Java Card、J2ME、J2SE 和 J2EE 等），按照嵌入式系统的计算能力、应用规模等配置环境将其分类为智能尘埃、一般计算能力的嵌入式设备、可穿戴设备和智能设备 4 种类型。

6.2.1 智能尘埃

智能尘埃又名智能微尘（smart dust），由微处理器、双向无线电接收装置和无线网络共同组成。将一些智能尘埃散放在一个场地中，它们就能够相互定位，收集数据并向基站传递信息。如果一个智能尘埃功能失常，其他智能尘埃会对其进行修复。

从技术的角度看，智能尘埃是采用 MEMS 技术的传感器，可以在几毫米宽度范围内进行温度、振动、湿度、化学成分、磁场等参数的测量。这种传感器功耗极低，有一种全新的系统（如 TinyOS）和无线通信系统（如 6LoWPAN 和 IEEE 802.15.4e）。对智能尘埃的研究始于 20 世纪 90 年代初美国兰德公司和美国国防部高级研究计划局（DARPA）开展的项目。1997 年，加州大学伯克利分校的科学家向 DARPA 提出对智能尘埃的研究建议，并在 1998 年得到资金赞助。其中一位科学家 Kris Pister 在 2004 年成立了 Dust Networks 公司，该公司于 2011 年被凌力尔特公司收购。

目前，智能尘埃已经做到了毫米级的大小，并有望将尺寸进一步降低到微米级。Dust Networks 在凌力尔特公司中依然存在，正在开发可以在网状网络里工作的通信传感器。准确来讲，智能尘埃不是“尘埃”，而是一种可用在工业和农业系统中的微型传感器雏形。当前，英国格拉斯哥大学在研究一项称为“智能微粒”的技术。加州大学伯克利分校也在对智能尘埃进行研究，以期构建 TinyOS 这种与 Arduino 相似但功耗更低的操作系统。

6.2.2 一般计算能力的嵌入式设备

一般计算能力的嵌入式设备一般基于单片机。20 世纪 70 年代单片机的出现，使得汽车、家电、工业机器、通信装置以及成千上万种产品可以通过内嵌的电子装置来获得更佳的使用性能。这些电子装置已经初步具备了嵌入式系统的应用特点，但此时的应用只是使用 8 位的芯片，执行一些单线程的程序，还谈不上“系统”的概念。

最早的单片机是 Intel 公司的 8048，出现在 1976 年。Motorola 公司同时推出了 68HC05，Zilog 公司推出了 Z80 系列，这些早期的单片机均含有 256 字节的 RAM、4KB 的 ROM、4 个 8 位并口、1 个全双工串行口、两个 16 位定时器。在 20 世纪 80 年代初，Intel 又进一步完善了 8048，在它的基础上研制成功了 8051，这是单片机历史上最值得纪念的一页。迄今为止，51 系列的单片机仍然是最为成功的单片机芯片，广泛应用于各种产品。

6.2.3 可穿戴设备

可穿戴设备大多具备一定的计算功能，通常以可连接手机及各类终端的便携式配件的形式存在，主流的产品形态包括以手腕为支撑的产品（包括手表和腕带等产品）、以脚为支撑的产品（包括鞋、袜子或者腿上的佩戴产品），以头部为支撑的产品（包括眼镜、头盔、头带等），以及智能服装、书包、拐杖、配饰等各类非主流产品形态。

可穿戴设备在生命体征信息的采集方面应用广泛，其位于人体表面的节点通过组网的方式（即体域网［BAN］）实现多参数体征信息的采集与处理。BAN 技术的基础是人体感知，利用人体体征传感器将物理参数转换成电信号。这些传感器可以分为 3 种类型：能够测量血压、血糖、体温、血氧、心电、脑电、肌电等的生理传感器；能够测量加速度和人体移动产生的角速度等的生物动力学传感器；能够测量湿度、亮度、声音和温度等的环境传感器。

图 6-1 为生命体征的采集节点示意，由负责采集生命体征参数的传感器和处理参数信号的节点芯片构成。

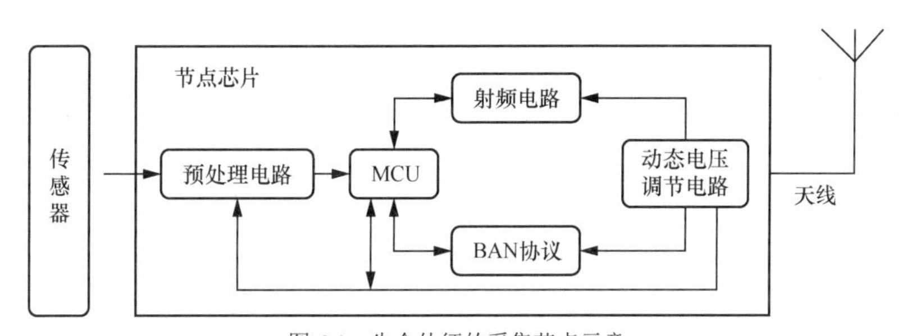

图 6-1 生命体征的采集节点示意

在图 6-1 中，节点芯片上的预处理电路用于实现不同体征参数的提取，在 MCU（微控制器）的控制下，BAN 协议模块将该数据转换成协议标准支持的格式，然后由射频电路将处理后的数据发出。MCU 采用精减指令集系统的设计方式与休眠唤醒机制，通过接收到的指令控制整个芯片处于正常工作态或是沉睡状态，动态电压调节电路根据系统任务自动调整各模块的工作电压，在保证系统任务完成的情况下，使电路模块运行在尽可能低的电压上。

体域网可应用于人体健康监测、伤残辅助以及运动监测。例如，在人体健康监测方面，可对宇航员、消防员以及士兵等作战人员的人体参数进行实时监测，提前发现异常事件并做出响应；在伤残辅助方面，可对听力受损者、独居老年人、脱臼者的康复状况等进行辅助；在运动监测方面，可对足球、高尔夫球、标枪和自行车等运动员的训练动作进行监测，评估动作是否标准，以提高训练效果。

目前可穿戴设备的监测参数较为单一，通常采用蓝牙或者 Wi-Fi 实现与集中器或者中心设备的沟通，而不是 BAN 系统专用的通信协议。

6.2.4 智能设备

智能终端一般指所有具有独立操作系统的嵌入式设备。随着存储器、微控制器、传感器等技术的应用和演进，智能终端的功能越来越丰富，目前常见的智能终端功能包括社交通信、环境监测、视频监控、收费管理等。典型的智能终端有手机、平板电脑、智能音箱等。智能终端系统的主要组成如下：

- 硬件，包括包芯片、PCB、外围接口等；
- 驱动，包括各种设备驱动、外围驱动等；
- 实时或分时的嵌入式操作系统等；
- 具体应用及运行环境等；
- 用户及终端设备等。

智能终端的特征包括构成终端设备的芯片型号、PCB 型号及版本号、外围接口类型、驱动版本、操作系统种类、操作系统版本、APP 特征、终端行为特征及用户行为特征等。物联网智能终端的特征维度分析见表 6-1。

表 6-1 物联网智能终端的特征维度

终端特征	信息标识	标识信息
硬件特征	芯片特征	芯片信号、物理参数等
	PCB 特征	板材等
	终端外围接口特征	外围接口的种类和占用特征
驱动特征	驱动功能	各驱动支持的功能特征
	驱动版本	各驱动的版本特征、版本编号等
操作系统特征	操作系统的类型	系统类型
	操作系统版本号	系统更新/原始版本号
	更新时间	更新时间列表
	后台插件	插件功能、占用资源等特征
	文件系统特征	文件系统类型、存储特征
	资源消耗特征	CPU、内存、存储等资源消耗情况
敏感应用特征	行业特征	终端的行业用途
	运行环境特征	应用占用资源的特征
	应用依赖特征	所用依赖的列表

续表

终端特征	信息标识	标识信息
用户行为特征	用户空间域	登录及使用的地点分析
	用户时间域	使用时间分析
	业务习惯	常用业务的特征分析
	登录习惯	登录习惯的特征分析
终端行为特征	终端空间域	入网地点的特征
	终端时间域	执行业务的时间段
	业务习惯	业务的使用特征
	接入习惯	接入方式的特征

物联网智能终端不仅具备感知能力，还具备较为强大的计算能力，能够对信息进行收集、处理、分析并对设备进行控制。物联网智能终端具备以下特点。

- 具有感知现实世界的传感器。
- 硬件上具有应用处理器或者系统级芯片，能提供较为强大的计算能力。这是“智能”的基础。
- 软件上具有先进的操作系统，提供 SDK（软件工具开发包）。开发者利用 API 进行创新，实现特定的使用场景。这是“智能”的具体实现。
- 具有联网功能，可进一步利用云计算能力，突破单设备处理能力的局限。同时，能将多个物联网智能终端联网进行大数据分析。这是“智能”的进一步扩展。

6.3 物联网终端的操作系统

物联网目前的碎片化以及多领域关联性等特点，导致了物联网软件的多样性。一种物联网操作系统及其开发工具很难支持物联网中的所有设备。因此，物联网终端的操作系统难以形成垄断，而是呈现多样化态势。事实上，近年来人们已经认识到物联网操作系统在万物互联时代的基础性和重要性，纷纷投入人力和经费研制各自的物联网操作系统，并各自表现出不同的能力与特色，如表 6-2 所示。

表 6-2 主要物联网操作系统的比较

物联网操作系统	内核实时性	组件扩展性	远程适配性	开发适应性	源码开放性	领域指定性
RIOT	√	√	√	√	√	-
Windows for IoT	-	√	√	√	-	-
WindRiver 公司的 VxWorks	√	√	√	√	-	√

续表

物联网操作系统	内核实时性	组件扩展性	远程适配性	开发适应性	源码开放性	领域指定性
Goolge 谷歌公司的 Brillo	-	√	√	√	√	-
ARM 公司的 Mbed OS	-	√	√	√	√	√
Embedded Apple iOS	-	√	√	√	-	
Nucleus RTOS	√	√	√	√	-	√
Green Hills 公司的 Integrity	√	√	√	√	-	√

例如，RIOT 提供了可靠的模块化微内核架构，其基本存储空间需要小于 5KB 的 ROM 和小于 2KB 的 RAM，即可支持 16 位 MSP430 或 32 位 ARM7 等 MCU；RIOT 支持多线程和实时性，具有零延迟中断处理以及与线程优先级相结合的最小上下文切换时间；RIOT 采用节能调度器，每当没有待处理任务时，将切换到深度睡眠模式的空闲状态，只有外部或内核生成的中断才能使其从空闲状态唤醒，以此来保证睡眠时间最大化，进而最小化系统的能量消耗；RIOT OS 具有高度自适应的协议堆栈，包括 6LoWPAN 和 RPL；RIOT 具有部分符合 POSIX 标准的开发 API，协议可在 RIOT OS 上利用现有的库进行构建，因此，RIOT 是优秀物联网操作系统的典型代表。

一般而言，物联网操作系统由操作系统内核、外围功能组件、物联网协同框架、通用智能引擎、集成开发环境等几个大的子系统组成。这些子系统之间相互配合，共同组成一个完整的面向各种各样物联网应用场景的软件基础平台。需要说明的是，这些子系统之间有一定的层次依赖关系，比如外围功能组件需要依赖于操作系统内核，物联网协同框架需要依赖于外围功能组件，而通用智能引擎则需要依赖于下层的内核、外围功能组件，甚至是物联网协同框架等。

物联网操作系统的内核与传统操作系统不同，两者最主要的区别是可配置性，具体见表 6-3。物联网操作系统的内核应该能够适应各种配置的硬件环境，从小到几十 KB 内存，到高达几十 MB 内存都可以使用，物联网操作系统内核都应该可以适应。同时，物联网操作系统的内核应该足够节能，确保在一些能源受限的环境下，能够持续足够长的时间。比如，内核可以提供硬件休眠机制，包括 CPU 本身的休眠，以便在物联网设备没有任务处理的时候，能够持续处于休眠状态，在需要处理外部事件的时候，又能够快速唤醒。

表 6-3 物联网操作系统与传统嵌入式系统特征的比较

特征	物联网操作系统	传统嵌入式操作系统
专用性	较高	高
可配置性	高	较高
协同互用性	高	较低
驱动与内核的可分离性	高	较低

续表

特征	物联网操作系统	传统嵌入式操作系统
自动与智能化	高	较低
安全可信性	高	较高

物联网操作系统的内核也具备嵌入式操作系统的一些特征，比如可预知/可计算的外部事件响应时间、可预知的中断响应时间、对多种外部硬件的控制和管理等。当然，物联网操作系统的内核必须足够可靠和安全，以满足物联网对安全性的需求。此外，物联网操作系统的内核还提供面向物联网应用的常用连接功能，比如对蓝牙、Zigbee、Wi-Fi 等的支持。各种领域应用可以直接利用物联网操作系统内核的连接功能，实现最基本的通信需求。

但是只有物联网操作系统的内核是远远不够的。在很多情况下，还需要很多其他功能模块的支持，比如文件系统、TCP/IP 协议栈、数据库等。一些功能组件从物联网操作系统内核中独立出来，组成一个独立的功能系统，称为"外围功能组件"。物联网操作系统的内核和外围功能组件结合起来，可以解决物联网的"连接"需求，这包括内核提供的基本物联网本地连接（蓝牙、Zigbee、NFC、RFID 等），以及外围功能组件中的 TCP/IP 协议栈等提供的复杂网络连接。

这些物联网操作系统的实现途径有别，应用领域也不尽相同，但是基本功能相似，各有能力特点。因此，在设计针对具体领域的物联网应用时，如何合理选取一个相适应的物联网操作系统，成为必须考虑的问题。因此，有必要在各种物联网操作系统能力要素的分析基础上，依据内部能力与外部表现结合的原则，选择目前具有一定影响力的物联网操作系统，以支持物联网应用的系统集成设计。

6.4 嵌入式系统的应用框架

应用框架是一种软件框架，软件开发人员用应用框架作为标准结构，以便实现应用软件。嵌入式应用框架是应用框架的一种，在嵌入式领域中使用。

嵌入式系统是一个在较大的机械或电气系统中具有专用功能的计算机系统，通常具有实时计算约束。从便携式设备，如数字手表和 MP3 播放器，到大型的固定设备，如交通灯、工厂控制器，以及大部分复杂的系统，如混合动力车、核磁共振成像和航空电子设备等，都可以见到嵌入式系统的身影。嵌入式应用框架是面向嵌入式系统的软件应用框架。

6.4.1 应用框架

软件应用框架是一个抽象的概念，提供了通用的软件功能，开发人员可以通过编写代码有选择地对功能进行改变，从而形成特定的软件应用。软件框架提供了构建和部署应用程序的标准方式，它作为大型软件平台的一部分，可以促进软件应用程序、产品和解决方案的开发。

以 Web 应用框架为例，基于各自语言实现的 Web 应用框架不胜枚举。很多的系统架构也引入框架的概念，例如，企业架构框架等，甚至在研发管理上也同样涌现了类似的框架，例如，项目管理框架、风险管理框架等，应用框架的外延在不断地融合放大。

6.4.2 手机上的应用框架

由于手机的功能越来越强大，很多时候被认为超出了嵌入式系统的范畴。但是，了解手机上的应用框架，对嵌入式应用框架来说还是大有裨益的。

手机上的应用开发框架一般也被称为移动开发框架。近些年，随着智能手机的普及，面向手机开发的应用框架已被人们所熟知，例如 iOS 开发框架、Android 开发框架，还有基于 HTML5 的混合编程框架 PhoneGap 等。

尤其是 Android，如果资源允许，基于 Android 的嵌入式设备可以轻松使用 Android 的软件应用框架。谷歌还面向嵌入式设备推出了 Android Wearable 等一系列方案。图 6-2 所示为 Android 操作系统的架构体系。

在图 6-2 中，Android 应用程序框架分为应用层、应用框架层、系统运行库层和 Linux 内核层，在开发应用时就是在这个框架上进行扩展。

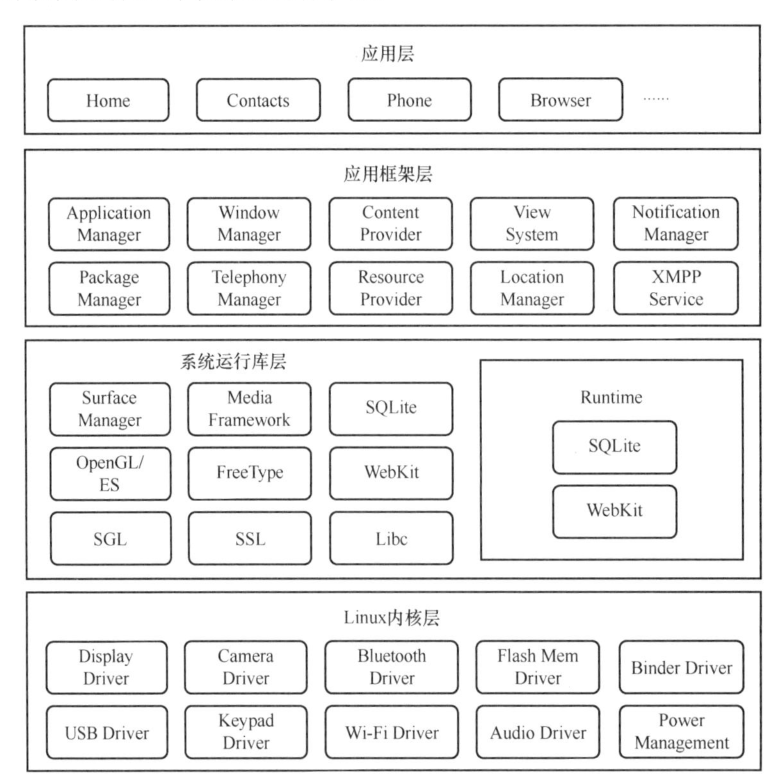

图 6-2 Android 应用程序框架在 Android 操作系统架构体系中的位置

智能手机之前的功能机同样有着自己的应用开发框架，只是不如 Android 和 iOS 那么普及，现在也已经逐渐被人们所遗忘，但是，这些应用框架的设计思想和实现方式同样有着重要的参考意义。例如，高通公司推出的 BREW 体系结构如图 6-3 所示。

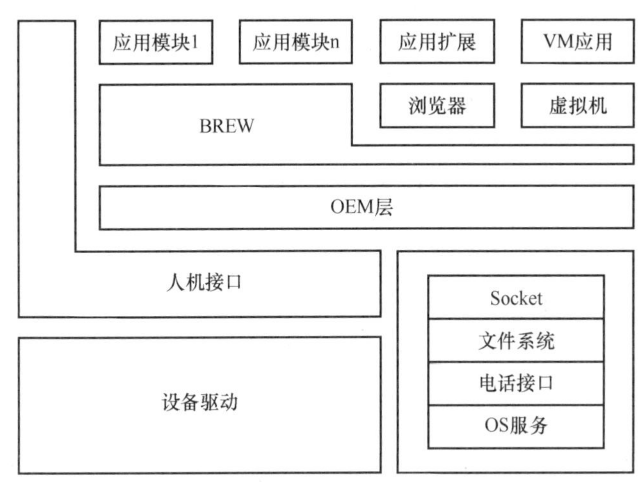

图 6-3 BREW 应用框架的体系结构

BREW 是 Binary Runtime Environment for Wireless（无线二进制运行时环境）的缩写，从基本的层面而言，BREW 应用框架就是手持设备上嵌入式芯片操作系统的接口或抽象层。

其中，Binary 是指二进制。BREW 的编程接口是一套二进制的函数库，所有基于 BREW 的应用和扩展类被编译、链接成二进制代码，在本地执行。

Runtime 是指运行时。所有基于 BREW 的应用和扩展类只在运行时被发现和调用。这一点很像动态链接库（DLL），事实上，BREW 的应用和扩展类的模拟器版本就是一个 DLL。

Environment 是指环境。BREW 是一个开放而且灵活的环境，提供了大量的编程接口，并可以管理丰富的业务。

Wireless 是指无线。BREW 可以充分利用无线设备的特性，快速有效地运行在内存或闪存很小的环境中，使有限的无线网络资源能够得到有效的使用。

从原理上看，BREW 基本上遵从 COM 这一组件构架。COM 组件架构的一个优点就是应用可以随时间发展进化。除此之外，使用组件还可以使已有应用的升级更加方便和灵活。

6.4.3 M2M 的应用框架

鉴于 M2M 技术的特点，系统设计人员可能不得不从头开始构建整个 M2M 体系结构。其核心是，M2M 技术包括可增加一个装置或设备的智能服务，并将该设备与可以监控或控制该设备的后端基础设施连接起来。为了实现这一目标，M2M 设备使用了两个基本元素：与后端通信的基础设施（无线调制解调器或模块）和运行管理服务的软件。

一般的M2M应用框架如图6-4所示，它提供了一种将M2M服务直接嵌入通信模块的方法，并提供了预先安装的软件模块、连接能力和处理资源的方式。

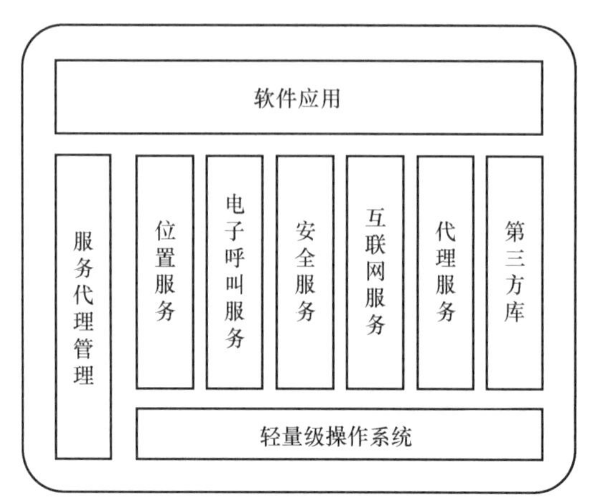

图6-4 一般的M2M应用框架

在图6-4中，M2M的应用框架有自己的操作系统、服务代理管理、安全及位置服务，互联网服务及第三方库等。M2M的应用框架一般包括下列组成部分。

（1）优化的轻量级操作系统

一些M2M应用程序需要更强大的轻量级操作系统，其该操作系统能够提供API来控制数据调用以及TCP/IP连接等，并能直接访问协议栈。为了提供对连接应用程序的全面支持，操作系统还应提供一组核心特性，其中包括：

- 实时性，包括保证对外部或内部中断的响应时间，不论其状态如何；
- 灵活安排任务的优先顺序；
- 多任务能力，以定义和同步服务所需的任务；
- 在处理速度和功率选择方面的灵活性，以优化电池寿命；
- 内存、固件和软件保护功能；
- 能够使用API访问音视频等媒体数据。

（2）软件库

为了简化开发过程和产品面世的时间，M2M的应用框架应该包括各种软件库和API，提供设备或服务可能需要的各种功能，其中包括定位、全面的互联网连接协议、无线和互联网安全等。M2M的应用框架还应支持各种第三方软件库，以开发市场需要的产品。理想情况下，这不仅应得到通信模块供应商的支持，还应该得到合作伙伴和开发者的支持。

（3）开发工具

M2M的应用框架还应该包含一个开发工具包，以便于编码、调试和监视M2M应用程序，且该工具包应该是开源的，可以免费使用。它应该提供开发M2M应用程序并将其嵌入模块所需的一切工具。

（4）云连接

M2M 应用框架的云连接通常涉及将物联网设备（或机器）与云计算平台进行集成，选择适当的通信协议和技术，可确保设备能够与云平台进行双向通信，确保只有合法的设备可以连接到云平台。

M2M 应用框架需要实现事件触发机制，允许设备在特定条件下触发通知或警报，以及将这些事件传输到云平台进行处理，并且支持通过云连接进行远程配置和管理。同时，需要确保云连接具有足够的可伸缩性，以支持大量设备的连接，同时保持高可用性，以确保系统在任何时间都可用。

6.4.4 面向 JavaScript 的嵌入式应用框架

对于为嵌入式系统创建软件的开发者而言，对脚本的编写并不陌生。选择合适的脚本是往往是解决问题的最快方法。一般而言，使用脚本自动构建测试用到并运行验证测试。广泛应用于网页、Web 服务器和移动应用程序的 JavaScript 在嵌入式系统中也占据一席之地。

出于对性能的考虑，可以通过一些技术手段提升 JavaScript 的运行性能。

- 充分利用内置函数和对象。JavaScript 语言拥有支持数组、JSON、正则表达式和其他字符串运算的复杂内置对象。这些实现通常在 JavaScript 引擎中得到了很好的优化。
- 小心编码。由于脚本比本地代码的运行速度慢，代码优化在性能重要的地方是至关重要的。JavaScript 的动态特性意味着 JavaScript 引擎通常不能像 C 编译器那样有效地优化代码。
- 混合编程。没有一种语言适用于所有情况，所以要为所做工作选择最合适的语言。一个功能可以先在 JavaScript 中实现通过。如果存在性能瓶颈，再考虑在 C 语言中实现。

对于内存的使用而言，从积极的一面来看，JavaScript 使用了一个垃圾收集器，从而消除了显式释放内存的需要。通过这种简化，嵌入式开发人员有时间专注于其他方面的开发。

目前有多个开发套件和运行环境开始支持嵌入式 JavaScript，如 Espruino、Tessel、Kinoma Create 和 ruff.io 等，它们支持 JavaScript 标准的子集或完整的 JavaScript 5.0，并提供兼容 Node.js 的 API，以方便开发人员使用。

总之，JavaScript 在嵌入式设备上的应用潜力很大，可以简化嵌入式系统的开发工作，并为客户提供更可靠、更可定制的产品。

6.5 嵌入式系统的更新升级——OTA

物联网终端在部署后将会运行相当长的时间，而物联网市场正处于迅速变化、快速发展的阶段，新兴技术和持续创新的需求不断涌现。因此，终端设备厂商需要在不更改硬件的情况下，通过终端固件和软件的在线更新以完成最新功能的部署，并实现终端固件的完善和软件功能的增强。另外，物联网终端的安全问题逐渐暴露。只有持续、完备的终端更新机制，才能确保新出现的安全漏洞能够及时得到修复。传统的终端更新方式需要大量的人力和物力，在很多情况下由于地理环境限制（如河流环境监测等）无法实现终端的近场更新，所以终端的远程更新功能是物联网云平台必不可少的组成部分。

终端更新技术的发展与物联网终端部署应用场景紧密相关。传统终端成本较高，主要应用于专业垂直领域，以局域网近场通信为主，还决定了当时场景下终端更新技术和机制是专业化、定制化的。近几年，低功耗广域通信技术的成熟促进了物联网终端设备在白色家电、环境监控等领域的规模应用，同时激发了市场对“万众创新、万物互联”的期盼，物联网平台应运而生。

物联网平台接入的终端可能来自不同终端厂商，并且应用于不同领域。因此，一些芯片或模组厂商为其生产的物联网终端提供了私有化的远程更新方案（一般是在终端中内置配套的远程更新模块）。但是，物联网平台远程更新服务还存在以下问题：

- 用户自服务、自管理的门槛高，不统一，不通用；
- 端云交互协议私有化，且在低带宽、高延迟、资源受限等场景下存在传输效率、可靠性方面的问题；
- 远程更新方案相对封闭，只能为自己的终端提供远程更新服务。

由于物联网系统普遍采用无线通信技术，因此 OTA 成为远程更新技术的主流方案。OTA 指的是通过无线通信网络远程更新或升级嵌入式系统中的软件或固件。OTA 更新是一种方便的方法，用于将新功能、改进后的性能、安全补丁或其他更改推送到嵌入式设备，而无须物理接触设备或需要用户的干预。

在远程更新技术中，升级包或镜像文件的生成和大小也直接影响着技术方案的可行性。即使是很小的客户端变化都可能需要一个很大的更新文件，这增加了带宽成本和更新时间。除此之外，大量联网设备都有内存受限的问题。为了更好地解决这些难题，当前最成熟也最普遍的解决方案是使用差分分组升级方案。差分分组升级方案只会生成新旧两个版本间的差异部分，并对其升级。根据第三方供应商的检测，某些厂商的差分分组文件比全镜像文件小 97%，并且只需全镜像文件升级时间的 8%就能完成更新。目前，一般由独立于终端设备厂商之外的第三方差分服务商为客户提供差分分组的制作和管理。

6.5.1 OTA 方案的特点

面向远程更新所面临的挑战，物联网平台远程更新方案需要具有如下特点。

（1）时间短、效率高

物联网平台应尽可能地减少远程升级的时间，提高升级效率。

- 通过控制升级包的大小，采用差分分组来降低升级包的大小，减少远程网络传输时间。
- 通过模块内升级提高升级的灵活度。
- 增加断点续传功能，避免终端故障或通信中断造成的数据重传，减少数据传输时间。

（2）合理使用无线资源，提升终端更新的服务效率。

为了提升无线资源的使用效率，终端远程更新服务应能实现多任务的并发，一个任务对应一次远程更新计划，其中包含一组待更新的远程终端。同时，为了保障同一无线小区下其他终端业务的正常使用，物联网平台应对进行更新操作的终端数量进行限制。

（3）高可靠性

高可靠性是为了保障终端更新的效率。

- 远程更新的管理和控制要精细、准确、智能化。物联网平台应能根据具体终端的状态进行有效性检查（如版本、文件类型、升级包大小等），然后再触发终端远程更新流程。
- 通过引入状态机的机制、对远程更新过程实施控制并实现异常处理，能够保障端云间控制的协同，降低远程更新操作的风险。
- 远程升级过程中，为了避免升级包数据可能出错或丢失，要考虑使用升级包的校验机制来确保升级包的完整性，使用可靠的传输协议保证数据传输的可靠性，并使用物联网平台的重试策略保证传输和升级过程的稳定性。

（4）通用性

通用性是指物联网平台接入的不同领域、不同种类的异构终端应该使用相同的终端更新流程。这样可以最大限度地降低终端远程更新的维护成本，实现用户的自服务、自管理，以及对异构终端的规模化更新。

- 终端远程更新方案中需要做到控制流和业务流的分离，控制流不受终端所处环境的影响。
- 控制流采用标准、开放的国际标准协议承载，保证技术方案的可实施性。
- 兼容升级包，并支持业务流的个性化升级，而且支持第三方差分服务商提供差分包升级服务。

6.5.2 OTA 系统的参考架构

物联网云平台远程更新系统的结构由服务端和终端两部分组成，如图 6-5 所示。

在图 6-5 中，远程更新服务端是物联网平台的一个功能模块，主要实现用户自服务和远程更新的管理控制功能。用户自服务是指用户通过门户方式进行远程更新任务的制定和远程更新状态的查询。任务制定内容包括更新版本、升级包、待升级终端组和更新策略等；远程更新管理包括更新的触发、升级包下载和安装控制，以及下载和安装失败时的策略执行控制。

升级包的生成和下载在服务端完成，并支持两种方式。一种是物联网平台为待升级的终端提供下载服务，这种方式是用户通过门户上传升级包，物联网平台负责升级包的管理。另一种是第三方差分服务器提供差分分组的生成和下载，在这种方式下，用户在制定任务时需要选择第三方差分服务器的访问地址。无论是哪种方式，服务端和终端都要支持断点续传功能。

远程更新时，终端需要根据服务端的指示进行升级包的下载、安装以及对应安装结果的上报。终端下载应支持断点续传功能和升级包的校验功能。终端安装应支持安装和容错功能，容错是指终端在安装阶段对故障进行隔离和处理，以确保安装失败时不影响终端的正常运行。

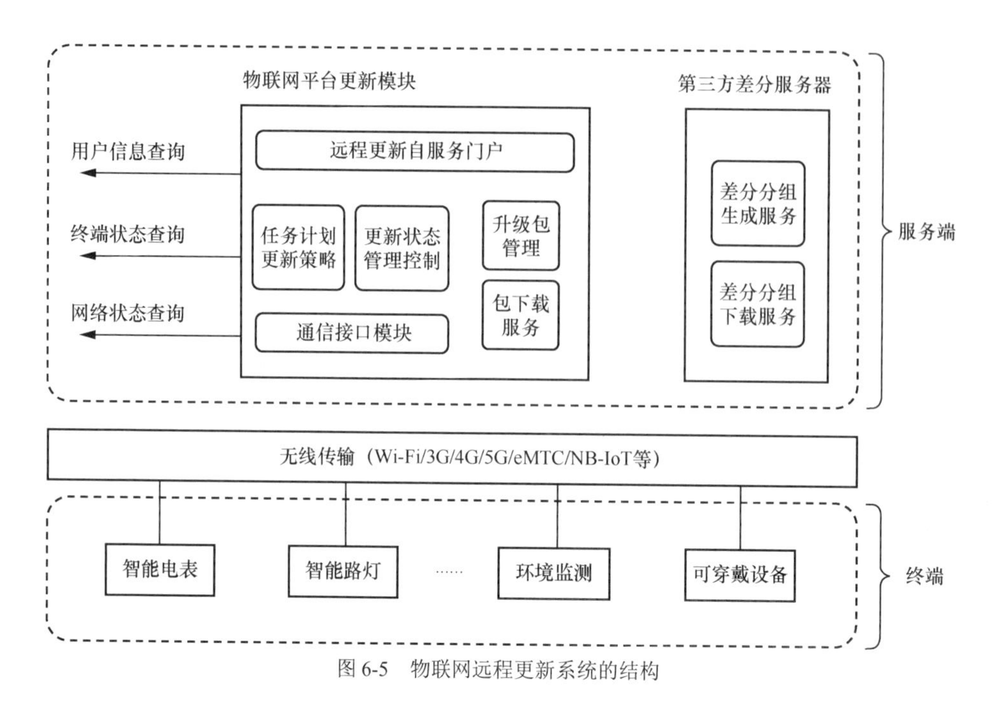

图 6-5　物联网远程更新系统的结构

6.5.3　OTA 的服务流程

远程更新服务流程包括更新任务制定、更新触发、升级包下载和安装 4 个阶段，如图 6-6 所示。

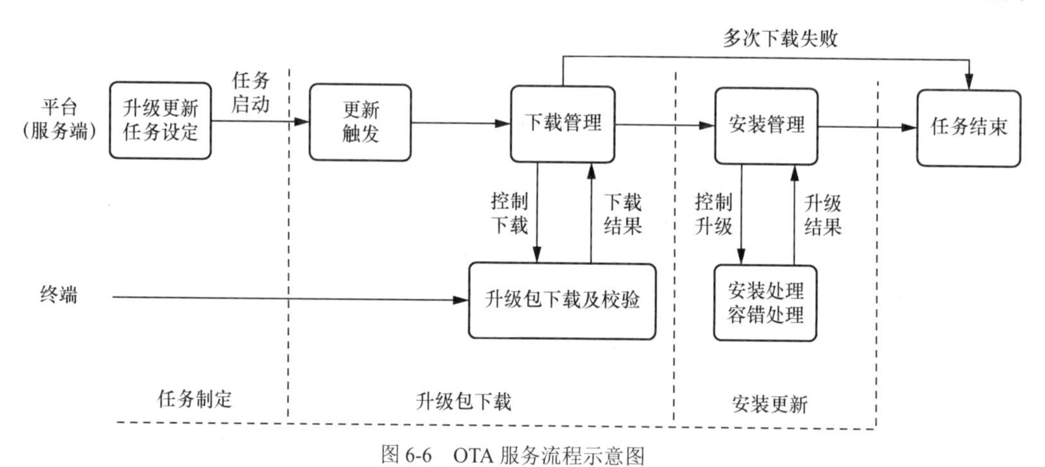

图 6-6　OTA 服务流程示意图

1．更新任务制定

用户通过物联网云平台自服务门户制定更新任务计划，具体包括待更新终端、目标版本、下载失败和安装失败后的重试策略、升级包生成和下载的方式。

2. 更新触发

服务端通过向终端配置下发 URL 触发终端更新流程。为了保证更新的有效性，在触发更新之前，服务端对任务计划进行有效性检查。检查内容包括设备厂商、型号、目标版本、升级包文件类型等。另外，服务端结合终端状态、网络状态、同一无线小区为正在下载终端的并发数来决定任务的触发时间点。

3. 升级包下载

升级包下载是终端从下载服务器获取升级包。若用户选择物联网平台的下载服务，服务端下发的 URL 地址为物联网平台下载服务器的地址。若用户选择第三方差分服务，服务端下发的 URL 地址为第三方差分服务器的地址。

4. 安装

终端执行升级包的下载操作后，向服务端上报下载的结果。若下载成功，服务端指示终端进行安装更新操作，终端执行完成后，将安装结果上报服务端。

当服务端收到终端上报的结果为下载失败或安装失败时，应根据具体的失败原因进行重试或结束更新流程。

6.5.4 OTA 中的交互协议

服务端和终端之间交互的信息包含控制信息（控制流）和业务信息（业务流）。为了实现异构终端的统一管理，一般可以采用控制流和业务流相分离的方式，控制流的管理与终端的类型和运行环境无关，这样可以将其标准化、规范化。业务流和升级包则依赖于终端具体的运行环境，这样可以兼容设备间的异构性。

管理控制协议可以采用 OMA 组织定义的 LWM2M（轻量级 M2M）协议，且该协议为应用层协议，底层基于 CoAP/UDP 传输，并采用 DTLS 加密，非常适用于网络和资源受限的终端。LWM2M 协议主要实现终端远程更新流程中服务端和终端之间的管理控制。

管理控制状态机如图 6-7 所示。

在图 6-7 中，整个升级流程状态转换机包含 IDLE、DOWNLOADING、DOWNLOADED、UPDATING 这 4 个状态。终端使用 LWM2M 中的抽象对象来管控终端升级过程，包括在终端上创建对象（IDLE 状态）、向终端写入升级 URL（DOWNLOADING 状态）、差分升级包下载完成（DOWNLOADED 状态）、指示终端开始升级（UPDATING 状态）、本地升级安装、升级完成后重启并向 IoT 平台报告升级结果。物联网平台可以随时监控终端在升级过程中 State 和 Res 两个资源的变化。

因为终端远程更新直接影响终端的安全性和稳定性，因此对方案的安全性要求比较高，尤其是更新分组的安全性。更新分组的上传和下载必须采用签名和校验机制，而下载传输则最好采用 TLS 或 DTLS 通道加密机制或者采用网络隔离方案。

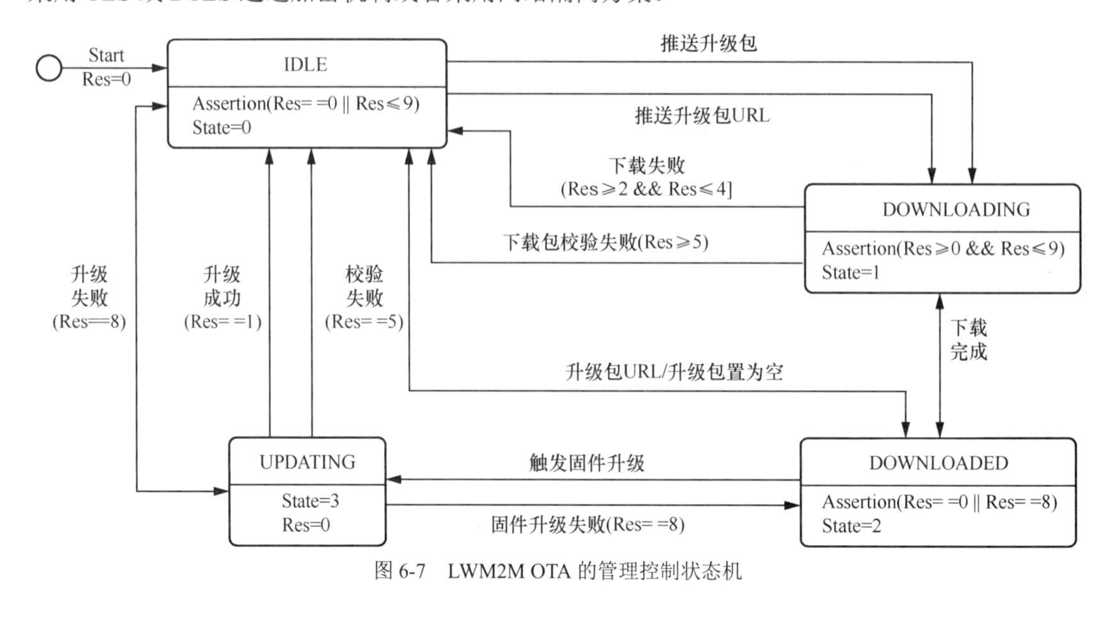

图 6-7　LWM2M OTA 的管理控制状态机

6.6　小结

物联网终端大都含有嵌入式系统，与一般的操作系统相比，嵌入式系统有着自己独有的特性，例如耗电量低、体积小、操作范围较大且单位成本低。但这些特性是以资源受限为代价的，这会使程序开发和设备间交互的难度大大增加。然而，通过在硬件之上建立智能机制，利用可能存在的传感器和嵌入式系统的通信模块，就可以对现有资源进行最佳管理，并提供远远超出现有可用功能的增强功能。这或许就是嵌入式应用的必然趋势。

根据资源配置对嵌入式系统进行划分，可以粗略地分为智能尘埃、一般能力的嵌入式设备，可穿戴设备和智能设备 4 种类型。同样，本章列举了面向不同资源配置的一些嵌入式应用框架：智能手机的应用框架（如 Android）、受限设备的应用框架（如 BREW）、M2M 的应用框架，以及面向 JavaScript 脚本语言的应用框架。

最后，还对嵌入式系统的远程更新升级进行了讨论。

第 3 部分 数据的传输与网络

从前面的章节可以得知，物联网可将所有我们能看到的智能物件，小到眼镜、领带、皮鞋、衣服，大到冰箱、汽车、飞机，都连接起来。牛奶盒、道路、桥梁、车辆、树木、机器、医疗设备和电力系统都可以成为物联网中的数据点。当然，所有这些彼此交叉的设备创造出了全新的商业机会。这些设备 7×24 小时联网，其数量可能达到数百亿台。

物联网产生的数据呈指数级增长。维布络（Wipro）公司在报告中指出，波音 737 飞机从纽约飞往洛杉矶的 6 小时期间会产生多达 120TB 的数据，这些数据会被收集和储存在飞机上以及远程的数据中心。工作人员可以通过分析这些数据了解飞机的性能和健康程度。遵循数据处理的流程，在完成数据的感知和采集之后，本书这一部分要解决数据的传输和通信的问题。

从数据传输的物理媒介上看，可以分为有线传输和无线传输。这两种传输方式的通信技术对物联网起到同等重要、互相补充的作用。

利用电缆或者光缆作为通信媒介的通信形式是有线通信。有线通信网络可以分为长距离的广域网络（包括 PSTN、ADSL 和 HFC 等）和短距离的现场总线（field bus，也包括 PLC 等技术）网络。现有的电信网络、有线电视网络和计算机网络等是物联网业务可以利用的中长距离有线网络。

无线通信是一种利用电磁波信号可以在自由空间中传播的特性进行信息交换的通信方式。无线通信网络可分为长距离的无线广域网（WWAN）、中短距离的无线局域网（WLAN）、超短距离的无线个域网（WPAN）。随着物联网应用的增长，各种无线通信技术和设备正在不断涌现,无线通信的技术优势也逐步体现。

从物联网应用的角度看，数据的传输与网络主要解决的是连接性的问题。无论是本地连接性，还是通过网络的广域连接性，都最终保障了物联网的万物互联。连接性建立在通信协议的基础上，现有的网络通信技术同样可以应用在物联网上，物体通过本地连接性可以形成网络，也可以接入互联网连接云服务以及网络上的其他服务系统。

连接性的核心之一就是通信协议，其本质是通信问题。根据物联网的体系结构，物联网通信协议可以分为连接性协议、网络协议和应用协议三种。鉴于各种通信协议的技术特点和典型的应用场景，在选择物联网通信协议的时候，有很多限制性约束条件需要特别关注。

物联网发展最明显的特征就是网络智能化。通过信息化的手段实现万物相连，自动处理信息，减少人为干预，可在降低人工操作不稳定性的同时，极大地提升物联网的网络效率。

第7章 局域连接性

连接性是网络和通信的先决条件，没有连接性就没有物联网。连接性是物联网系统中各种参与组件之间实现数据共享的一种基础技术，为物联网参与者之间提供了功能域内、跨功能域，以及跨系统的数据交换能力。这些数据交换包括传感器的数据刷新、事件、报警、状态变化、命令以及模态更新等。简而言之，连接性是横向交互功能的集合。

物联网领域中充斥着各种各样的专有连接性技术，在垂直领域集成系统中，还有一些针对特定场景的特定范围优化标准，例如无线照明系统的休眠策略。这些特定范围的连接技术虽然在各自应用范围内是相对优化的，但是在建立新的价值流、数据共享、数据模型的设计乃至数据通信等方面仍然存在着障碍。

按照距离对连接性分类的话，可以分为局域连接性和广域连接性。方便起见，可以把网络传输作为广域连接性的一部分。本章主要讨论介绍局域连接性，广域连接性会在随后的章节进行说明。

物联网是如何解决局域连接性的问题呢？一般而言，先考虑嵌入式系统内部连接性，而嵌入式系统的外部连接性一般都是有线连接。局域连接性是形成边缘网络乃至边缘智能的基础，建立在无线通信技术上的连接性是物联网应用的突出特点。物联网中用于局域连接性的无线通信技术主要包括 Wi-Fi、蓝牙、Zigbee 以及红外通信等。

7.1 嵌入式系统的内部连接性

嵌入式系统的内部连接性一般是指电气连接。广义上，电气连接是指电气产品中所有电气回路的集合，包括电源连接部件，如电源插头、电源接线端子、电源线、内部导线和内部连接部件等。狭义上，电气连接仅指产品内部将不同导体连接起来的方式。

按照电气连接组件的位置，一般可将其分为外部电气连接组件和内部电气连接组件两大部分。外部电气连接组件是指产品外壳（电气外壳）外部的所有电气连接组件，必须单独满足相应的电击防护要求。内部电气连接组件是指产品外壳内部的所有电气连接组件，一般只需要满足相应的功能绝缘要求即可。

7.1.1　常见总线

总线一般是指计算机各种功能部件之间传送信息的公共通信干线，可以分为数据总线、地址总线和控制总线。地址总线是单向的，用于传送地址信息。数据总线是双向的，用于CPU与存储器之间、CPU与外设之间，或者外设与外设之间的信息传递。控制总线是各种信号线的集合，主要用于传送控制信号和时序信号。

控制总线具有单向、双向、双态等多种形态，是最复杂、最灵活、功能最强的总线。

按照控制信号传输数据的方式来看，控制总线可以分为串行总线和并行总线。常见的串行总线有RS-232-C总线、USB总线等，常见的并行总线有STD总线、SCSI总线等。

按照时钟信号是否独立来看，又可以分为同步总线和异步总线。常见的同步总线有SPI总线和I2C总线等，常见的异步总线有UART总线和1-Wire总线（一种异步半双工串行总线）等。

7.1.2　常见接口

通常情况下，提到接口，指的是输入/输出接口。根据接口连接的对象，接口可以分为串行接口、并行接口、磁盘接口等。 常见的串行接口包括RS-232、RS-422和USB等。

RS-232是由美国电子工业协会（EIA）制定的一个异步传输标准接口，通常具有9个引脚（DB-9）和25个引脚（DB-25）两种形式，数据传输速率在0～20000bit/s之间。一般来说，个人计算机上会有两个RS-232接口，分别称为COM1和COM2。由于各通信设备厂商都能生产与RS-232接口相兼容的设备，因此该接口在信息通信行业中得到了广泛采用。

RS-422采用4线、全双工差分传输，实现了多点通信的数据传输协议。它采用平衡传输方式，使用单向/非可逆的传输线，可带有或不带有使能端。与RS-232相比，RS-422的主要不同之处在于其电气特性和传输速度。RS-422支持更高的数据传输速度、远距离传输和多点连接。另外，RS-422使用差分信号传输数据，具有更高的抗干扰能力。

USB是一个外部总线标准，用于规范计算机与外部设备的连接和通信。USB接口支持设备的即插即用和热插拔功能。USB采用4线电缆，其中两根是用来传送数据的串行通道，另外两根为下游设备提供电源。对于任何已经成功连接且相互识别的外设，两者将以双方设备均够支持的最高速率传输数据。USB是基于令牌的总线，类似于令牌环网络。下一代USB接口是Type-C USB接口，可支持正反两面插拔，并且拥有更快的数据传输速率。

7.2 红外通信

IrDA 是红外线数据协会（Infrared Data Association）的简称，目前广泛采用的 IrDA 连接技术就是由该协会提出的。IrDA 接口是一种基于红外线传输协议的无线传输接口。

最初的IrDA 1.0标准制订了一个串行、半双工的同步系统，传输速率为2400bit/s～115200bit/s，传输范围为 1m。最近，IrDA 扩展了其物理层规格，使数据传输率提升到 4Mbit/s。

IrDA 协议栈分为物理层、数据链路层、网络层和应用层。其中，物理层主要实现红外物理层的协议规定；数据链路层提供了适当的接口，用于数据的封装和发送；网络层主要协商点对点连接，确认数据包的传输和处理等；应用层则以用户需求为基础，提供各种基于 IrDA 技术的应用程序。

IrDA 的目标是建立可互操作的、廉价的红外线数据互联标准。这一标准能维持无连接的、定向传送的用户模型，并且能适应连接到外围设备和主机的宽带应用。

IrDA 使用了短程、无连接、点对点、定向的红外线通信模型，并通过 4 个阶段建立通信连接：

- 设备发现和地址解析；
- 连接建立；
- 信息交换和连接复位；
- 连接终止。

下面将分别进行阐述。

1. 设备发现和地址解析

设备发现过程是 IrDA 设备查明在通信范围内是否有其他设备的过程。设备发现是基于一种时间槽的机制完成的。时间槽是一个用于同步通信设备之间操作的时间段。哪个设备的发现程序先占有时间槽，它就控制了这个发现过程。当范围内有多个设备时，这种时间槽的机制降低了冲突的可能性。初始设备在每个时间槽的头部发起发现过程，并广播帧标记。当范围内的另一设备接收到初始设备发出的某个时间槽的帧标记时，传送一个发现响应帧。初始设备接收到响应帧后，即可完成设备发现的地址确认。

如果参加发现过程的设备有重复的地址，则需启动地址解析过程。地址解析过程与发现过程相似，它用探测地址冲突来启动过程，且仅解析有冲突的地址。一旦过程结束，每个设备将有唯一的地址。如果仍有冲突，该过程将反复进行。

2. 连接建立

一旦设备发现和地址解析的过程完成，初始设备的应用程序可采用发送带有轮换查询位的命令帧发送一个连接请求。假设远程的设备能接受连接，它将发送一个带有中止位的无编号应答响应帧，指示连接已经被接受。在通信领域，首先提出通信请求的设备称为主设备（Master），被动进行通信的设备称为从设备（Slave）。在这里，发起连接的 IrDA 初始设备是主设备，其他设备是从设备。

3. 信息交换和连接复位

信息交换过程是在主从模式下进行的，即主设备控制从设备的访问。主设备发出命令帧，从设备进行响应。为了保证在同一时刻只有一个设备能发送数据，主/从设备拥有传送许可令牌才能发送。主设备通过发送带有轮换查询位的命令帧传递一个传送许可令牌给从设备，从设备通过带有结束位的响应帧返回令牌。发送数据时，从设备保留令牌，一旦数据传输结束或达到最长传送时间，它必须将令牌返回主设备。主设备也受最长传送时间的限制，但在没有数据传送时，允许主设备保留令牌。

4. 连接终止

一旦数据传输完成，主设备或者从设备将断开链接。如果主设备希望断开链接，它将发送带有轮换查询位的命令帧断开从设备。从设备返回带终止位的无编号确认帧进行应答，两个设备将都处于正常断开模式。一旦两个设备处于正常断开模式，传输媒介对于任何设备来说都是空闲的，也就是说，任何设备都可以发起设备发现的过程。

由于无线电的频率不同，红外线不会穿墙而过，因此在一个封闭的区域内，红外线是一种安全的传输媒介。目前红外技术被成功地应用于笔记本、台式机、手机、数字照相机、便携式扫描仪、玩具和游戏机以及计算机外围设备（如键盘和鼠标）等产品中。

7.3 蓝牙

蓝牙是一种支持设备短距离通信（一般 10m 内）的无线技术，用于连接不同类型的设备，以实现数据传输和通信。利用蓝牙技术能够有效地简化移动通信终端设备之间的通信，从而使数据传输更加迅速高效。

蓝牙技术工作在 2.4GHz ISM 频段，理论上，蓝牙 5.0 版本的数据传输速率可以达到 2Mbit/s。蓝牙采用分布式网络结构以及快跳频和短包技术，支持点对点及点对多点通信，采用时分双工传输方案实现全双工传输。

蓝牙技术具备以下核心特性：

- 低成本；
- 低功耗；
- 可同时传输语音和数据；
- 抗干扰能力强；
- 蓝牙模块体积小；
- 传输安全可靠。

根据功能和应用，可以将蓝牙技术为经典蓝牙和低功耗蓝牙两类。

- 经典蓝牙（Bluetooth Classic）：主要适用于连接手机、耳机、音响、键盘、鼠标等设备。它支持较低的数据传输速率，适用于音频传输和一些基本的数据传输。
- 低功耗蓝牙（Bluetooth Low Energy，BLE）：BLE 是蓝牙技术的一种变体，旨在提供低功耗和长电池寿命的连接。BLE 适用于连接低能耗设备，如智能手表、健康设备、传感器等。它适用于周期性地传输少量数据的场景，例如传感器数据的采集。

7.3.1 蓝牙设备的组网

蓝牙设备采用主从模式完成组网。一个主设备最多可同时与 7 个从设备进行通信，并和多个从设备（最多不超过 255 个）保持同步但不通信。在任意一个有效的通信范围内，所有蓝牙设备的地位都是平等的。一个主设备和一个以上的从设备构成的网络称为蓝牙的主从网络（Piconet）。若两个以上的主从网络之间存在设备之间的通信，则构成了蓝牙的分布式网络（Scatternet）。

基于蓝牙设备的平等性，任一蓝牙设备在主从网络和分布式网络中，既可作为主设备，又可作为从设备，同时还可以既是主设备又是从设备。

7.3.2 经典蓝牙的通信过程

经典蓝牙的通信过程包括设备发现、设备配对、连接建立和数据传输等流程，其主要工作原理如下。

1. 设备发现

可以将蓝牙设备设置为可见模式或隐藏模式。设备在可见模式下发送发现请求，其他设备可回复包含自己信息的发现响应，如设备名称、类型等。

2. 设备配对

在设备之间建立连接时，一个设备会发送配对请求，被请求的设备可以回复配对响应，然后设备会交换密钥，用于加/解密通信数据。

3. 连接建立

在设备配对成功后，可以发送连接请求，要求建立连接。另一个设备回复连接响应，表示同意建立连接。设备之间建立连接后，它们可以开始进行数据传输。

4. 数据传输

数据传输是双向的，其中一个设备既可以发送数据又可以接收数据。设备之间使用事先协商好的通信协议和数据格式进行数据传输，并且可以以不同的形式传输。

在经典蓝牙的通信过程中，设备需要先进行发现和配对，然后才能建立连接和传输数据。这种过程通常适用于对连接速率要求较高、数据传输较多的场合，如音频传输、文件传输等。

7.3.3　低功耗蓝牙的通信过程

与经典蓝牙的通信过程相比，低功耗蓝牙的通信过程更简化，不需要像经典蓝牙那样烦琐的配对过程。以下是 BLE 通信的主要步骤。

1. 广播

在建立连接之前，设备可以通过广播包宣告自己的存在。广播包包含设备的标识和数据，如设备名称、服务 UUID 等信息，用于其他设备发现和识别。

2. 扫描

扫描是其他设备在广播状态下搜索并识别可用设备的过程。扫描设备会监听广播信道，以获取广播包，并从中提取设备信息。

3. 连接建立

在选择合适的扫描设备后，向该设备发送连接请求。被选择的设备回复连接响应，表示同意建立连接。

4. 数据传输

连接建立后，设备之间可以进行数据传输。BLE 使用 GATT（Generic Attribute Profile）来管理和组织数据传输，GATT 中的数据单元称为特征，每个特征可以包含一个值，用于传输数据。设备可以读取、写入特征的值，以进行双向数据传输。

BLE 设备通信的特点在于其低功耗特性，设备在连接期间可以保持在低功耗模式，从而延长电池寿命。与经典蓝牙相比，BLE 通信更适用于周期性传输少量数据的场景，如传感器数据采集、健康监测等。由于 BLE 的通信过程简单以及具有低能耗特性，因此在物联网、健康医疗、智能家居等领域得到广泛应用。

7.4　Zigbee

Zigbee 是一种成本和功耗都很低的低速率短距离无线接入技术。它的通信距离为 75m，可通过增加功率放大模块的方式提高通信距离。它有如下特点：

- 数据传输速率低；
- 功耗低；
- 数据传输可靠；
- 网络容量大；
- 自动动态组网、自主路由；
- 兼容性好；
- 安全性高；
- 实现成本低。

Zigbee 可以在成百上千个微小的传感器之间相互协调实现通信，这些传感器所需的能量较少，且通信以无线电波为载体，以单挑的方式将数据从一个传感器传输到另一个传感器，具有非常高的通信效率。

Zigbee 技术主要应用于自动控制、传感和远程控制领域，具体如下：

- 带负载管理功能的自动抄表系统；
- 智能交通、油气生产遥测遥控通信系统；
- 监控照明、供热通风与空气调节、楼宇安全；
- 农田耕作、环境监测、水利水文监测无线通信；
- 工业制造、过程控制遥测遥控；
- 对病患、设备及设施进行医疗和健康监控；
- 家庭监控、安防报警系统；
- 军事应用，包括战场监视和机器人控制；
- 汽车应用，配合传感器网络报告汽车所有系统的状态。

7.4.1 Zigbee 协议与网络

Zigbee 协议是一种基于 IEEE 802.15.4 标准的低功耗个域网协议，协议整体上分为物理层、媒体访问控制层、传输层、网络层和应用层。其中，物理层和媒体访问控制层遵循 IEEE 802.15.4 标准的规定。Zigbee 协议栈结构由一组被称为层的模块组成，每一层为上面的层执行一组特定的服务。其中，数据实体提供数据传输服务，管理实体提供所有其他的服务，每个服务实体通过一个服务接入点（SAP）为上层提供一个接口。每个 SAP 支持多种服务原语来实现要求的功能。

在 Zigbee 网络中，有 3 种逻辑设备类型：协调器、路由器和终端设备。Zigbee 网络由一个协调器、多个路由器和多个终端设备组成。Zigbee 网络的拓扑结构主要有 3 种：星形、树形和网状网络结构。典型的 Zigbee 应用系统一般由一个协调节点（coordinator）、多个路由节点（router）和多个终端节点（end-device）组成。协调节点包含所有的网络信息，主要用于发起网络信标、建立网络、管理网络节点、存储网络节点信息、寻找一对节点间的路由信息并且不断地接收信息。路由节点的功能包括允许其他设备接入网络、信息转发、辅助子树下终端的通信等。终端节点不能转发其他节点的消息。

（1）协调节点

协调节点是网络主节点和管理者。一个网络只有一个协调节点，它负责管理网络中的其他节点（路由节点和终端节点）。在一般的应用模式下，协调节点不是必需的。它最主要的作用是依据扫描情况选择一些合适的参数来建立网络。

每个协调节点首先选择一个信道和网络标识（PAN ID），然后可以启动这个网络。由于协调节点是整个网络的开始，具有网络的最高权限，所以成为整个网络的维护者。它可以通过间接寻址执行其他动作，以保持网络其他设备的通信。

（2）路由节点

路由节点是一种支持关联的设备，能够实现其他节点的消息转发。Zigbee 路由节点不仅具有监视或控制作用，还可以用跳频方式作为传递信息的路由器或中继器。树形网络可以有多个 Zigbee 路由节点，但星形网络不支持 Zigbee 路由节点。

（3）终端节点

Zigbee 终端节点是具体执行数据采集传输的设备，不能转发其他节点的消息。

7.4.2　Zigbee 的通信机制

Zigbee 网络中的 3 种设备根据功能完整性可以分为全功能设备（FFD）和半功能设备（RFD）。其中，全功能设备可以作为协调器、路由器或终端设备，而半功能设备只能作为终端设备。一个全功能设备可以与多个半功能设备或多个其他的全功能设备通信，而一个半功能设备只能与一个全功能设备通信。

Zigbee 的全功能设备又称为主设备，可以与网络中任何类型的设备进行通信。主设备承担网络协调者的工作，这类设备主要包括 Zigbee 协调器、路由器和部分终端设备。半功能设备又称为从设备，它不能充当网络协调者，只能与主设备进行通信，这类设备主要为 Zigbee 终端设备。

Zigbee 协调器在网络中可作为汇聚节点，它的功能要比网络中其他设备的功能更强大。一个网络中只允许有一个 Zigbee 协调器，它作为网络的主控节点，其主要负责启动和配置网络。Zigbee 路由器主要负责路由发现和消息转发，而且还可以通过连接其他节点扩展网络覆盖范围。Zigbee 终端设备需通过协调器或路由器连接到网络中，可以执行相关的功能，并将数据传输到需要与之通信的设备。

7.5　Wi-Fi 与 WLAN

随着互联网在全球的快速普及与发展，人们的工作与生活越来越依赖互联网。人们随时随地都有可能需要上网，由此产生了大量的 WLAN 服务需求。同时，随着智能天线技术的发展，笔记本电脑、手机、平板电脑等支持 Wi-Fi 的产品越来越普及，这进一步增加了人们对 WLAN 服务的需求。

7.5.1 Wi-Fi 及其组网模式

Wi-Fi 是 IEEE 定义的无线网络技术。在 1999 年，IEEE 官方定义 802.11 标准的时候，选择并认定了 CSIRO 发明的无线网络技术是世界上最好的无线网络技术，因此 CSIRO 的无线网络技术标准成为 2010 年 Wi-Fi 的核心技术标准。实际上，Wi-Fi 是制定 IEEE 802.11 无线网络的组织，并非无线网络技术，但是后来人们逐渐习惯用 Wi-Fi 来称呼 IEEE 802.11 协议。

Wi-Fi 无线技术与蓝牙技术一样，也是在办公室和家庭中使用的短距离无线技术。由于 Wi-Fi 无线接入的高速传输优势，在一定条件下可以作为对 3G/4G 等移动通信网络的补充。而且，相对于基于 3G/4G 标准的移动通信网络，基于 Wi-Fi 标准的 WLAN 网络成本更加低廉。表 7-1 给出了 Wi-Fi 各标准协议的对比。

表 7-1 Wi-Fi 各标准协议的对比

标准号	IEEE 802.11b	IEEE 802.11a	IEEE 802.11g	IEEE 802.11n	IEEE 802.11ac
标准发布时间	1999 年	1999 年	2003 年	2009 年	2011 年
工作频率范围	2.4GHz～2.4836GHz	5.150GHz～5.360GHz、5.475GHz～5.725GHz、5.725GHz～5.850GHz	2.4GHz～2.4835GHz	2.4 GHz～2.4835GHz、5.150GHz～5.850GHz	2.4GHz～2.4835GHz、5.150GHz～5.850GHz
非重叠信道数	3	24	3	15	15
物理速率（Mbit/s）	11	54	54	600	1775
实际吞吐量（Mbit/s）	6	24	24	100 以上	400 以上
频宽	20MHz	20MHz	20MHz	20MHz/40MHz	20/40/80/160MHz
调制方式	CCK/DSSS	OFDM	CCK/DSSS/OFDM	MIMO-OFDM/DSSS/CCK	OFDM
兼容性	802.11b	802.11a	802.11b/g	802.11a/b/g/n	802.11a/b/g/n/ac

目前常见的 5 种 Wi-Fi 组网方式分别是点对点模式、基础架构模式、多接入点模式、无线网桥模式和无线中继器模式，如图 7-1～图 7-5 所示。它们是根据无线接入点的用途不同来进行划分的。

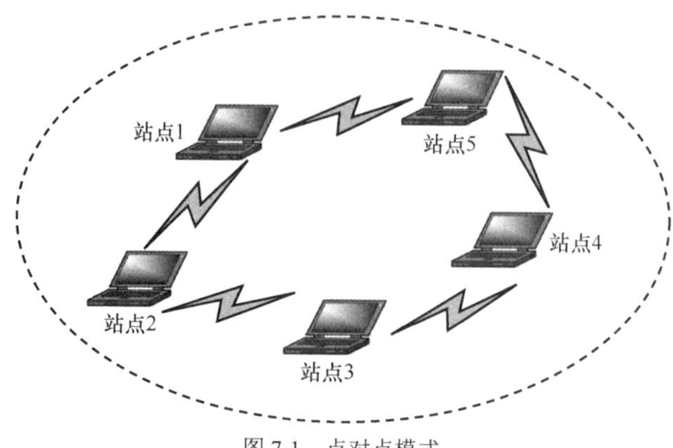

图 7-1　点对点模式

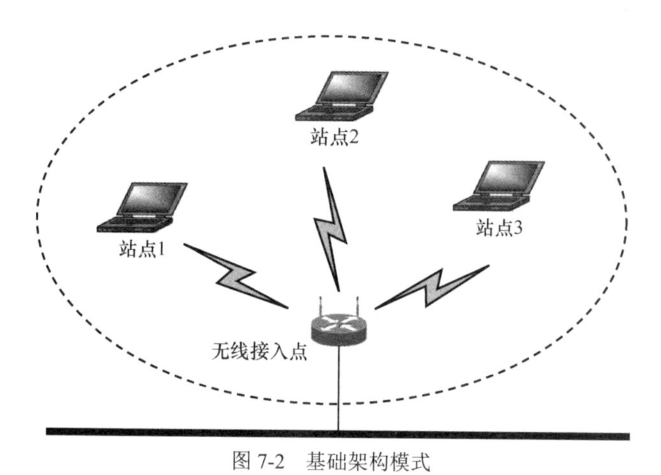

图 7-2　基础架构模式

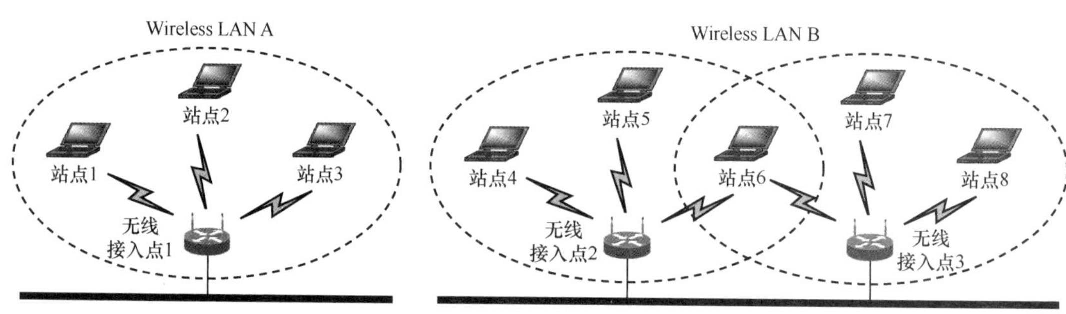

图 7-3　多接入点模式

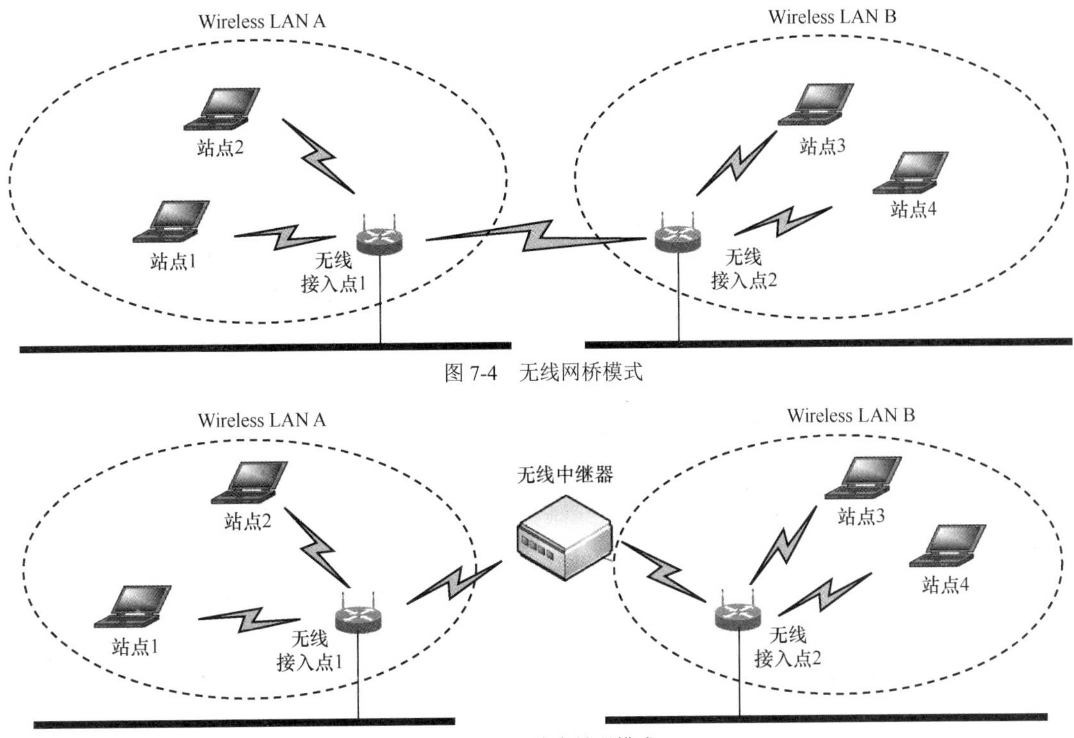

图 7-4 无线网桥模式

图 7-5 无线中继器模式

由于 Wi-Fi 使用的频段在世界范围内都无须任何授权，因此 WLAN 无线设备在世界范围内提供了可用、费用低廉且数据带宽极高的空中接口。我们可以在 Wi-Fi 覆盖区域内快速浏览网页、收发电子邮件、下载音乐、传递数码照片，以及随时随地接听拨打语音电话，再无须担心速度慢和花费高的问题。

7.5.2 WLAN

WLAN（无线局域网）是一种实用无线通信技术将计算机设备互连起来，构成可以互相通信和资源共享的网络体系。无线局域网的本质特点是不再使用通信电缆将计算机与网络连接起来，而是通过无线的方式连接，从而使网络的构建和终端的移动更加灵活。

作为有线局域网的一种替代性选择，WLAN 一般用在同一座建筑内。WLAN 使用无须授权的 ISM 频段进行通信。WLAN 的 802.11a 标准使用了 5GHz 频段，支持的最大传输速率为 54Mbit/s，而 802.11b 和 802.11g 标准使用 2.4GHz 频段，分别支持最大 11Mbit/s 和 54Mbit/s 的传输速率。

WLAN 由端站（STA）、接入点（AP）、接入控制器（AC）、AAA 服务器以及网元管理单元组成，其网络参考模型如图 7-6 所示。

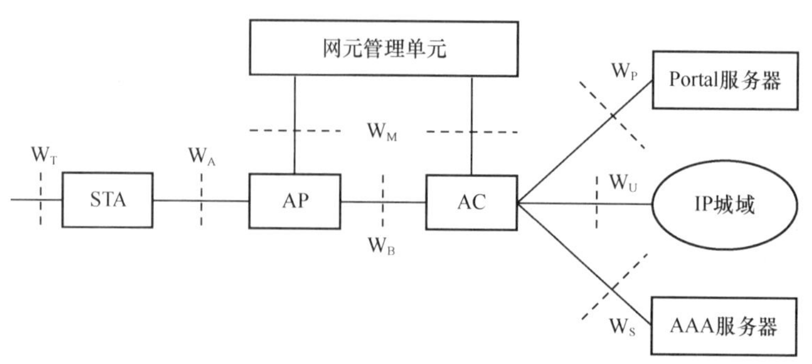

图 7-6　WLAN 参考模型

在图 7-6 中，各个网络单元的功能如下所述。

- 端站（STA）：端站作为无线网络的终端具有不同的接口（W_T），可以是手机、平板、笔记本电脑等终端设备，也可以是非计算机终端上的嵌入式设备。STA 通过无线链路接入 AP，STA 和 AP 之间的接口为空中接口（WA）。
- 接入点（AP）：AP 通过无线链路和 STA 进行通信；AP 和 STA 均为可以寻址的实体；AP 上行方向通过接口（W_B）采用有线方式与 AC 连接。
- 接入控制器（AC）：在无线局域网和外部网络之间充当网管功能。AC 将来自不同 AP 的数据进行汇聚，然后发送到互联网。AC 支持用户安全控制、业务控制、计费信息采集及对网络的监控；AC 可以通过接口（W_A）直接连接 AAA 服务器，也可以通过接口（Wu）连接 IP 城域骨干网，还可以通过接口（W_P）连接 Portal 服务器。在特定的网络环境下，AC 和 AP 对应的功能可以在物理实现上一体化。
- AAA 服务器：是提供认证、授权和审计（AAA）功能的实体，在物理上可以由具备不同功的独立的服务器构成，即认证服务器、授权服务器和审计服务器。认证服务器保存用户的认证信息和相关属性，当接收到认证申请时，可在数据库中进行相应查询；在认证完成后，授权服务器根据用户信息向用户授予不同的访问权限。在本参考模型中，AAA 服务器支持 RADIUS 协议。
- Portal 服务器：负责完成用户门户网站的推送，Portal 服务器为必选网络单元，在 Web 认证时辅助完成认证功能
- IP 城域网：是以 IP 技术为基础的，集数据、语音、视频各位业务为一体的高带宽、多业务接入的通信网络，是互联网业务的承载网络。

另外，网元管理单元通过接口（W_M）来管理和维护 AP 和 AC。

7.5.3　6LoWPAN

6LoWPAN 是基于 IPv6 的低速无线个域网标准，即 IPv6 over IEEE 802.15.4。这一标准是由互联网工程任务组（IETF）提出的解决方案。

IPv6 具有巨大的地址空间，128 位的 IPv6 地址被分为地址前缀和接口地址两部分。IPv6 采用无状态地址分配方案来高效解决海量地址的分配问题，其基本思想是网络侧不管理 IPv6 地址的状态（如节点应该使用什么样的地址、地址的有效期有多长），并且基本不参与地址分配的过程。采用无状态地址分配之后，网络侧不再需要保存节点的地址状态，也不需要维护地址的更新周期，因此大大简化了地址分配的过程，降低了资源的消耗。

一直以来，人们认为将 IP 协议引入无线网络是不现实的（不是完全不可能）。无线网一般采用专用协议，因为 IP 协议对内存和带宽的要求较高，要降低它的运行环境要求以适应微控制器及低功率无线连接是很困难的。在由低功耗设备和具有有限处理能力的传感器构成的大部分个域网中，使用了基于 802.15.4 标准的 Zigbee。但是，6LoWPAN 所具有的低功耗运行潜力使得它很适合应用于无线网络环境中，其对 AES-128 加密的内置支持也为强健的认证和安全性打下了基础。

在紧凑型、低功率、廉价的嵌入式设备（如传感器）上，6LoWPAN 可以靠电池运行 1～5 年。6LoWPAN 设备使用 2.4GHz 频段收发信息（其工作频段与 Wi-Fi 相同），但其射频发射功率大约只有 Wi-Fi 的 1%。这限制了 6LoWPAN 设备的传输距离，因此多台设备只有一起工作，才能通过逐跳的方式实现更远的距离的传输，同时绕过障碍物。

6LoWPAN 将 IPv6 扩展到这些设备的方式是允许 IP 数据分组通过封装和头压缩机制，在 IEEE 802.15.4 网络中传输。在 IPv6 中，可以使用 URI 或 IPv6 地址来定位和连接周围的小型设备，进而形成的节点可以集成到更大的 IP 网络中，并最终集成到整个物联网中。

6LoWPAN 的技术优势如下。

- 普及性高：IP 网络应用广泛，作为下一代互联网协议的 IPv6，也在加速其普及的步伐，因此在低速无线个域网中使用 IPv6 更容易被接受。
- 适用性强：IP 协议架构已经得到了广泛的认可，低速无线个域网完全可以基于该架构进行简单、有效的开发。
- 更大的地址空间：IPv6 一个最大的亮点就是拥有庞大的地址空间。这恰恰满足了部署大规模、高密度的低速无线个域网设备的需要。
- 支持无状态自动地址配置：IPv6 中的节点使用无状态地址自动配置机制来获取 IPv6 地址。这个特性对传感器网络非常具有吸引力，因为在大多数情况下人们无法手动配置传感器节点的地址，因此它们必须能自动配置地址。
- 易接入：使用 IPv6 技术的低速无线个域网更容易接入其他基于 IP 技术的网络及下一代互联网中，而且可以充分利用 IP 网络技术进行拓展。
- 易开发：基于 IPv6 的许多技术已经比较成熟，并被广泛接受。针对低速无线个域网的特性，对这些技术进行适当的精简和抉择，可以简化协议开发的过程。

7.6 其他近距离无线通信技术

当然，还有多种面向局域连接性的近距离无线通信技术可以应用到物联网中。这里简要介绍一些反向散射技术。

反向散射技术起源于二战时期，其目的是区分飞来的战机是敌方还是己方的。它的工作原理是，在己方飞机上安装标签，从而使得己方雷达发射的射频信号能够被反射回来。随后，反向散射技术和相应的一些 RFID 产品开始面世，当时的应用主要集中于商品识别和供应方面。1990—2000 年间，一个著名的 RFID 产品——电子收费系统（ETC）开始大规模商用。

2000 年后，随着集成电路技术水平的大幅度提高和物联网相关应用的飞速发展，RFID 系统的成本不断降低，其应用也更加广泛。因此，反向散射相关的技术引起了业界的进一步重视和研究，包括反向散射信道衰落特性、路径损耗模型、性能分析、标签阻抗特性、编码和检测、多天线技术、网络层和物理层安全，以及相关技术在传感器网络中的应用等。

7.6.1 各种反向散射技术

传统的反向散射技术受限于距离且需要一个专用的射频信号。因为它要求读写器产生并发送一个射频信号，要求标签接收该信号并反射回读写器。在这一发一回的过程中，无线信号会经历一个往返的路径衰落。因此，传统的反向散射技术路径损耗大，有效通信距离短。

新型的反向散射技术包括双站反向散射、环境反向散射、基于全双工的反向散射技术和转型反向散射技术等，如图 7-7 所示。

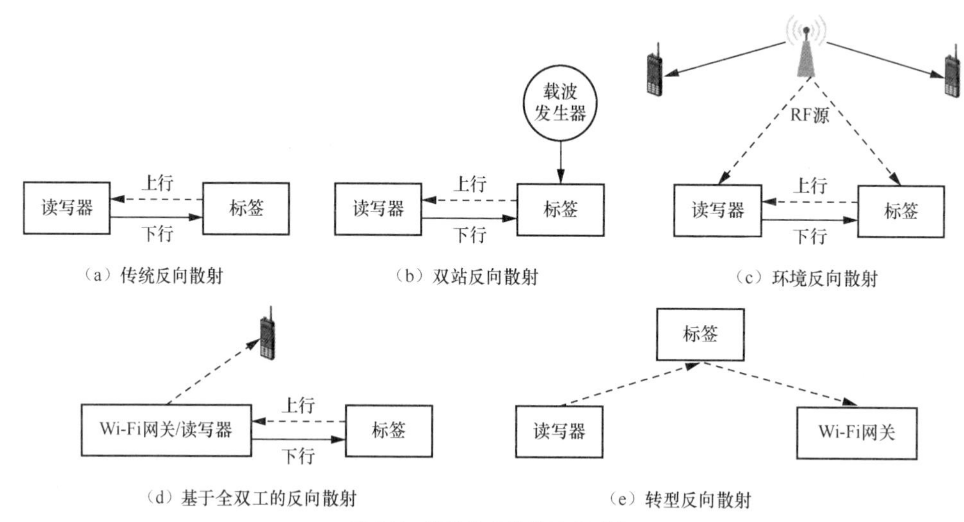

图 7-7 各种反向散射技术示意

双站反向散射是在标签附近设置一个载波发生器。载波发生器向标签发送固定载波，标签收到后加载自身信息并反射给读写器，如图 7-7（b）所示。由于载波发生器距离标签近，从而降低了路径衰落，扩大了标签和读写器之间的通信距离。

与双站反向散射技术不同，环境反向散射技术不需要载波发生器，而是利用周围已有的无线信号和读写器进行通信，如图 7-7（c）所示。这些周围已有的无线信号包括无线电视信号、无线广播信号和 Wi-Fi 信号等。传感器能够利用现有的无线信号维持工作，不需要电池。

环境反向散射技术基本通信原理是：

- 标签通过反射和不反射收到的无线信号来表示 0 和 1 这两种状态；
- 读写器根据反射和不反射信号这两种情况下接收信号的差别和特点，采取一定的信号处理方式来检测出这两种状态。根据此原理，采取平均接收信号能量的方式设计电路，可以使 2 个无源标签利用环境反向散射技术实现相互通信。

在此基础上，可以使无源标签和商用的 Wi-Fi 设备相互通信。根据信道参数改变的信号检测算法，可以搭建物理电路平台，实现具有较高传输速率且较大通信范围（20m）的无线通信装置。

基于全双工的反向散射技术是让 Wi-Fi 网关加载读写器的功能，为 Wi-Fi 网关配备多根天线。其中某根天线向智能手机或笔记本电脑发送信号，其信号也会通过标签或传感器反射回该网关的其他天线。此时，标签或传感器可以加载自身的信息到该反射信号上，然后 Wi-Fi 网关利用全双工技术克服自身的干扰后，将标签或传感器的信息恢复出来，如图 7-7（d）所示。

转型反向散射技术实现了广泛可用的信号之间的转换，例如用蓝牙信号生成 Wi-Fi 信号或 Zigbee 信号，如图 7-7（e）所示。转型反向散射技术在健康监测方面有着广泛的应用前景。

7.6.2 反向散射通信技术在物联网中的潜在应用

反向散射技术不仅可以用于 RFID 系统，也适用于其他传感器等。新型反向散射技术利用无线信号获得能量并进行通信，可以让传感器摆脱电池的束缚，避免频繁的人工维护操作，因此具有重大的应用价值。

新型反向散射技术不仅能帮助无源设备进行通信，而且可以用于计算，在以金融、生物、物流、智能家居为代表的物联网应用领域会有广泛的应用。下面给出一些应用的示例。

- 智能卡的转账与支付。智能卡可以从周边的无线信号中获取能量，并通过对信号的反向散射实现相互之间的直接通信，如可以通过反向散射技术实现两张无源银行卡之间的及时转账。
- 物流追踪。物品上附有电子标签，可使物品一直处于可识别状态，从而可以实时追踪物流信息，并且一旦物品丢失，可以及时发出警报并定位。
- 嵌入式生物芯片。将电子芯片嵌入生物体内，可利用反向散射技术和外界进行通信。一般而言，生物体外发射射频信号，生物体内电子芯片接收并反向散射该信号，将信息传输到生物体外。

- 智能家居。在 Wi-Fi 网关与通信设备正常通信的场景下，智能家居中的传感器可以借助 Wi-Fi 信号反向散射自身的状态信息，网关利用反向散射技术并结合全双工技术，可以在保持与手机或笔记本电脑通信的同时，将需要的环境或设备等参数信息采集上来，进行分析处理。

7.7 边缘网络

不同的局域连接性技术可以形成不同的边缘网络。边缘网络就是针对特定环境的一个非技术性描述的网络。如果用现有的技术术语来描述，边缘网络就是接入用户的最后一段网络，包括汇聚层网络和接入层网络的一部分或全部。

7.7.1 各种局域连接性技术的对比

对于物联网的传感器及终端系统的连接性而言，可以从技术、标准、工作频率、覆盖范围、网络吞吐量、特点等维度来比较这些主流的无线通信技术，如表 7-2 所示。

表 7-2　主流无线通信技术的比较

技术	标准	工作频率	覆盖范围	网络吞吐量	特点
Wi-MAX	IEEE 802.16	2GHz～11GHz	小于 10km	<75Mbit/s	高速
Zigbee	IEEE 802.15.4	2.4GHz	小于 75m	250kbit/s	网状结构、支持多种协议
UWB	IEEE 802.15. 3a	3.1GHz～10.6GHz	小于 10m	53Mbit/s～480Mbit/s	很高的文件传输速率
蓝牙	IEEE 802.15.1	2.4GHz	小于 100m	<2Mbit/s	低功耗
Wi-Fi	IEEE 802.11a、802.11b/g/n	5.8GHz、2.4GHz	小于 100m	2～600Mbit/s	高速且普及度高
GSM	-	850/900/1800/1900MHz	取决于服务提供商	9.6kbit/s	覆盖率高、传输质量好
GPRS	-	850/900/1800/1900MHz	取决于服务提供商	56kibit/s～144kbit/s	资源利用率高、访问快
RFID	-	125kHz、13.56MHz、902 MHz～928MHz	小于 3m	9.6kibt/s～115kbit/s	低成本

从通信方式上来看，就普遍使用的 Zigbee、Wi-Fi 和蓝牙而言，在网络节点数、平均功耗、主要应用场景和领域方面也有着诸多的不同，具备各自的优点和不足，如表 7-3 所示。

表 7-3 无线通信方式的对比

技术特性	Zigbee	Wi-Fi	蓝牙
优点	成本低，功耗小，网络容量大，频段灵活，保密性高，工作频段无须授权	可大幅降低企业的成本，传输速度非常高	工作频段无须授权，具有很强的移植性，应用范围广泛
缺点	传输速率低，有效范围小	设计复杂，设置烦琐	成本较高，安全性不高
网络节点数	6500	32	7
平均功率	1～3mW	高	1～100mW
应用场景	控制无线传感器网络	局域网数据传输	个人网络
应用领域	PC 外设、消费类电子设备、智能家居控制、玩具、医护、工控等非常广阔的领域	家庭无线网络、不便安装电缆的建筑物或场所	无线办公环境、汽车行业、信息家电、医疗设备以及教育和工厂自动控制

7.7.2 从边缘网络到边缘智能

边缘网络起源于网络边缘的概念，具有相对性。例如对于小型企业网络，桌面可以理解为边缘网络。对于较大规模的企业网络，企业分支机构可以理解为网络边缘（这里的企业分支机构可以视为网络的接入层或者汇聚层）。

通过局域连接性，边缘网络可以将边缘数据在边缘空间（边缘空间是指数据源终端节点）到数据中心之间的任意空间内处理，从而减少对数据中心的依赖，实现边缘网络的有限自治，降低脱离中心网络无法工作的风险。同时，边缘网络借助无线节点的自组织网络特性，动态重构网络，利用边缘计算对节点、路由、带宽等网络关键参数进行优化，实现智能路由。边缘计算模型可以有效解决部分脱网运行难题，即从本地功能实现上保障其有效性。

边缘计算并不是为了取代云计算而产生的，它是对云计算的补充和延伸，以提供更好的计算平台，尤其是针对移动计算和物联网等场景。边缘计算需要云计算中心的强大计算能力和海量存储的支持，而云计算同样需要边缘计算中边缘设备对海量数据及隐私数据的处理，从而满足实时性、隐私保护和降低能耗等需求。

有别于云端处理平台通常在核心网络提供大规模集中式处理资源，边缘网络服务将计算、存储、通信等资源下延至用户侧，在业务节点所在网段就近提供业务服务，避免信息在用户端与核心网服务节点间的长距离、高延迟传输，提升处理效率并为用户业务提供更敏捷的响应。

在技术发展与业务需求的双重驱动下，边缘网络产业正持续向纵深发展。由于网络边缘技术涉及网络连接、环境感知、数据聚合以及信息处理等多个领域，面对复杂多变的物联网应用环境，如何实现相关业务的紧密耦合、异构资源的协同调度、不同处理阶段的有序协作都是急需解决的关键问题。

边缘智能为以上问题提供了一种新的解决思路。在边缘网络实体中集成智能处理模块，可使边缘物联网系统具备自治自律的行为能力，实现面向目标应用需求的资源调配与处理机制，构建健硕的边缘应用体系。

7.8 小结

物联网终端的局域连接性既有电气或有线连接，又有无线连接。按照服务距离从近到远，面向无线连接的通信技术涉及红外、蓝牙、Zigbee 和 Wi-Fi。除了这些技术外，还有许多其他技术（如反向散射通信）可应用于物联网领域。

物联网的局域连接性旨在让这些相互隔离的孤立系统的数据开放流动，使得这些封闭的系统和子系统之间能够共享数据并实现可互操作性，使其在各种行业内和跨行业中形成并发展为新型或新兴的物联网生态应用。

第 8 章

广域传输与网络

物联网的局域连接性解决的是物与物或者物与人的近距离连接问题，但是物联网的应用目的是在任何时间、任何地点对物理世界进行感知和控制。物联网的数据可能需要传输到地球的另一端，甚至跨越任何空间距离。

那么，如何实现远距离的数据传输呢？

最初的物联网只是由一些智能设备在一个开放的、标准的网络（如以太网）环境中自我搭建而成的一个独立网络。通过添加广域网络传输、可扩展计算、信息管理、数据分析、移动性等技术，从而在这些经由网络连接在一起的智能设备上创造出高价值的成果，进而可以实现物联网的完整价值。

物联网的广域传输及形成的广域网是远距离数据传输的基础。尽管由于无线通信的局限性，远距离数据传输是以有线网络的骨干网为主导的（例如光纤通信网络），但是在有线网络无法承载的时候，基于无线通信技术建立的广域网络将发挥巨大的作用。

移动蜂窝通信系统是一种成熟的远距离通信方式，低功耗广域网也非常有前景。其中，LoRaWAN 以及基于移动通信系统的 NB-IoT 都在业界引起了极大的关注。

移动通信网络与计算机通信网络共同构成了物联网系统的核心网络，而软件定义的广域网则为物联网提供了更多的灵活性。

8.1 移动蜂窝通信技术

移动蜂窝通信是指通信双方中有一方或两方处于运动中的通信，也就是说，至少有一方具有可移动性。移动蜂窝通信可以是移动台与移动台之间的通信，也可以是移动台与固定用户之间的通信。移动台通过基站和其他移动台进行通信，因此必须对移动台和基站的信息加以区别，使基站能区分是哪个移动台发来的信号，而各移动台又能识别出哪个信号是发给自己的。要解决这个问题，就必须给每个信号赋予不同的特征，这就是多址技术要解决的问题。

现代移动通信技术始于 20 世纪 20 年代，而公用移动通信始于 20 世纪 60 年代。公用移动通信系统的发展经历了第一代（1G）、第二代（2G）、第三代（3G）和第四代（4G），目前已经到了第五代（5G）。

在我国，由于第一代和第二代移动通信技术已经退出了历史的舞台，本节将不做介绍。我们直接从第三代移动通信技术开始讲起。

8.1.1 第三代移动通信——3G

第三代移动通信技术是指支持高速数据传输的蜂窝移动通信技术。3G 存在 4 种标准：CDMA2000（美国版）、WCDMA（欧洲版）、TD-SCDMA（中国版）、WiMAX。国际电信联盟（ITU）在 2000 年 5 月确定了 WCDMA、CDMA2000、TD-SCDMA 三大主流无线接口标准，并写入 3G 技术指导性文件《2000 年国际移动通信计划》（简称 IMT-2000）；2007 年，WiMAX 亦被接受为 3G 标准。

3G 在无线技术上的创新主要表现在以下几方面：

- 采用高频段频谱资源；
- 采用宽带射频信道，支持高速率业务；
- 实现了多业务、多速率传送；
- 快速功率控制；
- 采用自适应天线及软件无线电技术。

3G 主要在宽带上网、手机办公、视频通话、手机电视等领域得到了广泛应用。

我国工业和信息化部在 2009 年初批准了中国移动通信集团有限公司基于 TD-SCDMA 技术制式的第三代移动通信（3G）业务经营许可、中国电信集团有限公司基于 CDMA2000 技术制式的 3G 业务经营许可，以及中国联合网络通信集团有限公司基于 WCDMA 技术制式的 3G 业务经营许可。当时，物联网对于 3G 的价值在于用物联网理念引导客户，结合技术产生创新性需求。这是一个运营商和用户互动提升的过程，可以最终找到满足用户需求的应用。

8.1.2 第四代移动通信——4G

第四代移动通信技术被称为宽带接入和分布式网络，具有超过 2Mbit/s 的数据传输速率，能为全速移动的用户提供 150Mbit/s 的高质量影像服务，并实现了三维图像的高质量传输。它包括宽带无线固定接入、宽带无线局域网、移动宽带系统和互操作的广播网络（基于地面和卫星系统）。通过集成不同模式的无线通信，用户在移动时可以自由地从一个标准漫游到另一个标准。

ITU 在 2008 年发布的 IMT-Advanced 是 4G 网络的标准，4G 网络是 3G 的发展和下一代移动通信技术的演进。IMT-Advanced 有两种技术标准：WiMAX 和 LTE，其中 LTE 是先进的 4G

标准之一。4G LTE 标准分为两类：LTE FDD（频分双工）和 LTE TDD（时分双工），它们都是基于 LTE 的分支建立的，相似度超过 90%。

4G 标准的特点如下所示：

- 具有完善的终端服务功能；
- 用户选择度高，智能化程度高；
- 具有较强的信号能力；
- 传输快速。

4G 在云计算、视频直播、远程医疗等领域得到了广泛应用。

4G 网络主要是为了容纳和增强移动数据服务，而不是物联网。基于 IP 的基础架构的转变，4G 网络增强了不同设备上的应用程序（如移动视频）的高速数据传输。相较于 3G 和 2G，4G 技术提供了“更粗的管道”，从而进一步优化了高带宽服务的用户体验。然而，4G 技术的特殊性意味着高带宽的优势不一定能够优化物联网环境，也不一定能够以相同的方式扩展以容纳数十亿的物联网设备。

8.1.3 第五代移动通信——5G

ITU-R（国际电联无线电通信组）在 2015 年 6 月定义了 5G 的三大类应用场景，分别是增强移动宽带（eMBB）、海量机器类通信（mMTC）、超高可靠与低延迟通信（uRLLC），并正式确定了 5G 的法定名称是 IMT-2020。

2016 年 10 月和 11 月，国际无线标准化机构 3GPP 的 RAN1（无线物理层）会议决定采用美国高通公司的 LDPC（低密度奇偶校检码）方案作为 5G 的长码编码方案，而短码编码方案采用我国华为公司的 Polar Code（极化码）方案。5G 网络的延迟缩短了很多，其传输速率比 4G 提高了数十倍，其网络连接能够满足千亿量级的设备。

5G 移动通信技术为用户提供了前所未有的体验和物联网连接能力，5G 与 4G 的对比如图 8-1 所示。其中深色部分的 IMT-Advanced 代表 4G，浅色部分的 IMT-2020 代表 5G，x 代表倍数。

在图 8-1 中，伴随着移动数据流量的爆炸式增长、物联网设备的海量连接以及垂直行业应用的广泛需求，5G 移动通信技术在提升峰值速率、移动性、延迟和频谱效率等传统指标的基础上，新增加用户体验速率、连接数密度、流量密度和网络能量效率 4 个关键能力指标。

移动互联网和物联网是未来移动通信发展的两大主要驱动力，为 5G 提供了广阔的应用前景。移动互联网颠覆了传统移动通信的业务模式，深刻影响着人们工作生活的方方面面。物联网是 5G 发展的主要动力，业内甚至认为 5G 是为万物互联设计的。物联网扩展了移动通信的服务范围，从人与人通信延伸到物与物、人与物智能互联，使移动通信技术渗透至更加广阔的行业和领域。

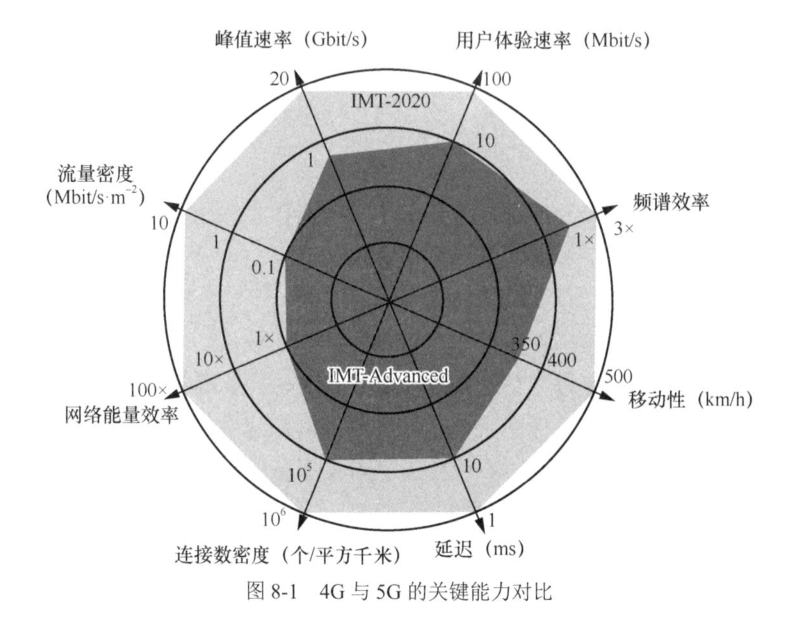

图 8-1　4G 与 5G 的关键能力对比

8.2　低功耗广域网

低功耗广域网（LPWAN）技术是一种新兴的革命性的物联网接入技术，它针对物联网应用中的 M2M（机器到机器）通信场景进行优化设计，具有远距离、低功耗、低运维成本等特点。

尽管当前的 LPWAN 技术尚未形成统一的标准，但可以将其为两类：

- 工作于未授权频谱的 LoRa、Sigfox 等技术；
- 工作于授权频谱下，3GPP 支持的 2/3/4/5G 蜂窝通信技术，如 LTE-M、EC-GSM、NB-IoT 等。

8.2.1　LoRa

LoRa 是应用于 LPWAN 的一种无线技术，由 Semtech 公司于 2013 年 8 月推出。LoRa 的产业链较为成熟，商业化应用也比较早，因此得到了广泛的应用。

1. LoRa 的技术特点

LoRa 是一种工作在非授权频段的无线技术，在欧洲的常用频段为 433MHz 和 868MHz，在美国的常用频段为 915MHz。LoRa 基于扩频技术进行信号调制，并具有前向纠错（FEC）的功能，相较于同类技术，在相同的发射功率下，LoRa 的通信传输距离更长，可达 15km 以上，在空旷区域的传输距离甚至更远。而且，LoRa 的接收灵敏度很高，它使用整个信道带宽来广播一个信号，因此可以有效对抗信道噪声以及由低成本的晶振引起的频偏。此外，LoRA 协议还针对低功耗、电池供电的传感器进行了优化，很好地平衡了网络延迟与电池寿命的关系。

采用 LoRa 无线技术构成的网络称为 LoRaWAN。该网络采用星形拓扑架构，相较于网状的网络架构，其传输延迟大大降低。更为重要的是，支持 LoRa 协议的设备节点可以直接与网络集中器进行连接，形成星形网络架构。如果设备节点的距离较远，则可以借助网关设备进行连接。

LoRaWAN 网络可以提供物联网的安全通信，满足移动化服务和本地化服务等需求。LoRaWAN 规范对智能设备间无缝的互操作性提供了约定，从而使得不需要复杂的安装，就可以让用户自行组建网络。

更为重要的是，LoRa 终端通信模块（或 LoRa 芯片）的成本比较低廉，只有 5 美元左右，这为 LoRa 协议的市场推广提供了最大的助力。可以预见，在要求低功耗、远距离、高安全性的物联网应用中，LoRa 设备以及 LoRaWAN 将越来越常见。

2. LoRa 的应用

LoRa 联盟成立于 2015 年 3 月，在成立后的一年多时间里吸引了全球 300 多家企业加盟，推动了产业链的快速成熟。目前，LoRa 网络已经在全球多地进行试点或部署。

国际移动卫星通信公司（Inmarsat）于 2017 年 1 月公布了与 LPWAN 设备制造商 Actility 公司共同开发的基于 LoRaWAN 的物联网，并推出了将物联网引进全球每个角落的发展战略。该网络涵盖了资产追踪、农业经营及石油和天然气领域，也可利用该物联网网络为偏远地区的企业提高运营效率、降低成本以及创造新收益。

借助基于 LoRaWAN 的地面连接和卫星连接的骨干网，Inmarsat LoRaWAN 网络可帮助用户及合作伙伴以经济有效的方式将物联网解决方案引入各行各业。该网络提供了端到端解决方案，可将站点特定数据传至云端应用进行分析处理，以提供行业的洞察信息、支持决策制定，并为终端用户创造价值。

8.2.2 Sigfox

Sigfox 是商用化速度较快的 LPWAN 网络技术之一，由法国物联网技术服务商 Sigfox 公司推出。它采用超窄带技术，主要打造低功耗、低成本的无线物联网专用网络。Sigfox 公司不仅是 Sigfox 技术标准的制定者，同时也是一家网络运营商和云平台提供商，其目标是与合作伙伴使用旗下的 Sigfox 技术建造一个覆盖全球的物联网，该网络独立于现有电信运营商的移动蜂窝网络。

从接入网络上看，Sigfox 技术工作在 1GHz 以下的免授权 ISM 频段，具体工作频率因各国家/地区的法规而有所不同，其中在欧洲广泛使用 868MHz，在美国则使用 915MHz，每个载波占用 100Hz。从技术上看，Sigfox 同样具有低成本、低功耗的特点。

（1）低功耗

Sigfox 网络设备的功率仅 50～100mW 率。相较而言，移动电话的通信功率则为 5000mW。

（2）低成本

Sigfox 采用的 UNB（超窄带）技术，每秒只能处理 10～1000 位的数据。基于该技术的网络，其成本远低于传统的蜂窝网络。从成本和市场推广上看，Sigfox 使用的通信芯片成本低于 1 美元，假设每个基站可以连接 100 万个终端。据估算，建设 10000 个基站，建成覆盖全球的物联网只需要数百亿美元，相较于蜂窝网络成本得以大幅降低。

8.2.3　窄带物联网

窄带物联网（NB-IoT）是基于蜂窝网络的窄带物联网技术之一，它以蜂窝网络为基础进行构建。这种全新的窄带无线接入技术于 2015 年 9 月在 3GPP 第 69 次 RAN 全会上通过立项，于 2016 年 6 月完成核心规范，2016 年 12 月完成设备性能指标规范。

NB-IoT 尽可能地重用了 LTE 空口技术，带宽为 180kHz，上下行速率不超过 250kbit/s。NB-IoT 主要面向超低成本、超低功耗、超低速率、广覆盖的物联网业务（如传感器类、抄表类、物流监控、跟踪类等窄带物联网业务）。

NB-IoT 的基本网络架构与 LTE 网络架构基本保持一致，主要分为用户平面和控制平面，当前主流产业大都支持控制平面。

1. NB-IoT 的特点

作为低功耗广域物联网无线接入技术，NB-IoT 具有广覆盖、大连接、低功耗、低成本 4 个方面的优势。

- 广覆盖：相较于传统的蜂窝网络，NB-IoT 可以提供 20dB 的覆盖增益，链路预算达到 −164dB。
- 大连接：NB-IoT 每扇区可以支持 5～10 万个设备连接。
- 低功耗：根据不同的业务模型，NB-IoT 物联网终端的最长待机时间可达 10 年。
- 低成本：预计 NB-IoT 模组成本单价在 5 美元左右，相较于 3G/4G 模组有显著的成本优势。

此外，相较于 LoRa 等工作于免授权频段的 LPWAN 接入技术，NB-IoT 工作于授权频段并且基于蜂窝技术设计，可以为用户提供更加安全可靠的通信服务。

2. NB-IoT 与其他物联网无线通信技术的对比

NB-IoT 与其他物联网无线通信技术的对比可以参见图 8-2（主要从覆盖能力和数据速率两个方面进行了对比）。

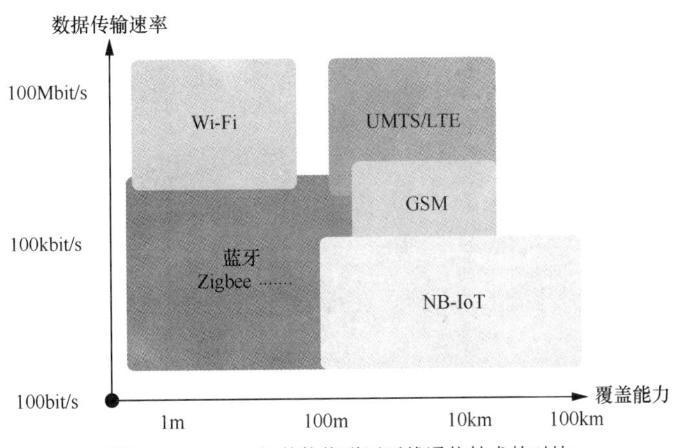

图 8-2 NB-IoT 与其他物联网无线通信技术的对比

下面我们具体看一下 NB-IoT 和 LoRa 的一些简单对比。

- 功耗：在理想状态下，NB-IoT 和 LoRa 终端设备均可实现 10 年左右的电池寿命，LoRa 的发射功率更低，而 NB-IoT 则具有更好的节能管理和深度睡眠功能。
- 成本：LoRa 比 NB-IoT 起步更早，目前模组成本略低于 NB-IoT。预计在后期两者的模组成本相差不大，具体取决于出货量。
- 安全：NB-IoT 在数据传输和设备认证方面均可以提供电信级的安全，LoRa 则是通过多层加密的方式提供数据安全。
- 可靠性：NB-IoT 基于授权频段，且在数据包丢失后可以重传，因此用户的通信体验稳定，而 LoRa 基于免授权频段，因此存在干扰问题，可能存在数据包丢失的情况。
- 覆盖：相较于 LoRa，NB-IoT 具有更高的链路预算和更大的发射功率，虽然频段上不如 LoRa 低，但是具有更好的覆盖能力。
- 标准化：NB-IoT 和 LoRa 背后均有标准组织的支持，标准化程度较高。相较于 LoRa 联盟，3GPP 在无线通信技术方面具有更多的合作厂商，且明确支持 NB-IoT 未来的演进增强，因此 NB-IoT 在未来标准化方面的技术支持力度会好于 LoRa。

由于 NB-IoT 受到 3GPP 的有力支撑，尽管目前 NB-IoT 还未正式大规模商用，但是在产业链方面已经得到了众多厂商的明确支持。

图 8-3 针对物联网应用场景的业务需求，指出了相应的细分市场以及接入技术。

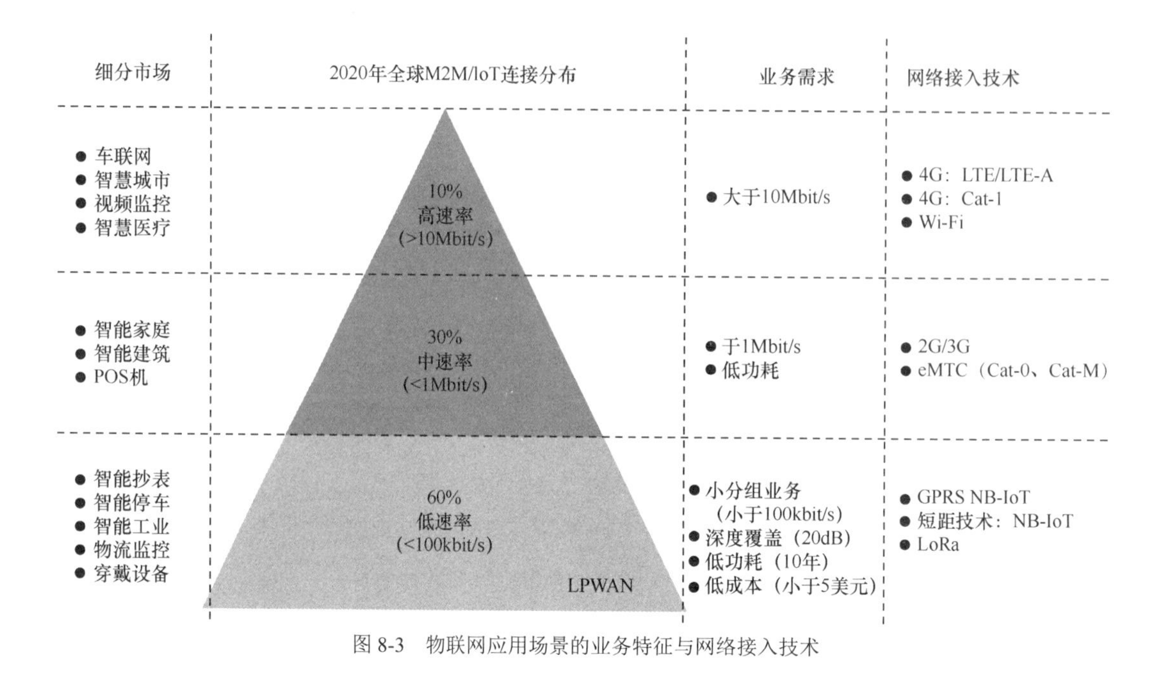

图 8-3　物联网应用场景的业务特征与网络接入技术

8.3　互联网

从网络的层次来看，物联网的底层是由各种物体联网组成的异构的低功耗松散末梢网络，物联网的末梢网络通过网关接入互联网，物联网的主干网仍然是互联网。关于互联网的介绍本节不做赘述，但是对一些重要的地方，还需进一步明确，例如 IPv6 和路由体系。

8.3.1　IPv6 的地址分配

IPv6 拥有巨大的地址空间，其 128 位的地址被划分成地址前缀和接口地址两部分。与 IPv4 地址划分不同的是，IPv6 地址的划分严格按照地址位数进行，而不采用 IPv4 中的子网掩码来区分网络号和主机号。IPv6 地址前缀用于表示该地址所属的子网络，可在整个 IPv6 网中路由，而接口地址用于在网络中标识节点。在物联网应用中，可以使用 IPv6 地址中的接口地址来标识节点。由于 IPv6 的接口地址具有很大的范围，因此完全可以满足物联网节点标识的需求。

物联网与 IPv6 各自的特点决定了它们之间必然产生紧密的联系。物联网的实现与发展有赖于 IPv6 提供强大的支持，物联网的普及必然会对 IPv6 的发展产生巨大的推动作用。可以说，IPv6 的发展将以物联网的发展为依托，从物联网的发展中获得自身发展的强大动力。

8.3.2 物联网与互联网相融合的路由体系

本节以一个示例场景来描述物联网与互联网相融合的路由体系，该应用场景如图 8-4 所示。

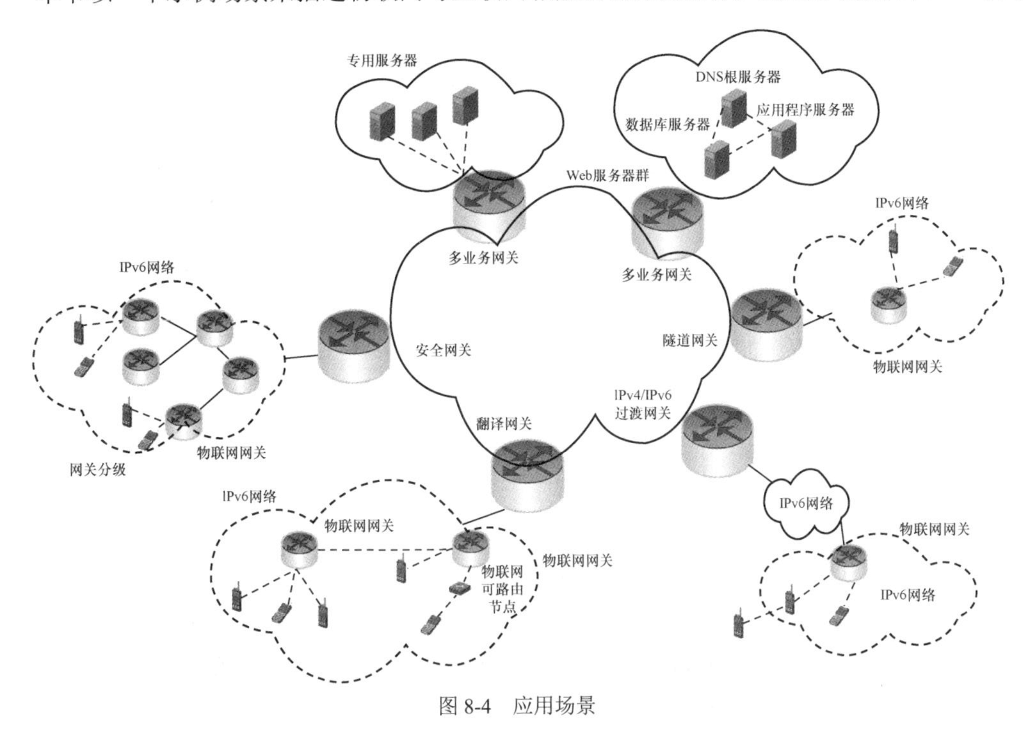

图 8-4 应用场景

在图 8-4 中，以移动设备为例组成的末梢网络形成了物联网节点，物联网节点通过物联网网关接入互联网。物联网的物理层和链路层采用 IEEE 802.15.4 标准，网络层使用 IETF 的 ROLL 工作组提出的 RPL 协议以及用于兼容 IEEE802.15.4 和基于 IPv6 的 6LoWPAN。传输层根据网络需求，自行选择加载完整的 TCP/UDP 或者采用简化的 TCP/UDP，以适应物联网传输的要求。应用层使用 IETF 的 CoRE 工作组提出的 CoAP 协议，用于解决资源受限环境中应用程序的性能问题。物联网网关一般都装有物联网协议栈和互联网协议栈，能够将物联网协议数据和互联网协议数据进行双向转换。

融合物联网的互联网路由体系结构应尽量避免改变原有的路由方案，因此可在互联网上沿用传统的路由协议，即在域内使用 OSPF、RIP 等协议，在域间使用 BGP 等协议，如图 8-5 所示。

在图 8-5 中，物联网末梢网络的路由体系设计是融合物联网的互联网路由体系设计工作的难点与核心。除了能够保障末梢网络节点之间以及末梢网络节点与互联网节点之间的端到端通信，还必须尽量减轻对互联网性能的影响，具备低功耗、高汇聚、可扩展、抗有损、可融合、层次化等特点。

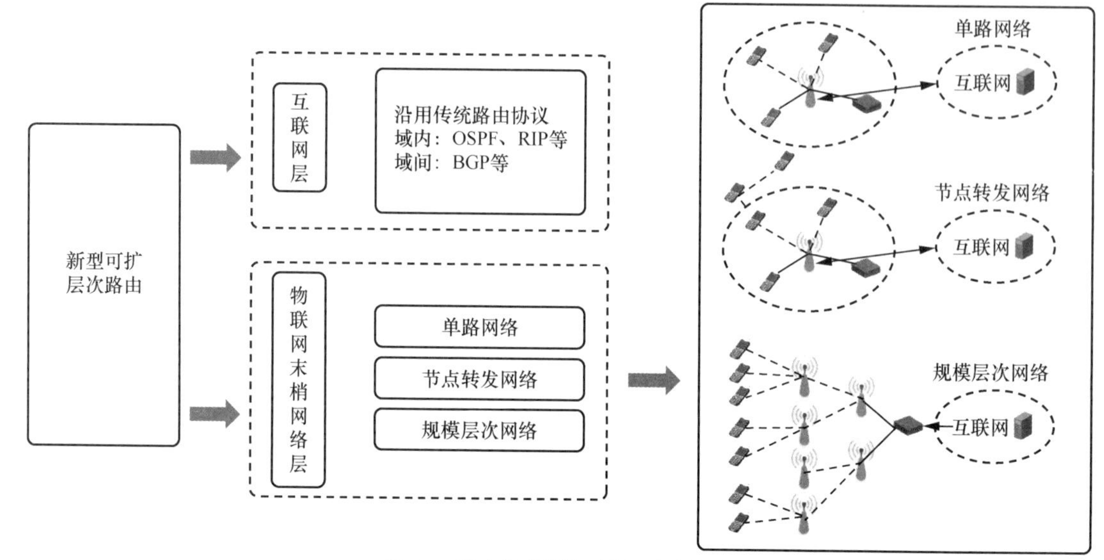

图 8-5 融合物联网的互联网路由体系

受物联网节点传输能力有限且多以无线方式通信，这导致了物联网末梢网络与互联网的异构性，互联网路由体系结构无法直接移植到物联网上，而物联网末梢网络自身接入互联网的方式多样性加大了异构程度。为了实现末梢网络与互联网的无缝接入，可以设计适用于物联网的可重构轻量级 IPv6 协议。根据网络规模和节点密度把物联网末梢网络分成单路网络、节点转发网络和规模层次网络 3 类，对不同类型网络有相应网关设置，形成融合的新型可扩路由体系。

8.4 软件定义的广域网（SD-WAN）

SD-WAN 采用软件定义网络（SDN）技术，将网络设备的控制和转发功能分离，为企业用户构建业务开放、灵活编程、易于运维的广域网。SD-WAN 通过整合 MPLS 专线、光纤、互联网、LTE 等多种网络线路资源，实现了广域网的流量调度，使得用户能够按照预定的路由策略自主控制广域网流量的流向，降低了广域网的开支并提高了连接的灵活性。

SD-WAN 典型的应用场景包括混合广域网场景、云接入场景和移动办公场景等。通过引入 SD-WAN 控制器，可以完成企业中各接入设备的集中管理和自动化配置，并能将其灵活地接入公有云或私有云，为用户提供可视化的、可调度的网络拓扑和流量监控，还可以为企业提供安全防护等云化增值服务。

8.4.1 软件定义网络

软件定义网络是一种新型网络的创新架构，是网络虚拟化的一种实现方式，其核心技术OpenFlow通过将网络设备的控制平面与数据平面分离开来，实现了网络流量的灵活控制，从而使网络作为管道变得更加智能，同时为核心网络及应用的创新提供了良好的平台。

SDN的参考架构（见图8-6）最先由ONF组织提出，当前已经成为学术界和产业界普遍认可的架构。与此同时，欧洲电信标准化组织（ETSI）提出的NFV架构也随之发展起来，该架构主要针对运营商网络，并得到了业界的支持。各大设备厂商和软件公司也共同提出了OpenDaylight架构，目的是实现具体的SDN架构，以便用于实际部署。

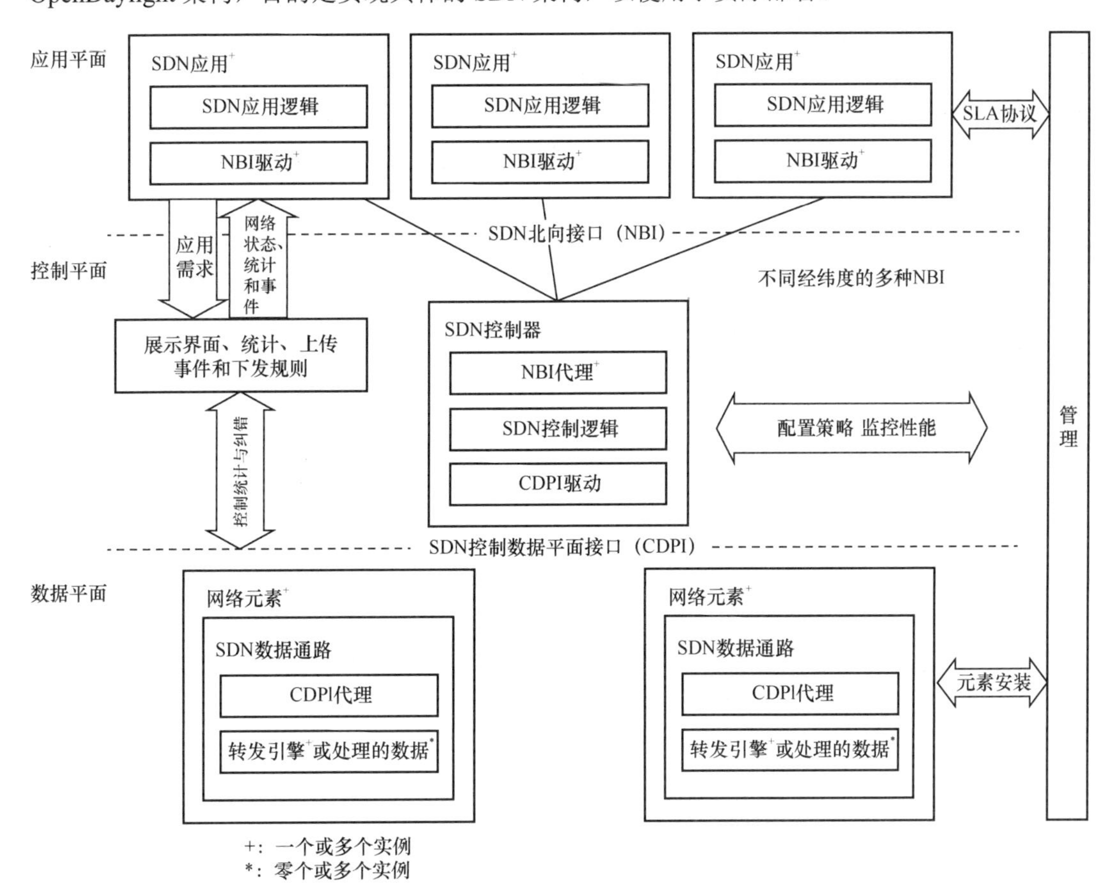

图8-6 SDN的参考架构

在图8-6中，SDN由下到上（或称由南向北）分为数据平面、控制平面和应用平面。数据平面与控制平面之间利用SDN控制数据平面接口（CDPI）进行通信。CDPI具有统一的通信标准，目前主要采用OpenFlow协议。控制平面与应用平面之间由SDN北向接口（NBI）负责通信，NBI 允许用户按实际需求定制开发。

数据平面由交换机等网络元素组成，各网络元素之间由不同规则形成的 SDN 网络数据通路形成连接。控制平面包含逻辑中心的控制器，负责运行控制逻辑策略，维护全网视图。控制器将全网视图抽象为网络服务，控制器通过访问 CDPI 代理来调用相应的网络数据通路，并为运营商、科研人员及第三方等提供易用的 NBI，方便这些人员订制私有化应用，实现对网络的逻辑管理。应用平面包含各类基于 SDN 的网络应用，用户无须关心底层设备的技术细节，仅通过简单的编程就能实现新应用的快速部署。

CDPI 负责将转发规则从网络操作系统发送到网络设备，它要求转发规则能够匹配不同厂商和型号的设备，而并不影响控制层及以上的逻辑。NBI 允许第三方开发个人网络管理软件和应用，从而为管理人员提供更多的选择。网络抽象的特性允许用户根据需求选择不同的网络操作系统，而并不影响物理设备的正常运行。

随着 SDN 的快速发展，SDN 已应用到各个网络场景中——从小型的企业网和园区网扩展到数据中心与广域网，从有线网扩展到无线网。无论应用在任何场景中，大多数应用都采用了 SDN 控制平面与数据平面分离的方式获取全局视图来管理自己的网络。

8.4.2 SD-WAN 的技术优势

SD-WAN 技术可以提供多种性能和成本优势，包括端到端网络的可见性和反馈，以提高传输效率。该技术还创建了从专有硬件设备到 SD-WAN 的路径。SD-WAN 是敏捷可编程的，与传统的广域网技术不同，SD-WAN 能够将网络和控制平面解耦，并通过软件定义的方式使其更容易适应不断变化的应用交付需求，提高企业的生产力。

SD-WAN 的基本原理可以理解为，在一个或多个不同的物理网络或网络服务之上建立一个“虚拟网络”。SD-WAN 依赖于网络结构边缘，来管理如何连接用户/站点，并将其映射到可用的物理连接上。SD-WAN 不仅包括流量与虚拟/物理网络间的映射，还包括网络服务选项的管理。

SD-WAN 除了提供与 SDN 相同的优势外，还能通过自动化网络部署和管理 SD-WAN 的虚拟化资源，提高性能，加速服务交付并提高可用性，同时降低总体成本。SD-WAN 通过测量基本网络流量指标，如延迟、丢包、抖动和可用性来运行。通过这些数据，SD-WAN 能够主动响应实时网络环境，为每个数据包选择最佳路径。

SD-WAN 技术有如下优势。

（1）敏捷性优势

SD-WAN 路由器可以组合多个广域网连接的带宽。使用 SD-WAN 的企业可以按需添加或删减 WAN 连接，还可以组合蜂窝网络和固定线路的连接。使用 SD-WAN 技术，还能将 WAN 服务快速部署到远程站点，而不需要 IT 人员的介入。

（2）成本优势

互联网链路通常比运营商级的 MPLS 连接便宜，运营商级的 MPLS 连接通常受到供应时间以及昂贵的价格影响。SD-WAN 技术可使得企业有效地将所有可用的网络连接来，从而满足其需求，且无须维护空闲的备份链路。

（3）安全优势

SD-WAN 可在流量传输过程中对流量进行加密，并通过对网络进行分片来提高网络安全性，一旦遭受攻击可以将损失降到最低。SD-WAN 还能帮助 IT 人员持续监控网络上流量的数量和类型，快速地检测到网络攻击。

（4）可靠性优势

MPLS 连接往往能够提供高可靠性的数据传递，而互联网上行连接则常常会出现故障。为了解决这一问题，很多采用了 SD-WAN 的企业选择从不同的提供商订购多个互联网连接，以便在出现连接故障的情况下保证 99.99%的可用性。

（5）性能优势

应用 SD-WAN 技术能够创建安全、高性能的互联网连接，消除了 MPLS 网络造成的回程连接。这使得 SD-WAN 能够以经济有效的方式提供业务应用程序，同时优化了软件即服务（SaaS）和其他基于云的服务。该技术还通过实现自动化来提高分支机构的 IT 效率，并为物联网项目提供可靠的低成本连接。

8.5 小结

如果说局域连接性是物联网中数据传输的关键，那么物联网的广域传输与网络是物联网中数据传输的核心所在。

移动蜂窝系统是一种远距离数据通信的成熟方式，针对物联网，LPWAN 正在受到越来越多的关注。LPWAN 的主流技术包括 LoRaWAN、Sigfox 和 NB-IoT，其中 NB-IoT 建立在移动蜂窝系统之上。

物联网的主干网络仍然是互联网，互联网的技术依然在物联网中仍然发挥着重要作用。另外，SDN 以及 SD-WAN 在物联网中也被广泛使用。

第9章

物联网的通信协议

无论是物联网的局域连接性还是广域传输及网络，通信协议相互之间都在竞争，希望自己成为连接对象的主要选择，但是对于每个应用程序，都有自己适合的协议。例如，使用的无线通信协议必须与其用途完全匹配。

那么，对于物联网应用而言，该如何选择通信协议呢？

适用于物联网应用的通信协议都应满足连接对象的需求：低功耗、大范围、低吞吐量、易于实现等。几乎所有通信协议的分类都取决于物联网的架构层次，如图9-1所示。

感知层

RFID（射频识别）、IrDA（红外数据通信）、Bluetooth & BLE（蓝牙及低功耗蓝牙）、NFC（近场通信）、Zigbee（短距低功耗技术）、UWB（超宽带）载波通信、ANT（一种超低功耗短距通信技术）、EnOcean（一种能量收集技术）、UPnP（通用即插即用）、SSI（同步串口）……

网络层

Ethernet（以太网）、Wi-Fi（无线局域网）、2/3/4/5G（蜂窝移动通信）、IPv4/6（互联网）、WirelessHART（用于过程自动化）、DigiMesh（用于同构路由）、ISA 100.11a（无线传感网）、IEEE 802.15.4（低速个域网）、LPWAN（低功耗广域网）、NB-IoT（窄带物联网）、LoRaWAN（一种远距通信广域网）、RPMA（随机相位多址接入）、6LoWPAN（基于IPv6的低速个域网）、TSMP（时间同步网状协议）、mDNS（多播域名）协议、Thread（基于IPv6的Mesh协议）……

中间层

M3DA（一种M2M数据传输优化协议）、DDS（数据分发服务）协议、LL AP（轻量级本地自动化协议）、Weave（一种协同框架协议）、ONS2.0（对象名称解析服务）、IS-IS（中间系统到中间系统）协议、DTLS（数据包传输层安全）协议、TeleHash（实时去中心化路由协议）……

应用层

MQTT（消息队列遥测传输）、CoAP（受限应用协议）、AMQP（高级消息队列协议）、XMPP（可扩展消息处理和现场协议）、HTTP1/2（超文本传输协议）、SOAP（简单对象访问协议）、STOMP（简单/流文本定向消息协议）、LwM2M（轻量级机器对机器通信协议）、HyperCat（一种数据发现协议）、IPSO（智能对象互联网协议）……

图9-1　物联网通信协议的分类

图9-1针对物联网的4层体系结构，给出了感知层、网络层、中间层和应用层中的主流通信协议，这是一种非严格的分类方式。物联网协议的选择非常重要，也非常困难。尽管基于相

同概念的协议有很多种，但每个协议都有其自身的特点和优缺点，而且并不适用于物联网的所有应用。在实现级别，每个协议都提出了自己的最佳实践。

物联网应用在实现过程中要选择那些遵循协议标准的特性。在物联网应用的成功案例中，协议的正确选择至关重要。指导这一问题的方向是，哪个方案适合哪个物联网应用？这个问题引出了另外一个问题，即什么是不同的物联网应用？由于应用之间存在差异，开发团队在确定所用的协议时，必须研究所有现有的相关协议。

9.1 连接性协议

通信协议是网络数据交换时使用的一套通信规则和过程。网络协议在物联网架构的多个层次上运行，且不同的网络协议具有不同的角色和操作方式。

本节首先讨论应用最为广泛的802.11系列协议，然后通过对各种连接性协议进行对比分析，来介绍各种连接性协议的应用范围。

9.1.1 802.11系列协议

无线接入和高速传输是Wi-Fi技术的主要优点，其中IEEE 802.11b最高速率为11Mbit/s，IEEE 802.11a与IEEE 802.11g的最高速率为54Mbit/s。IEEE 802.11b与IEEE 802.11g设备使用2.4GHz～2.4835GHz的免授权频段，在频率资源上不存在限制，因此降低了Wi-Fi技术的使用成本。

IEEE 802.11协议标准的分类以及简介如表9-1所示。

表9-1 IEEE 802.11协议标准的分类以及简介

802.11	首份物理层标准（1997）；制定MAC以及原本速率较慢的跳频与直接序列调制技术
802.11a	第二份物理层标准（1999）；迟至2000年底才推出
802.11b	第三份物理层标准（1999），是第二波主流产品的协议标准
TGc	负责更正802.11a编码范例的任务小组；由于只是更正标准，因此并没有所谓的802.11c
802.11d	扩充跳频物理层的功能，使之能在不同的管制区域（regulatory domain）中使用
802.11e	为MAC制定QoS（服务质量）延伸功能
802.11f	改善基站间漫游功能的基站间协议
802.11g	使用ISM频段的物理层，使用正交频分复用（OFDM）调制技术
802.11h	使802.11a符合欧洲无线波管制的标准，其他管制当局亦采用此机制，用作不同用途
802.11i	改善链路层安全性
802.11j	对802.11a进行了修改，使之符合日本无线电波管制的标准

续表

802.11k	改善工作站与网络间的通信，使无线电波资源的管理与运用更有效率
802.11n	设计目标是超越 100Mbit/s 的传输量
802.11r	加强漫游的效果
802.11s	让 802.11 适用于网状网络技术
802.11T	802.11 设计测试与量测标准，这是一份独立的标准，因此以大写字母表示
802.11u	负责 802.11 与其他不同网络技术互通

IEEE 802.11 协议主要集中在物理层和数据链路层，如图 9-2 所示。

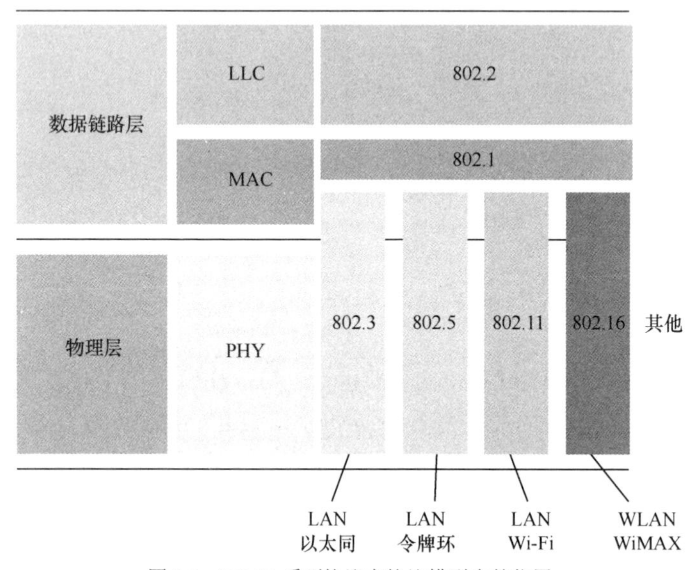

图 9-2 802.11 系列协议在协议模型中的位置

在图 9-2 中，IEEE 802.1 和 IEEE 802.2 是整体性规范，都位于数据链路层（物理层的上一层）。在实际应用中，数据链路层通常会被拆分成位于上层的逻辑链路控制（LLC）层和位于下层的媒介访问控制（MAC）层。IEEE 802.2 是 LLC 层的共同规范，IEEE 802.1 是 MAC 层中有桥接需求时的共同规范。实际上，IEEE 802.x 系列协议相互关联，包括有线局域网的 802.3（Ethernet）和无线局域网的 802.11（Wi-Fi），许多其他领域的有线和无线标准也包含在内。

9.1.2 连接性协议的对比分析

根据最大值准则，我们分别从规范、网络类型、拓扑结构、功率、数据速率、调制方式、扩频、范围、安全性、成本、数据碰撞风险、市场采用、应用、网络大小等方面，对各种连接性协议进行了对比分析，如表 9-2 所示。

表 9-2 连接性协议的对比

协议标准	Wi-Fi	蓝牙	LoRa	Zigbee	Z-Wave	Cellular	NFC	Sigfox	6LoWPAN
规范	基于 IEEE 802.11n	基于 IEEE 802.15.1	LoRaWAN	基于 IEEE 802.15.4	Z-Wave Alliance ZAD1283.7/ ITU-T 9.9959	2G/3G/4G/5G	ISO/IEC 18000-3	Sigfox	基于 IEEE 802.15.4 的 IPv6
网络类型	LAN WPAN/P2P	LAN	LAN	LAN	LAN	MAN	P2P	LPWAN	LAN
拓扑结构	星状网络	星状网络	星状网络	Mesh 网格、星状网络、树	Mesh 网格	Mesh 网格	Mesh 网格	星状网络	Mesh 网格、星状网络
功率	较高	低	很低	很低	很低	高	很低	低	很低
最大数据速率	600Mbit/s	3Mbit/s	37.5kbit/s	250kbit/s	100kbit/s	20Gbit/s	424kbit/s	1.4kbit/s	250kbit/s
调制方式	BPSK、QPSK、OFDM、MQAM	GFSK、CPFSK、8DPSK、π/4DQPSK	GFSK	BPSK、OQPSK	BFSK、GFSK	GMSK、8PSK	ASK	UNB LTN	QQPSK
扩频	MC-DSSS、CCK、DFDM	FHSS	Chirp	DSSS	DSSS	TDMA, DSSS	FHSS	PBSS	CSS
适用范围	>100m	<100m	3～5km 空旷地区	10-20m	30km	信号覆盖区域	5cm	30～50m	10～20m
安全性机制	WPA、WPA2	LEK、SMP	CTR	CBC-MAC（CCM 的扩展）	Z-wave Security 2	EAP-AKA、PKI(5G)	AES 协商、MST	PKI	AES 协商、IPSec
成本	低	低	低	中	中	相对高	低	相对低	高
市场采用	是	是	是	是	是			是	是
应用	任何具有蜂窝连接的设备	具有头文件数据交换的网络	智慧城市、传感器网络、工业自动化	传感器网络、工业自动化	住宅照明、自动化	在 Wi-Fi、ADSL、宽带数字电视和无线电广播中使用	商业支付	智能电网	传感网络、工业自动化
网络大小	中	小	中偏大	很大	大	很大	小	中	很大

物联网的应用是基于物联网架构实现的，其每一层都采用了明确定义的协议。每个协议都专用于特定的应用程序或特定的用户场景。在缺乏通用协议和标准的情况下，开发人员需要根据物联网应用的开发难易程度选择相应的协议。在表 9-2 中，每个协议都有着各自的优缺点，展示了不同数据网络协议在物联网中的主要区别和应用。

一般来说，物联网中使用最广泛的协议是蓝牙和 Zigbee。另一方面，Wi-Fi 等现有协议在其他无线应用中也具有广泛应用，新出现的 LoRaWAN 的应用范围也在不断拓展。通过了解这些最常用协议的特性，可以更好地进行物联网应用的协议选型。

9.2 网络协议

互联网是所有网络设备以及连接的总和，用于将数据包从源地址路由到目的地址。相比之下，Web 只是一个在互联网上运行的应用系统。网络是一个交流信息的工具，在过去的几十年里，网络得到了普及和发展，普通人也能够轻松有效地使用互联网进行工作和生活片。

相比之下，物联网是为了设备进行协同工作，其所需要的速率、规模和功能不同于互联网，需求也千姿百态，这也是物联网定义难以明确的原因之一。

协议栈是互联网和网络的核心，一般采用 OSI 参考模型或 TCP/IP 网络模型来表示。表 9-3 给出了 OSI 参考网络模型和 TCP/IP 网络模型的简要对应关系。

表 9-3 OSI 参考网络模型与 TCP/IP 网络模型的简要对应关系

OSI 参考网络模型	TCP/IP 网络模型	对应的一些协议
应用层	应用层	HTTP、FTP、SMTP 等
表示层		Telnet、SNMP 等
会话层		DNS 等
传输层	传输层	TCP、UDP 等
网络层	网络层	IP、ARP、ICMP 等
数据链路层	数据链路层	Ethernet、PPP、FDDI 等
物理层	物理层	IEEE 802.1～IEEE 802.11 等

现在，我们从物联网的角度来理解一下 OSI 的这些层，其中的应用层将在后文中进行描述。

9.2.1 物理层、数据链路层和网络层

互联网中常用的物理层和数据链路层技术有：

- Ethernet（10Mbit/s、100Mbit/s、1Gbit/s）；
- Wi-Fi（802.11b/g/n）；
- 点对点协议（PPP）；

- GSM/CDMA、3G、4G、5G。

但是对物联网而言，其采用的无线技术更加丰富，甚至城域网以及其他广域网的相关技术也被纷纷引入。网络层是互联网生存的地方，互联网之所以这样命名，是因为它提供了网络之间、物理层之间的连接，这就是 IP 地址无处不在的原因。

9.2.2 传输层

在 IP 之上，互联网有两个传输协议——TCP 和 UDP。TCP 用于网络中的交互（收发电子邮件、网页浏览等），提供了逻辑连接、传输包的确认、丢失数据包的重传，以及流量控制。但是对于物联网而言，TCP 可能有点“重”。因此，尽管 UDP 长期以来一直被应用在 DNS 和 DHCP 等网络服务中，但如今已经在传感器信息采集和远程控制领域占据了一席之地。如果需要对数据进行某种类型的管理，甚至可以以 UDP 为基础编写自己的轻量级协议，以避免 TCP 的使用开销。

对于语音和视频等实时数据应用，UDP 比 TCP 更适合。TCP 的数据包确认和重传功能对于这些应用来说可能是无用的开销。如果一段数据（比如一段音频）没有及时到达目的地，那么重新传输的意义可能不大。有时选择 TCP 是因为它提供了一个持久的连接，我们也可以在 UDP 上面的协议层中实现该特性。

当决定如何将数据从“事物”本地网络转移到一个 IP 网络时，可以通过网关将两个网络连接起来，或者可以把这个功能构建在“事物”本身上。现在许多微控制器（MCU）都有一个以太网控制器，这使得这个数据转移任务更加容易。

9.3 应用协议

应用层的协议是物联网应用的具体载体。应用层的协议更加广泛，既包含引自互联网的应用层协议，也包含针对物联网的应用层协议。

9.3.1 互联网应用层协议在物联网的应用

尽管不像物联网的专有协议那样高效，但是，使用 Web 技术的相关协议来构建物联网系统仍然是可能的。HTTP/HTTPS、WebSocket 和 XMPP 是常用的标准，在协议净荷中也可以使用 XML 或 JSON。

1. HTTP

HTTP 是 Web 客户端/服务器模型的基础。在物联网设备中实现 HTTP 的最安全而简单的方法是只包含一个客户端，而不含服务器。换句话说，当物联网设备能够发起与网络服务器的连接，但无法接收连接请求时，它会更安全；一般不希望外部机器访问装有物联网设备的本地网络。

2. WebSocket

WebSocket 是一个协议，通过一个单一的 TCP 连接提供全双工通信，实现了客户端和服务器之间的消息发送。它是 HTML5 规范的一部分，简化了双向网络通信和连接管理的大部分复杂性。

3. XMPP

XMPP 是现有 Web 技术在物联网领域中应用的一个典型案例。XMPP 主要用于即时通信和存储信息，并且已经扩展到语音和视频通话、轻量级中间件、内容聚合和 XML 数据的广义路由。它能够大规模管理消费者产品，如洗衣机、烘干机、冰箱等。XMPP 的优势在于寻址快捷、安全性高和可伸缩性好，由此成为面向消费者物联网应用的主流选择协议之一。

HTTP、WebSocket 和 XMPP 只是互联网应用层协议中的一些案例，除了它们之外，还有其他应对物联网新挑战的互联网应用层解决方案。

9.3.2　物联网的应用层协议

物联网的应用层负责数据格式化和表示。HTTP 协议特别适用于互联网应用程序，但在受限环境中，HTTP 并不适合。许多物联网专家把物联网设备称为受限设备，因为物联网设备应该尽可能便宜，并且在运行协议栈的同时使用最小能力的 MCU。

因此，人们开发了许多 HTTP 的替代协议，如 CoAP、MQTT、MQTT-SN、AMQP 和 DDS 等，其中 AMQP 和 MQTT 是应用比较广泛的协议。如果系统不需要 TCP 的特性，而是可以使用更有限的 UDP 功能，那么删除协议栈中的 TCP 模块可以大大减少产品的总代码量，从而提升产品的系统性能。

1. CoAP

虽然互联网的网络基础设施对物联网设备来说是可用的，但对于大多数物联网应用来说还是太重了。2013 年 7 月，IETF 发布了 CoAP，用于在低功耗网络中检索并管理传感器和设备的信息。与 HTTP 一样，CoAP 也具有使用 RESTful 操作资源和资源标识符的能力。

CoAP 与 HTTP 语义类似，甚至有一对一的 HTTP 映射。使用 CoAP 的网络设备会受到较小的 MCU 约束，只有少量的闪存和 RAM，而 CoAP 对局部网络的不足在于其数据包错误率较高且吞吐量（几十 kbit/s）较低。对于通过电池供电的设备来说，CoAP 是一个很好的协议。

CoAP 协议的主要目的是满足资源受限设备的需求。CoAP 采用了两层的方法：消息传递模型以及请求响应模型。一般来说，消息传递模型处理通过 UDP 进行异步消息的交换。CoAP 默认绑定到 UDP，这使得它更适合物联网应用。

CoAP 具有如下特点：

- 尽管 CoAP 使用了 UDP，但仍然复制了一些 TCP 功能。例如，CoAP 区分了可确认（需要确认）和非确认消息。

- 请求和响应在 CoAP 消息上异步交换（与使用现有 TCP 连接的 HTTP 不同）。
- 所有的标题、方法和状态代码都是二进制编码，可以减少协议开销。然而，这需要使用协议分析器来调试网络问题。
- 一种轻量级的协议，其行为类似于永久连接。它与 HTTP 语义很类似，并且是 RESTful 的。

CoAP 使用 DTLS 协议提供身份验证、数据完整性、机密性、自动密钥管理和加密算法，该协议可用于保护 CoAP 事务，实现数据报传输层（DTL）的安全。DTL 运行在 UDP 之上，类似于 TCP 的 TLS。因此，它通过集成自有的机制来确保可靠性。

2. MQTT

MQTT 是一种开源协议，专门针对受限设备和低带宽、高延迟或不可靠网络进行开发和优化。MQTT 基于客户端/代理架构，采用发布/订阅传输模型，非常适合将小型设备与带宽小的网络连接起来，这些设备需要在互联网的后端服务器上进行监控。MQTT 的发布/订阅传输模型是事件驱动的，可以将消息推送到客户端，可以在低带宽环境中进行机器到机器的通信。MQTT 代理负责在发布者和正确的订阅者之间收发所有消息。

MQTT 的工作原理如下。

- MQTT 客户端与 MQTT 代理建立连接。
- 连接后，MQTT 客户端可以发布消息、订阅特定消息或同时执行这两项操作。
- MQTT 代理收到一条消息后，会将其转发给对此感兴趣的订阅者。

MQTT 在使用 TCP 时具有连续的会话意图，其目的是尽量减少设备所需的资源，同时努力确保服务等级的可靠性和某种程度上的保证。MQTT 的协议级别定义了交付保证的 QoS 级别。作为一种基于二进制的轻量级协议，MQTT 具有高带宽效率和低电池消耗的特点。

随着 MQTT 在物联网中应用规模的不断增长和应用场景的多样化，在 2017 年发布的 MQTT 5.0 规范中有了具有创新性的进展——MQTT over QUIC，这也为 MQTT 增加了多路复用、更快的连接建立和迁移等优势。

3. AMQP

AMQP 是面向消息环境的开放标准的应用层协议，其目标是使各种不同的应用程序和系统协同工作以增强互操作性。AMQP 也是开源协议，其架构与 MQTT 类似，即以发布、代理和订阅服务器策略为基础进行工作，但包括了消息交换模型。

这个消息交换模型接收来自发布服务器的消息，如图 9-3 所示，消息交换模型使用一个例程和实例来检查消息，并使用键（实际上是一个虚拟地址）将其路由到正确的队列。

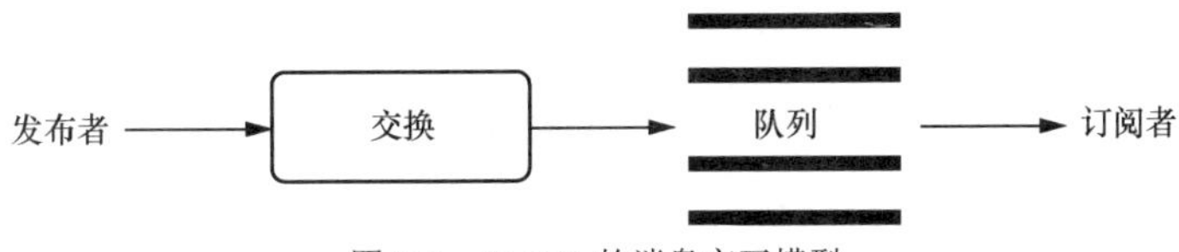

图 9-3 AMQP 的消息交互模型

AMQP 提供了消息路由、消息持久化、安全性、事务性等多种功能，支持队列绑定、路由、跨平台等特性。AMQP 在构建分布式系统、微服务架构和大规模数据处理应用程序等领域非常有用。许多消息中间件和消息队列系统，如 RabbitMQ、Apache ActiveMQ 等，都实现了 AMQP 协议。

4．三种物联网协议的区别和联系

MQTT 和 CoAP 正在成为物联网市场中领先的轻量级消息传递协议。在经常发送信息的场景中，MQTT 是首选协议。如果需要文件传输，CoAP 可能是首选协议。表 9-4 对 CoAP 和 MQTT 进行了对比。

表 9-4 CoAP 与 MQTT 的对比

CoAP	MQTT
支持 UDP	支持 UDP
包头为 4 字节	包头为 2 字节
使用消息确认机制避免重复消息	使用消息号和 DUP 标志避免重复消息
使用原始设备和代理上的约定命名主题和消息来管理资源	设备自主管理资源

MQTT 和 AMQP 都采用了使用消息队列的方案，本质上都是异步的，都支持云计算，且需要的配置较少，而且都是基于 TCP/IP 协议栈建立的。MQTT 和 AMQP 的不同点如表 9-5 所示。

表 9-5 MQTT 与 AMQP 的对比

	MQTT	AMQP
协议的适用范围	低带宽网络上的小型转储设备	任意带宽网络和任意设备
帧优化	不允许分段消息	允许分段消息
	使用面向流的方法，因此帧的写入对于低内存设备来说很容易	面向缓存
事务	不支持事务	支持跨消息队列的事务
响应	支持基本的确认消息	支持适用于不同用途的确认消息

9.3.3 应用层协议的对比

通信协议（应用层协议）的选择和使用对于物联网应用来说至关重要。这些协议允许设备/物体之间进行通信，并确保应用程序在网络上快速安全部署得到了保证。

表 9-6 对现有的常见物联网应用层协议进行了比较。

表 9-6 物联网应用层协议的对比

	CoAP	XMPP	RESTful HTTP	MQTT	WebSocket	AMQP
标准	IETE	IETE	REST	OASIS（最早由IBM 提出）	HTML5	OASIS
技术	XML	XML	XML、HTML、JSON	任何实现语言	XML、JSON	任何实现语言
传输方式	UDP	TCP	TCP	TCP	TCP	TCP
体系结构	请求/响应	发布/订阅 请求/响应	请求/响应	发布/订阅 请求/响应	发布/订阅	发布/订阅
2G，3G，4G	优秀	优秀	优秀	优秀	–	优秀
LLN 性能	优秀	一般	一般	一般	–	–
计算资源	10KB RAM/Flash	10KB RAM/Flash	10KB RAM/Flash	10KB RAM/Flash	–	–
典型用途	传感网络	消费者产品的远程管理	2 个智能能源配置文件（基本能源管理、家庭服务）	将企业消息扩展到物联网应用程序	实时应用程序、团队合作	混合应用程序、计算机集成系统
安全和QoS	都有	安全	都有	都有	安全	都有
品质因子	可靠性认证、完整性、机密性	有效性、可重用性	–	可靠性	可靠性	有效性、灵活性、互用性
优点	支持多播，低开销低延迟的通信模型，最小化了 HTTP 映射的复杂性	实时易扩展，容易理解，可被隔离	应用程序易于维护，服务器上没有客户端状态管理	轻量级且代码占用空间小，易于实现，适用于远距离的连接，客户端和服务器关系不对称	简化了 Web 通信和共网兼容性，增加了连接管理	符合 ISO 标准的复杂消息队列实现，路由可靠性和安全性较高，易于扩展，客户和服务器关系是对称的
缺点	不能实现通信级安全性、 现有的库和解决方案支持较少	高数据开销、 不适合嵌入式的物联网应用	客户需要本地存储进行查询所需的所有数据	不能处理错误且难以扩展、实现了基本消息队、未解决连接安全问题	需要特殊的硬件支持、没有针对嵌入式系统可用的开源实现	比其他协议的包都大、不支持 LVQ

这些物联网应用层协议用于将物联网、用户应用程序连接到互联网。每种协议都有其自身的优缺点，因此应用程序协议的选择取决于应用程序本身。

在这些协议中，CoAP 是唯一在 UDP 上运行的协议，因此更轻量化，其他协议使用的是 TCP。

WebSocket、AMQP、MQTT 支持发布/订阅模型，CoAP、HTTP、AMQP 和 MQTT 协议在

安全性和 QoS 上要好于其他协议。

9.4 物联网的通信协议选择

物联网为我们打开了一个全新的世界，其具体的应用场景将决定什么时候为应用使用什么样的协议。图 9-4 所示为一个智能交通系统的协议使用示例。

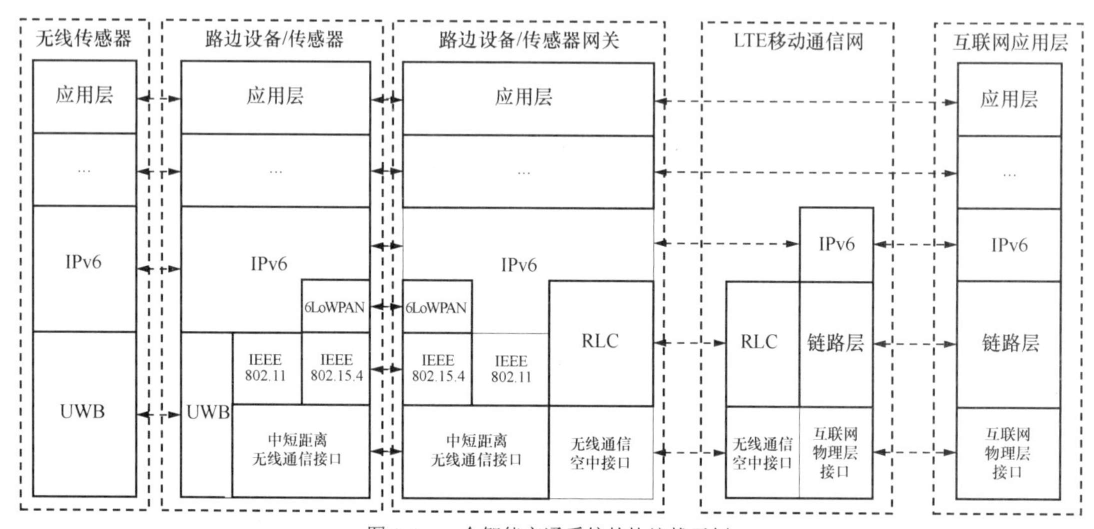

图 9-4 一个智能交通系统的协议栈示例

在图 9-4 中，这些协议在物联网架构中所处的层位置都是相似的。除了 HTTP 协议，其他协议都被定位为实时发布/订阅的物联网协议，可支持百万量级的设备。但是，由于“实时”以及“物”在不同的应用场景下具有不同的定义，导致不同的应用场景所使用的协议可能完全不同。

在设计系统时，需要准确地定义系统需求，选择正确的协议进行实现。

一旦协议或协议集被认为满足了应用的部署和管理需求，就需要理解该协议的最佳实现。有鉴于此，需要为系统选择协议的最佳实现。

协议的选择与协议的具体实现密切相关，而支持协议实现的组件在最终的物联网设计中必不可少。这使得协议的选择非常复杂。协议具体实现中的部署、操作、管理和安全保障都是协议选择的重要因素。

此外，对于特定的应用程序并没有任何统一的协议选择标准，这些标准通常是市场选择的结果。作为开发人员，利用环境的特定特性来满足系统的要求，这反过来又依赖于协议的细节，这使得开发的系统很难应对未来的变化。

9.4.1 协议栈的选择与供应商的关系

大多数物联网应用协议的实现是由特定的供应商开发的，这些供应商通常会推广自己的协议，而且没有明确地定义它们的假设，并忽略了其他的替代方案。由于这个原因，仅依靠供应商提供的信息来选择物联网协议是有问题的，信息不足会导致难以权衡。

物联网协议常常与业务模型绑定。有时，这些协议在支持现有的业务模型时是不完整的；有时，它们提供了一个更完整的解决方案，但是对于较小的传感器而言，资源需求是不可接受的。此外，由于没有明确说明协议使用背后的关键假设，因此很难对协议进行比较。

物联网应用的基本假设如下：

- 将使用各种无线连接；
- 包括了从微型单片机到高性能系统在内的所有设备，重点是小型的 MCU；
- 安全是核心要求；
- 需要连接到云；
- 数据将存储在云中，并可能在云中处理；
- 需要通过无线和有线连接将数据传送到云存储中。

物联网应用的其他假设需要更深入的调查，而且需要对待选择的协议进行深入了解。通过查看这些协议的主要特点，并审视关键的实现要求，开发人员可以更清楚地了解需要什么协议和特性功能，以便更好地进行协议方案的设计。

9.4.2 协议选择中的关键特性

物联网中的通信大多以 TCP/UDP 和相关的互联网协议为基础。对于基本的通信而言，这意味着要么是基于 UDP 的通信，要么是基于 TCP 的通信。小型设备的开发人员声称 UDP 在性能和数据报大小方面有很大的优势，因此可以降低小型设备的开发成本。尽管这是正确的，但是在很多情况下，UDP 的这点优势可以忽略不计。

尽管 WebSocket 会影响性能，但它确保了所有数据的有序传输。通过采用套接字的方法，可以使用标准安全协议来简化环境。对于大量的微型应用和传感器来说，这可能是有意义的，而且通常不会对系统设计或架构产生太大影响。

在选择物联网协议时，需要关注的关键特性包括消息模型、拓扑架构、可伸缩性、自修复性、资源需求、互操作性和安全性。我们需要根据具体需求进行权衡。

1. 消息模型——信息传输的抽象

信息传输是物联网中非常重要的一个方面。由于许多物联网设备需要连接到云中的各种应用并执行连接和断开操作，因此发布/订阅模型更有优势。它们能够对随机的开/关动作做出动态响应，并能支持多设备。

就协议所支持的消息模型而言，CoAP 和 HTTP 都是基于请求/响应模型的，而没有采用发布/订阅模型（CoAP 在新的 RFC 中已引入）。CoAP 是一种无状态协议，不保持通信状态，每个请求-响应交互都是独立的。这使得它适用于多个设备之间的临时通信。HTTP 可以是有状态的，可以使用 Cookie 等机制来维护会话状态，从而支持复杂的应用程序。事实上，请求/响应式的消息模型在当今更为常见。如今，请求/响应模型与发布/订阅模型合并以提供一个完整的消息模型。

2. 拓扑架构 ——通信系统的体系结构

系统的拓扑架构是多种多样的，包括树形拓扑架构、星形拓扑架构、总线拓扑架构和点对点（P2P）拓扑架构。大多数物联网系统使用星形拓扑架构，但也有的使用总线和 P2P 的拓扑架构。对于这些拓扑架构而言，性能问题通常存在于 P2P 拓扑架构和总线拓扑架构中。在设计的开始阶段，需要采用模拟方法或原型方法来验证所要使用的拓扑架构，以防止意外发生。

3. 可伸缩性——规模可扩展

协议的可伸缩性是指协议在应对不同规模的网络、设备或流量负载时的能力，是确保网络和通信系统能够在不同规模下稳定运行的关键因素。一个协议应该能够适应小型、中型和大型网络，而不会因规模扩展而失效。这包括考虑路由表的大小、网络拓扑结构等。

可伸缩的协议应该能够处理不同的流量负载，从轻量级的通信到高吞吐量的数据传输，能够有效地处理不同类型的通信请求。同时，协议应该在不同规模下保持高性能和效率。这包括减少冗余数据传输、最小化延迟、有效地利用带宽等。

4. 自修复性 ——动态网络路由

低功耗和无损网络存在节点在不同层之间移动的现象。这种现象可能会影响网络的整体性能，因此待选择的协议需要具备多路径动态重构功能。在 Zigbee 和 6LoWPAN 中，用于网络发现的动态路由协议确保了网络的适应性。如果没有这些特性，就无法连续处理这些节点，可能造成网络故障，甚至需要新增节点来才能保证网络的整体性能。

5. 资源需求 ——数据存储的权衡

随着应用数量的增加，资源需求逐渐成为关键所在。有些协议属于资源密集型协议，不适用于小型节点。如果对节点进行非连续的操作，会对数据的一致性造成影响，甚至也会影响到大数据的存储，除非节点具有大容量的闪存或其他存储介质。随着资源的增加，为了减少系统的整体负载压力，可能还需要添加聚合节点，以对外提供资源共享服务。

6. 互操作性——设备之间的交互

对于未来的大多数设备来说，互操作性是必不可少的。虽然已经有了一系列的单点解决方案来解决设备之间的互操作性问题，但多个单点解决方案可能会增加成本，多个不同的方案可能导致缺乏一致性，这可能会增加管理的混乱，降低操作效率。通过使用一套标准化的协议和标准化的消息模型，不受特定制造商的限制，有助于设备之间更轻松地通信，从而可以提供完整的设备互操作性。

7. 安全性

大多数提供了安全性的协议，其核心安全机制采用的都是标准的安全解决方案。这些安全解决方案的基础是：

- TLS；
- IPSec/VPN；
- SSH；
- SFTP；
- 安全的加载引导程序；
- 过滤器；
- HTTPS；
- SNMPv3；
- 加解密；
- DTLS（面向 UDP 的安全性）。

大多数协议在实现其安全性时，并非单独使用上面的某一种方案，而是会组合使用多种方案。

9.4.3 协议实施时的其他考量

在考虑协议的具体实施时，需要关注数据隐私、管理平台、计费、集成以及数据存储和多连接传感器访问等问题。

数据隐私是一个必不可少的实现要求，几乎所有系统都需要与云进行安全通信，以确保个人数据无法被未授权的第三方访问或修改。此外，云中显示的设备和数据需要进行单独管理。如果没有实现数据隐私功能，用户的个人数据就无法得到适当的保护，从而会导致信息的泄露。

管理平台一般包括如下选项或功能：

- 系统初始化；
- 远程字段服务选项（如字段升级、重置为默认参数和远程测试）；
- 账户的管理（例如账户的禁用与启用以及账单功能）；
- 为防盗目的而进行控制，即当设备被盗时使设备不可用。

对于管理平台的体系结构，还有一些附加的协议和程序需要考虑：

- 定制开发的云系统管理应用程序；
- 通过 SNMP 管理的传感器节点集合；
- 云计算集成程序；
- 本地存储并根据需求将特定设计存储到云。

计费同样是物联网系统的一个重要方面。包月模式已被证明是最佳的收入选项。自动化服务的选择和集成对于无缝计费也很重要。此外，信用卡依赖性也会产生问题，包括额度超限、信用卡过期和账户被删除等问题。用户自服务也是确保物联网系统成功的一个关键。同时，智能或自动配置以及在线帮助对物理网系统来说也很重要。

物联网应用的集成也很重要。如今，独立系统在物联网中占据了主导地位，但未来的关键将是多个物联网系统的协同应用。服务器的间接访问可以确保物联网应用的安全性、持续演进以及计费控制。

由于物联网设备会随机连接和断开与网络的连接，因此需要将物联网设备产生的数据进行保存，并稍后更新到云中。电力和成本的原因会导致存储受限，如果物联网设备的某些数据是关键的，该物联网应用可以在其他数据被丢弃的时候保存关键数据。处理数据的算法可以运行在云端或传感器或任何中间节点，这些可能性为传感器、云、通信和外部应用带来了另外的挑战。

9.5 小结

通过对物联网连接性及网络的了解，本章总结了物联网的连接性协议和网络协议，并从 OSI 参考模型的角度对这些协议进行了分析。TCP/IP 协议栈上有多个应用协议，且每个协议都有自己的优势和限制，了解这些可以帮助开发人员做出最佳的设计选择。有些互联网协议可以直接应用到物联网中，还有一些只能用来完成物联网设备的辅助功能。

物联网特有的主流应用协议包括 CoAP、MQTT、AMQP 等。对这些协议进行比较分析，了解每个协议的特性，有利于我们在设计物联网应用时选择合适的协议。在选择应用协议时，需要对协议与供应商的关系、物联网应用要求的关键特性以及具体的实施考量给予关注。

许多协议被吹捧为物联网的理想解决方案，但可能只是那些供应商的产品宣传。我们必须了解每一种协议的具体要求和限制，并制定精确的系统规范，以确保为各种管理、应用和通信功能选择正确的协议，并确保所有的系统规范都能得以满足。

第 4 部分
数据的存储与处理

- 第 10 章，数据存储
- 第 11 章，数据分析与处理

在最基本的层面上，物联网以数据为中心并从数据中获取价值。由于计算技术的普及和网络的无处不在，数据几乎能实时抵达地球上的任何角落。物联网设备的一个特征是它们会持续不断地报告自身的使用情况、运行行为、状态及其他信息。简而言之，它们会产生大量可供分析并可以作为行动依据的数据。随着数字化时代的推进，术语“大数据”出现在物联网世界的中心。从社交媒体中获取数据，以及使用众包技术和传感器来收集信息的能力为物联网应用带来了全新的问题，也带来了各种可能性。借助自动化、规则化引擎、分析学和人工智能，我们可以更加深刻地理解周围的世界。

物联网应用中的数据产生于物联网产业链的各个环节，而且感知层、网络层、平台层和应用层等都会产生大量的数据。物联网以指数方式增加了数据源的数量以及数据的量、速和样式。这些数据具有大量性、多样性、高速性、价值性等诸多特征（即大数据的特征）。每一个物联网节点都是一个信息源，都会源源不断地产生数据流，物联网产生的大量信息构成了大数据。

由于物联网的应用范围相当广泛，不同领域、不同行业产生的物联网数据通常具有不同的类型和格式，因此物联网中的数据具有更为突出的多样性。在物联网发展的初期，物联网的数据利用主要集中在数据收集、数据存储、数据处理等方面，解决的主要是数据的获取效率问题。

数据的存储是物联网应用的基石。虽然数据可以存储在物体的嵌入式系统中，但是一般的嵌入式设备的计算能力、存储容量和电池电量都很有限。边缘存储和边缘网络的出现解决了这一问题。不过，即便有了边缘存储，出于成本和数据融合的考虑，边缘网络同样会将数据传输到物联网应用的后台系统。对物联网应用的后台系统而言，传统的关系型数据库技术在一定的场景下仍然适用。但是，新兴的NoSQL数据库拥有灵活的数据模型，同时支持大数据量，并具有高性能和高扩展性，所以在物联网应用中有着更广泛的应用。面对物联网产生的大量数据所需的存储与处理，分布式存储成为必然的选择，进而与大数据处理紧密地结合在了一起。同时，这也使得物联网的数据搜索可以通过分布式技术来完成。

在数据存储的基础上，可以使用当前成熟的数据分析与处理技术对物联网数据进行分析与处理，期间会用到数据挖掘、数据建模、数据仓库、关联分析、数据可视化等方法。

数据的处理离不开计算。在物联网应用中，主要有4种计算模式：云计算、雾计算、边缘计算以及雾计算与边缘计算相结合的融合计算。云计算是传统计算机技术和网络技术融合发展的产物，涉及网络计算、分布式计算、并行计算、网络存储、虚拟化、负载均衡等技术。它旨在通过网络把多个成本相对较低的计算实体整合成一个具有强大计算能力的系统，并借助SaaS、PaaS、IaaS、云MSP等先进的商业模式把这一强大的计算能力发布到终端用户手中。

从技术角度讲，物联网正在采用以云为导向的技术。但是，雾计算的出现给物理网提供了新的发展方向，并且加速了物理网基础架构向雾计算的转变。只不过云计算与雾计算并没有实质性的区别，因为雾计算从本质上来说只是云在边缘方向的一种延伸。雾计算支持实时数据分析和实时响应，而时间敏感的网络技术确保了有严格时序要求的通信流量的低延迟。新技术的演化从一开始就是围绕着万物互联这一目的被设计出来并进行优化的。数据在通过云计算和雾计算分析处理后，用户会收到以图、表或其他数据形式所呈现的信息，可在网站或通过移动应用查看。

当数据效率问题解决后，如何让物联网数据产生更多的价值是一个需要考虑的问题。“数据—信息—知识—智慧”金字塔模型（见图P4-1）阐明了数据、信息、知识和智慧的依赖关系，数据量越大，能获取的知识和智慧也就越多。

在图P4-1中，数据（data）是我们用来理解事实的符号，比如数字、单位、程度描述等，但是在加入其他要素进行分析之前，它是无用的（know-nothing），毫无价值。

信息（information）是加入了理解和目的的数据，大多是结构化和功能性的表述。通过信息，我们可以了解数据的意义（know-what）。

知识（knowledge）是在信息之上增加了主观的理解，而且因人而异。知识和信息的不同之处在于，知识可以直接指导业务和行动，告诉大家如何去做（know-how）。

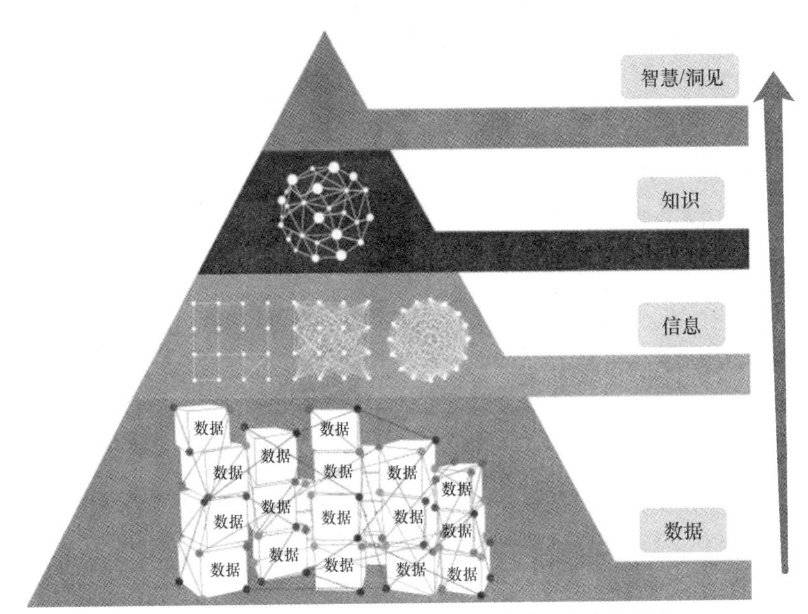

图 P4-1　“数据—信息—知识—智慧”金字塔模型

而智慧（wisdom）距离数据已经很远，完全由洞见构成，不仅进一步使数据产生价值，而且明确了如何通过透析数据使之产生价值（know-why）。

物联网数据的一个明显价值是可以对“物”进行控制。物联网的控制体系建立在端边云双向连接的基础之上，当完成数据的存储、分析和处理之后，我们就能利用形成的信息和知识，完成对物联网各设备的控制，这是某种意义上的数据治理。当物联网上的多种功能通过物联网平台结合起来时，就有可能创造出超越任何独立功能的复杂能力，呈现出一定的涌现特性。

第 10 章

数据存储

物联网是一种新型的网络，具有海量信息的双向传递能力。在信息传递过程中，会涉及原始数据的感知收集、基于信息内容和传输模式对数据进行关联分析，以及基于 QoS 指标来驱动物理系统等环节。此外，这个信息传递过程具有高实时、低冗余、多用户、复杂信息流耦合交互等特性。现有的理论机制很难提供全面可靠的服务与技术保障，这对物联网的研究提出了全新的挑战。

物联网产生的数据以及应用于物联网的数据存储在哪里，又是如何进行存储的呢？数据存储就是将数据以某种格式记录在系统内部或外部的存储介质上。在对数据存储进行命名时，其名字应反映信息特征的组成含义。物联网中的数据流反映了系统中流动的数据，表现出动态数据的特征；而物联网中的数据存储则反映了系统中静止的数据，表现出静态数据的特征。

在数据存储中，涉及的非常重要的技术就是数据库技术，其应用极其广泛，特别是关系型数据库，它在传统的管理事务型的应用领域获得了极大的成功，但并不能解决物联网中大规模的数据集合以及多重数据种类带来的存储挑战，尤其是大数据应用难题。因此，NoSQL 数据库应运而生。NoSQL 泛指非关系型的数据库，是关系型数据库的一个有力补充。

物联网数据在存储后的一个直接应用就是数据检索，即物联网中的实体搜索——从简单的数据查找，到经过各种统计分析后的数据查询，不一而足。可以说，如果数据是物联网的核心，那么数据存储就是物联网的基石。

10.1 物联网中数据的存储位置

从物联网设备到边缘网络再到数据中心和云存储，整个物联网系统中的各个节点都可以存储数据。然而，我们更关注的是边缘存储和云存储。

10.1.1 从设备存储到边缘存储

设备存储几乎是伴随着嵌入式系统而存在的。需要注意的是，在嵌入式系统中，传感器的计算能力和存储容量都很有限，电池的电量也很紧缺，而且通信比计算更加耗能。因此，传感器产生的数据可以选择存储在传感器内部，也可以发送到网络进行存储，具体取决于实际需求。

随着芯片技术的发展，物联网终端设备的计算能力和处理速度都有了大幅度的提升。例如，视频编解码技术的发展和摄像头的大规模采用，使得图像采集设备的成本大大降低，性能则大大提升，从而能够进行较好的数据处理。另外，去中心化存储技术的飞速发展，比如 IPFS（星际文件系统）所采用的 libp2p 模块，能够很好地解决端设备的局部互连问题，使得数据可以在边缘进行交换和处理。这些都促进了边缘存储的诞生。

边缘存储是指将采集的数据直接存储在数据采集点，而不需要通过网络及时传输到存储的中心服务器（或云存储）。这种端侧（边缘）存储方式也就是分布式存储，或者称为去中心化存储，它能够减少不必要的数据传输。

边缘存储具有如下几个方面的特点。

1. 网络带宽得以有效利用

当采用数据中心存储数据时，所有的数据都需要传输到数据中心，带宽需求极大。如果把存储移到边缘，则可以大大节省带宽，这对物联网的促进具有举足轻重的意义。同时，由于物联网产生的数据过于庞大，数据中心有时无法保存所有的数据。如果能将这些数据保存在端侧，也就是把存储需求从中心移到边缘，存储成本并不会增加。

2. 部署更加容易

将数据存储移动到网络的边缘，通过虚拟化、容器化和自动化等技术，部署方式也更加简单。

虚拟化是部署边缘存储的一种基本方式。通过虚拟化，可以在同一台物理机器上运行多个操作系统和应用程序。这提高了硬件利用率，降低了成本，并提高了灵活性。

容器化是一种轻量级的虚拟化方式，它通过隔离应用程序和它们的运行环境来提供灵活性。容器化使得开发和运营团队可以更容易地部署和管理边缘计算环境。

自动化是部署边缘存储的关键，通过自动化，组织可以更容易地管理和部署边缘环境，这大大提高了部署的效率并减少了错误。

3. 容错性更强

当采用中心化的方式来处理数据时，任何的网络问题或者数据中心本身的问题，都会导致服务中断，从而带来巨大的影响。而将部分数据存储在端侧之后，数据的处理就可以在本地（即端侧）进行，从而降低了对网络的要求，网络中断带来的影响也随之降低。甚至在本地建立的点对点网络还能解决部分网络中断的问题。

4．安全与隐私得以增强

边缘存储与点对点网络技术在一定程度上可以帮助解决隐私问题。例如，对于智能家居解决方案来说，可以只将数据存储在家里的 Home NAS 上，而不需要发送并存储到网上，而且可以利用端设备强大的数据处理能力对数据进行加密存储。另外，通过点对点网络技术，可以在端设备和家庭数据中心之间建立点对点连接，让数据通过专属的点对点连接私密传送，进一步加强数据的安全与隐私。

5．能与边缘计算相结合

边缘存储的另外一个好处就是可以与边缘计算相结合，从而大大节省网络带宽，并提供网络冗余（车联网就是一个很好的例子）。

10.1.2　从数据中心到云存储

物联网产生的数据总是汇总存储在一个或多个位置，这个位置要么是数据中心，要么是云存储。

数据中心是一整套复杂的设施。它不仅包含计算机系统和与之配套的其他设备（例如通信和存储系统），还包含冗余的数据通信连接、环境控制设备、监控设备以及各种安全装置。在数据中心的选址时，要考虑诸多的因素，比如建设和运营成本、应用需求、政策优惠以及网络布局等。在设计数据中心时还应预留一定的弹性空间，以容纳扩容时新增的设备。

数据中心可在一个物理空间内实现数据信息的集中存储、处理、传输、交换和管理，计算机、服务器、网络设备、通信设备、存储设备等通常是数据中心的关键设备。数据中心基础设施是指为确保数据中心的关键设备和装置能安全、稳定和可靠运行而设计配置的基础工程，也称为机房工程。数据中心基础设施不仅要为系统设备的运营管理和数据安全提供保障环境，还要为工作人员创造适宜的工作环境。

云存储是在云计算的概念上衍生发展出来的。云存储与云计算类似，它通过集群应用、网格技术或分布式文件系统等，将网络中大量的异构存储设备通过应用软件集合起来协同工作，并共同对外提供数据存储和业务访问功能。云存储还需要保证数据的安全性，并节约存储空间。简单来说，云存储就是将储存资源放到云上供用户存取数据的一种新兴方案。用户可以在任何时间、任何地点，通过任何联网设备连接到云上，以方便地存取数据。

云存储系统是一个多存储设备、多应用、多服务协同工作的集合体，任何一个单点的存储系统都不是云存储。在云存储系统中，不同的存储设备之间协同工作，对外提供一种相同形式的服务，提供更大更强更好的数据访问能力。

云存储不仅可以存储数据，还可以存储应用。应用存储是一种在存储设备中集成了应用软件功能的存储设备，它不仅具有数据存储功能，还具有应用软件功能，可以将其看作服务器和存储设备的集合体。应用存储技术大大减少了云存储中服务器的数量，降低了云存储系统的建设成本，减少了系统中由服务器造成的单点故障和性能瓶颈，减少了数据传输环节，能够提供更优的系统性能和效率，保证整个系统更高效稳定地运行。

10.2 数据存储的服务——数据库系统

数据库系统是由数据库及其管理软件组成的系统。其中，数据库管理系统（DBMS）是操纵和管理数据库的软件系统。它由计算机程序构成，管理并控制数据资源的使用。在计算机软件系统的架构中，DBMS 位于用户和操作系统之间，是数据库系统的核心，主要用于对共享数据进行有效的组织、管理和存取。数据库系统是一个为应用系统提供数据的软件系统，是存储介质、处理对象和管理系统的集合体。

10.2.1 关系数据库

20 世纪 70 年代，加州大学伯克利分校开发的 Ingres 和 IBM 开发的 System R 引领了关系数据库数十年的发展史。如今我们看到的商用数据库 Sybase 和微软的 SQL Server 源自 Ingres，Oracle 和 IBM 的 DB2 源自 System R。在此期间，关系数据库被正式命名，登上了历史的舞台。

关系数据库是一组具有不同名称的关系的集合，建立在关系模型的基础上。它借助集合代数等概念和方法来处理数据库中的数据，是物联网应用的主流数据库之一。关系模型指的是二维表格模型，而一个关系数据库就是由二维表及其之间的联系所组成的一个数据组织。

关系数据库分为两类：

- 桌面数据库，例如早期的 Access、FoxPro 和 dBase 等；
- 客户端/服务器数据库，例如 MySQL、SQL Server、Oracle 和 Sybase 等。

关系数据库是目前应用最广泛的数据库，主要有以下特点：

- 用关系数据模型（简称关系模型）来组织数据；
- 以集合代数为基础处理数据库中的数据；
- 拥有许多性能良好的关系数据库管理系统（RDBMS）。

近年来，出现了一种名为 NewSQL 的新的关系数据库管理系统。它针对 OLTP 工作负载，可在提供与 NoSQL 系统相同性能的同时，保持 ACID 和 SQL 等特性。

10.2.2 实时数据库

随着数据库应用领域的不断扩展，如 CAD/CAM、CIMS、数据通信、电力调度、交通控制、物流跟踪、作战指挥、实时仿真等，这些领域需要数据库支持大量数据共享，维护数据一致性，同时需要能够实时处理数据，以应对任务（事务）和数据的实时性限制。在这种背景下，结合实时处理技术的实时数据库应运而生。

实时数据库也是数据库系统的一个分支，相对于关系数据库，实时数据库更能胜任海量并发数据的采集和存储。当海量并发数据涌入时，关系数据库的响应速度会出现延迟甚至假死，而实时数据库则不会出现这种情况，这是因为两者的数据库结构不同，因此它们的性能和应用范围也不同。关系数据库适合业务数据存储，而实时数据库更适合海量实时数据存储。

实时数据库是工业信息化的核心基础软件，具有非常重要的作用。随着工业自动化系统监测和控制对象的不断复杂化，以及对数据采集规模、精度和速度的要求不断提高，实时数据库作为关键支撑软件，在电力、石化、冶金、交通、水利、航空、国防、环保等重要领域或行业得到了广泛应用。

10.2.3 时序数据库

时序数据库可以看作实时数据库的一种，主要用于处理带时间标签的数据（也称为时间序列数据或时序数据）。时序数据库是用于处理海量数据的一项重要技术，可以高效存储和快速处理时序数据。该技术采用特殊的数据存储方式，极大提高了时间相关数据的处理能力。相对于关系数据库，时序数据库采用的数据压缩技术可以大幅减少存储空间，查询速度却有极大提高，其优越的查询性能远超过关系数据库，非常适合物联网数据的分析与应用。

时序数据库的主要特点如下：

- 基本上都是数据插入，没有数据更新的需求；
- 数据基本上都有时间属性，而且新的数据会随着时间的推移而不断产生；
- 支持的数据量大，每秒钟能够写入千万、上亿条数据。

表 10-1 对几种常见的时序数据库进行了比较。

表 10-1 部分时序数据库的对比

时序数据库	优点	缺点
InfluxDB	■ 部署简单、无依赖 ■ 实时数据 ■ 高效存储	■ 开源版本没有集群功能 ■ 存在前后版本兼容问题 ■ 存储引擎在变化
OpenTSDB	■ 度量指标+标签 ■ 集群方案成熟（HBase） ■ 可高效写入数据（LSM-Tree）	■ 查询函数有限 ■ 依赖 HBase ■ 运维复杂 ■ 聚合分析能力较弱

续表

时序数据库	优点	缺点
Graphite	■ 提供丰富的函数支持 ■ 对 Grafana 的支持最好 ■ 维护简单	■ 存储引擎 IOPS 高 ■ 部分组件 CPU 使用率高 ■ 聚合分析能力较弱
Druid	■ 支持嵌套数据的列式存储 ■ 具有强大的多维聚合分析能力 ■ 具有分布式容错框架 ■ 支持类 SQL 查询	■ 一般不能查询原始数据 ■ 不适合维度基数特别高的场景 ■ 时间窗口限制了数据完整性 ■ 运维较复杂
Prometheus	■ 度量指标+标签 ■ 适用于容器监控 ■ 具有丰富的查询语言 ■ 维护简单 ■ 集成监控和报警功能	■ 没有集群解决方案 ■ 聚合分析能力较弱

此外，时序数据库提供了高效读写、高压缩比低成本存储、降精度计算、插值、多维聚合计算和查询结果可视化等功能，解决了由于设备采集点数据量巨大、数据采集频率高而造成的存储成本高、写入和查询分析效率低的问题，因此在物联网监控系统、企业能源管理系统、生产安全监控系统、电力检测系统中得到了广泛应用。

10.3 NoSQL 与大数据

NoSQL 并不是一个具体的产品，而是一类非关系数据库的集合。NoSQL 面向的是非关系型数据，而不是传统的关系数据。

NoSQL 一般解释为 non-relational SQL，有时也称作 Not Only SQL 的缩写，这类数据库采用不同于关系表的格式存储数据。但是，NoSQL 数据库可以使用相应编程语言的 API 或声明式结构化查询语言进行查询，这也是它们被称为 Not Only SQL 数据库的原因所在。

在大多数情况下，引入 NoSQL 能够使现有 RDBMS 技术所实现的架构更加完整，例如将 NoSQL 引入缓存服务器、搜索引擎、非结构化存储、易变信息存储中。

NoSQL 数据库主要分为 4 类：键值型、文档存储型、列存储型和图存储型。

10.3.1 键值型 NoSQL

第一个也是最早的 NoSQL 数据存储就是键值型（key/value）。键值型 NoSQL 的基本原理是根据 key 来匹配 value，通常作为需要高性能的基本信息存储，例如需要快速读写的会话信息。这种存储方式在这样的情景中非常高效，并且具有较高的可伸缩性。

键值型 NoSQL 也经常用于上下文的队列化数据存储，以保证数据不丢失，例如用于日志架构或搜索引擎的索引架构。一般而言，键值型 NoSQL 的主要不足是在发生故障时不支持回滚操作，因此无法支持事务，不容易建立数据集之间复杂的横向关系，只限于两个数据集之间的有限计算。此外，键值型 NoSQL 对值进行多值查询的功能较弱。

典型的键值型 NoSQL 有 LevelDB、Memcached 和 Redis 等。其中，Redis 使用广泛，是一个内存型键值存储，并且持久化是可选的。Redis 经常在 Web 应用中用来存储会话相关的数据（例如，基于 Node.js 或者 PHP 的 Web 应用）；每秒钟可以提取成千上万的会话信息而没有性能损失。Redis 的另一个典型场景是队列化数据存储，Redis 位于 Logstash 和 Elasticsearch 之间来存储 Elasticsearch 查询中的索引。

10.3.2　文档存储型 NoSQL

在含有深嵌套结构的半结构化数据场景中，需要使用面向文档的数据存储，即所谓的文档存储型。实际上，在文档存储型 NoSQL 中，数据依然以键/值对存储，只不过将所有压缩的数据称为文档。一个文档就是文档存储型数据库中的一条记录。文档通常存储关于一个对象及其任何相关元数据的信息。这样的文档依赖于某种结构编码，例如 XML，但更常见的是 JSON。

文档存储型 NoSQL 的数据模式直观，结构灵活，具有很强的可扩展性。尽管文档存储型 NoSQL 非常强调数据的结构化存储和表达，但是在与数据进行交互时并不方便。因为对文档的操作需要遍历整个文档，例如在读取某个特定字段时，遍历操作可能会影响性能。

文档存储型 NoSQL 使用 JSON 来表达嵌套对象非常容易，一条文档记录就可以表达一个账户所有信息。另外，正是因为使用了 JSON，因此还可以与前端的 JavaScript 技术无缝集成。

目前，最常用的文档存储型 NoSQL 有 MongoDB、Couchbase 和 Apache CouchDB。它们都是可伸缩的，很容易安装和启动，并且都配有很好的文档说明。

10.3.3　列存储型 NoSQL

对于 RDBMS 领域的工程师来说，列存储技术可能不太容易理解，但实际上非常简单。在 RDBMS 中，数据是按行存储的，而在列存储型 NoSQL 中，数据是按列存储的。

通常情况下，RDBMS 中的一行数据在硬盘上是连续存储的，但是多行记录的相同字段可能存储在硬盘的不同位置，这使得访问变得复杂。而在列存储型 NoSQL 中，多行记录的相同字段是连续存储的，相关的访问效率更高。因此，列存储型 NoSQL 的主要用途是高效访问海量数据。列存储型 NoSQL 的另一个优点是容易扩展，这些列数据在海量存储时具有高扩展性。但列存储 NoSQL 的主要缺点是需要更多的存储空间来存储不同列的数据，并且在查询、排序和过滤时需要更多的数据移动操作。

例如，在 RDBMS 中查询博客标题的索引时，当有数百万条数据时，需要进行大量的 I/O 操作，而在列数据库中，这样的查询只需要一次访问。这样的数据库在从海量数据中提取特定簇方面非常顺手，但是缺乏灵活性。

目前，Google Cloud Bigtable 是最常用的列存储型 NoSQL，而开源的列存储型 NoSQL 包括 Apache HBase、ClickHouse 和 Cassandra 等。

10.3.4　图存储型 NoSQL

图存储型 NoSQL（也称为图数据库）与其他数据库有着本质的区别，它使用了不同的范式来表达数据——基于图的数据结构，其中节点和节点的连接边称为“关系”。

图数据库是随着社交网络而诞生的，可用于表达用户的好友网络、好友关系等。对于其他类型的数据存储来说，在存储用户的好友关系时会非常复杂，而使用图存储型 NoSQL 就非常简单，它可以为每个好友创建节点，并创建用户与好友之间的关系，进而满足依赖查询和范围约束的需求。

虽然图数据库在处理关联关系方面具有较大的优势，但仍然存在一些不足之处，比如不适用于记录大量基于事件的数据（例如日志）和二进制数据的存储，而且对于较高的并发性能支持不足。此外，关于图查询的语言比较多，尚未有很好的统一。

图数据库一般用于知识图谱的构建。知识图谱最早由 Google 在 2012 年提出，是基于图的语义网络，通过一个三元组（实体-关系-实体或实体-属性-值）把实体关系连接成一个网络，从而让计算机更好地存储和管理各种关系信息。目前，一些常见的主流知识图谱包括 YAGO、NELL、DBpedia、DeepDive 等。

当前，最著名的图存储型 NoSQL 是 Neo4j，主要用于处理复杂的关系信息（例如实体间的连接），也可以用于分类的场景等。此外，国内的各大云服务提供商也都提供了面向图数据库的云服务。

10.4　分布式存储技术

分布式存储技术的首要目标是提高存储系统的容错和容灾能力。图 10-1 所示为分布式存储中的关键技术。

考虑到分布式数据存储的连接条件、传输方式和业务需求等因素，可以将分布式存储技术分为 6 个方面：存储分配、备份复制、一致性协议、数据更新、数据重构、容错编码。

首先，要考虑数据遍历的过程，结合业务特征来设计不同类型的数据存储的部署方案，将重要数据分配在固定节点，将次要数据分配在移动节点，以进行灵活、便利的读取。

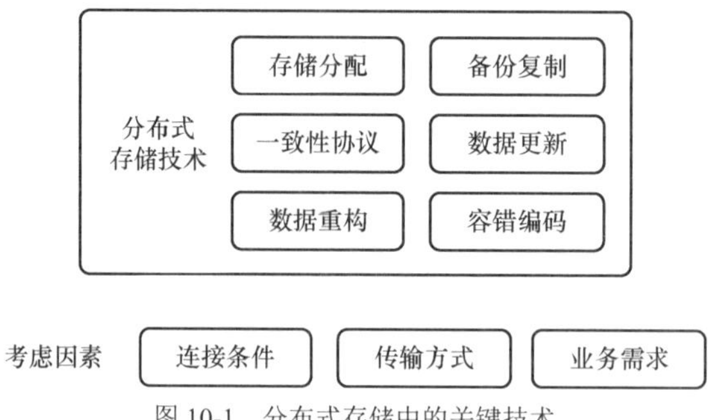

图 10-1　分布式存储中的关键技术

其次，研究数据丢失后的可靠修复过程，利用备份复制、纠删码、再生码以及局部修复码等技术进行数据的快速重构，在节点数量、节点修复带宽、数据修复延迟等指标约束下，尽量减小数据的修复开销，保证系统的稳健性和可用性。

最后，研究数据更新后的一致性同步问题，利用 CAP（一致性、可用性、分区容错性）理论，实现分布式存储的一致性协议和数据更新策略，增强多个存储中数据的关联性，减少冲突响应和系统请求延迟。

根据 CAP 理论，一个分布式系统不可能同时满足一致性（consistency）、可用性（availability）和分区容错性（partition tolerance），最多只能同时满足两项。在实际的应用场景中，分区容错性一般是必须满足的。

若要求强一致性，则系统内的所有副本必须全部保持一致后才能对外提供服务，但是广域网节点相距较远且通信网络的状态不可控，不能保证在有限的时间内将结果反馈给系统，因此很难实现强一致性。

若要求高可用性，系统必须在短时间内对客户端的请求做出响应，但此时副本间的数据可能尚未达成一致。数据一致性协议可以实现一致性和可用性之间的折中。在现有的数据一致性分发与同步技术中，Multi-Paxos 协议是目前公认的解决数据分发与同步的有效协议，具有较好的理论完备性。

云存储是分布式存储技术与虚拟化技术结合的产物，是分布式存储技术的发展成果，可以用于数据备份、归档和灾难恢复。云存储意味着存储可以作为一种服务，通过互联网提供给用户。云存储通常意味着把主数据或备份数据放到企业外部的存储池中，而不是放到本地数据中心或专用的远程站点。借助于云存储服务，企业可以节省投资费用、简化复杂的设置和管理任务。更重要的是，将数据放在云存储中也方便随时随地访问数据。

10.5　物联网中基于数据存储的实体搜索

实体搜索是一种数据搜索的方式。实体是指现实或虚拟世界中具有特定语义的任何对象或概念。实体搜索是指根据实体与给定查询的相关性对搜索出的实体结果进行排序。传统的关键词搜索的结果是网页列表，而实体搜索的结果是实体或实体集合。

实体搜索是物联网中数据存储的一个直接应用。物联网实体搜索服务涉及移动计算、普适计算、云计算、信息检索、数据挖掘和语义 Web 等多个领域。目前，物联网实体搜索服务还处于起步阶段，而未来的物联网搜索服务是由许多异构的松耦合搜索服务联合构成的一个相互协作的分布式智能体系，既包括同层搜索服务之间的横向合作，也包括跨层搜索服务之间的纵向合作。

物联网的实体搜索与互联网的搜索有着较大的区别，如表 10-2 所示。

表 10-2　物联网的实体搜索 vs.互联网的搜索

对比元素	互联网	物联网
搜索维度	一维（时间）	四维（时空）
搜索空间	信息世界	信息与物理世界
搜索限制	非实时	实时和非实时
搜索对象	信息实体	物理实体和信息实体
对象属性	近似静态	静态和动态
对象索引	相对容易	困难
发展现状	较为成熟	起步阶段

为了能够在物联网上进行实体搜索，需要先对物联网的实体进行描述，把实体的描述数据进行存储，然后才能进行搜索。用于描述物联网实体的元数据模型示例如图 10-2 所示。

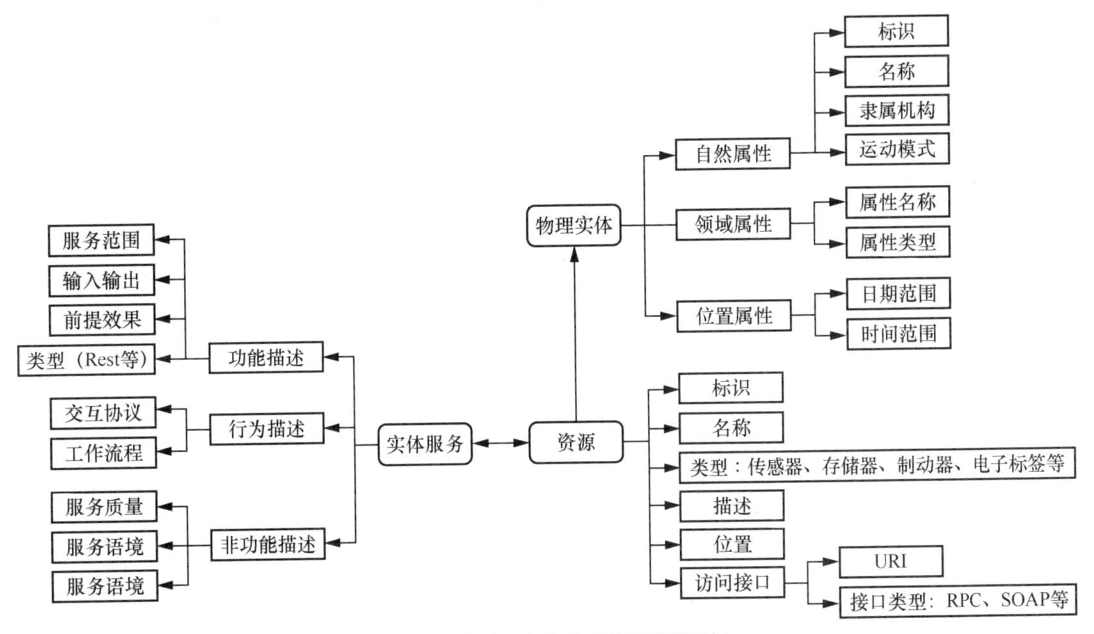

图 10-2　物联网实体的元数据模型示例

在图10-2中，物联网实体的元数据模型被进一步分为资源、物理实体和实体服务3个部分。物理实体包括自然、领域和位置三种属性，实体服务包括行为、功能与非功能3种描述，资源则与互联网上的资源描述类似。

具体而言，物联网的实体搜索是指应用相关的策略和方法从物联网上获取信息（如物体、人、网页等信息），并对获取到的信息进行存储和组织有序的管理，以方便用户进行搜索。物联网实体搜索的架构示例如图10-3所示。

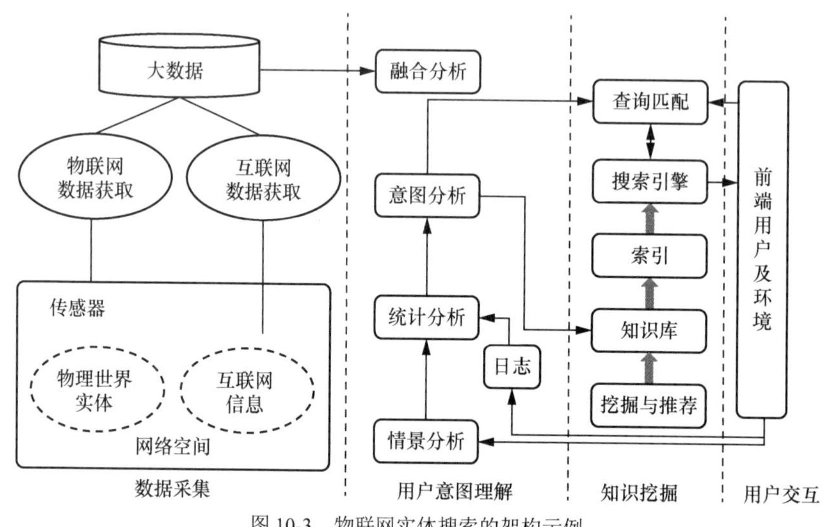

图10-3 物联网实体搜索的架构示例

与互联网的搜索架构类似，物联网实体搜索的架构大致可以分为数据采集、用户意图理解、知识挖掘和用户交互等部分。下面分别来看一下。

1. 数据采集

在物联网的实体搜索中，数据采集需要围绕用户的搜索要求展开，做到有目的性的选取，主要包括语法以及与语义相关的数据。不同于互联网搜索，物联网实体搜索中采集到的数据类型众多，如网页、图片、音频、视频等，并且许多是实时的、动态变化的以及多模态的。

2. 用户意图理解

来源于不同物联网的信息在性质、形式和内容上多种多样，具有多元、多属性、多维度等与传统互联网信息不同的特征，所以在物联网的实体搜索中，需要利用各种物联网终端设备来实时感知用户的需求。

为了准确搜索到用户所需的信息，首先要精确理解用户的搜索意图。在物联网的实体搜索中，除了使用传统的文本输入来感知用户的搜索意图之外，还可通过物联网的各种感知设备感知用户的上下文环境，并对上下文环境信息进行分析，从而对用户的搜索意图进行更准确的理解。

由于一些物联网系统具有孤岛特性，而孤岛上的信息相对独立。因此，为了在物联网上进行实体搜索，需要将用户的搜索意图分解成若干子动作（子搜索任务），并分别在那些孤立的物联网上执行，以获得搜索数据。

3. 知识挖掘

通过意图理解表示和索引，以及知识聚合与索引，采用快速匹配、排序等技术，形成若干个满足用户真正意图的解决方案，并通过结果评价方式给出其相关性排序。

4. 用户交互

通过人的参与（对用户的提问与引导、对用户需求的跟踪、对用户结果的反馈进行学习）来定义智能模式，针对不同类型的问题发现符合模式的主体集合。另外，在实现物联网实体搜索的过程中，除了确保数据来源和推演加工结果是可信的，还要保证被搜索出的用户数据不被曝光和恶意利用，并能够对恶意信息进行过滤。

当前主要的物联网搜索系统如表 10-3 所示。

表 10-3 当前主要的物联网搜索系统

系统	Snoogle	Max	OCH	GSN	Sensor Web	DIS	RTS	Dyser
目标用户	终端用户	终端用户	终端用户	专家	专家	终端用户	终端用户	终端用户
类型	即席查询	即席查询	连续查询	即席查询	即席查询	连续查询+即席查询	即席查询	即席查询
方式	关键字	关键字	关键字	关键字	关键字和地理位置	图像	关键字	关键字
范围	本地	本地	本地	全局	全局	本地	全局	全局
时效	实时	实时	实时	实时	实时	实时+历史	近似实时	实时
精度	启发式	启发式	启发式	精确	精确	启发式	精确	精确
内容	静态	静态	动态	静态	静态	动态	动态	动态
结果	全部	全部	全部	全部	全部	概率最大的 k 个结果	全部	概率最大的 k 个结果
聚合	混合	信标	定时器	信标	混合	混合	无	混合
索引	倒排	无	无	类似 MySQL 的索引	倒排	倒排	倒排	倒排
安全	是	否	否	否	否	是	否	是
架构	二层分布式	三层集中式	二层分布式	容器集中式	二层集中式	二层分布式	文件系统	二层集中中式

10.6 小结

在物联网中，尽管数据可以存储在物联网终端设备上，但由于资源受限，通常需要将数据通过网络传输到数据中心或云存储上。随着物联网终端处理能力的提高，数据也有转移到边缘存储的趋势。因此，物联网数据的具体存储位置取决于具体的应用场景和资源配置。

在物联网的数据存储方面，传统的关系数据库仍然占据重要地位。但对于许多物联网应用，时序数据库具有关系数据库不可比拟的优势。对于大数据存储，NoSQL 是关系数据库的重要补充。

对于大规模数据存储，尤其是云存储，了解分布式存储技术对认识存储服务的特点和局限性有很大帮助。CAP 理论为数据一致性、系统可用性和分区一致性提供了依据。

物联网中的数据在存储后，一个直接的应用就是物联网的实体搜索。对于属性简单的实体，可以在完成数据存储后直接进行搜索。但对于属性相对复杂的实体，通常需要在分析和处理数据之后才能对实体进行搜索。

物联网数据的分析和处理是下一章要讨论的问题。

第 11 章 数据分析与处理

数据即生产力，物联网的一个价值在于为我们提供有用的数据。数据科学家创造了“完全信息价值”一词，其中心思想是指以某种能产生深刻洞察力的方式统筹数据点、数据集合并分析数据，从而让数据产生价值。

就数据的变化而言，物联网数据可以分为静态数据和动态数据。静态数据多为标签类、地址类数据，如 RFID 设备产生的数据多为静态数据。静态数据一般采用关系数据库进行存储。动态数据是以时间为序列的数据，其特点是每个数据都与时间相对应。动态数据通常可以使用时序数据库进行存储。

一般来说，随着传感器和控制设备数量的增多，静态数据会增加，而动态数据不仅会随设备数量的增加而增加，还会随着时间的流逝而增加。

那么，如何让物联网中的数据产生价值呢？

一般而言，数据分析是指采用适当的统计分析方法对收集的大量数据进行分析，是一个为了提取有用信息和形成结论而对数据加以详细研究和概括总结的过程。数据处理则是对数据的采集、存储、检索、加工、变换和传输。数据处理的基本目的是对大量的、可能杂乱无章的、难以理解的数据进行处理，以便在数据分析环节能从中抽取并推导出有价值、有意义的信息。

尽管传统的数据分析和处理方法在一定程度上同样适用于物联网，但是物联网的数据分析和处理还是有着自己的新特点。通过物联网的计算模型，我们可以理解物联网数据分析与处理的执行方法。

11.1 物联网的计算模型

在物联网数据的分析和处理中，通常需要考虑计算的可用性和分布式计算。将物联网与 OT 和 IT 系统整合时，面临的第一个问题是设备发送到服务器的数据量庞大且高并发，导致无法及时处理。在一个工厂的自动化场景中，可能有数百个集成的传感器，这些传感器会实时产生数据。这样一来，这个场景中的多个网关、系统和进程也需要能够实时处理这些数据。这样的数据量和实时性要求对物联网系统是一个挑战。

大多数数据处理都支持云计算模型，“云”是一些可以自我维护和管理的虚拟计算资源，通常是一些大型服务器集群，包括计算服务器、存储服务器和宽带资源等。云计算模型将计算任务分布在由大量计算机组成的资源池上，使各种应用系统能够根据需要获取计算能力、存储空间和信息服务。这也是第一种物联网计算模型。

11.1.1 面向物联网的云计算

云计算是一种通过网络统一组织和灵活调用各种信息资源，以实现大规模计算的信息处理方式。用户可以使用各种形式的终端通过网络从云端获取计算服务。

云计算具备四大核心特征：

- 通过高速网络将大量独立的计算单元相连；
- 共享 ICT 资源；
- 快速、按需、弹性化服务；
- 服务可测量。

物联网的云计算模型可以将物联网的数据在云上进行分析处理。可以使用云计算服务接收数据并存储在数据湖（可以将其理解为一个非常大的存储器）中，然后使用 Spark、Azure HDInsight 等工具进行并行处理，从而得出洞见并做出决策。

在使用物联网的云计算服务时，需要考虑如下事宜：

- 数据在公有云上是否安全；
- 延迟和网络中断的问题；
- 存储成本、数据安全性和持久性；
- 大数据框架是否可以创建一个能够满足数据需求的大型摄入模块。

云计算是对海量的、全局的物联网数据实施集中的、系统性的全面分析和理解的技术。如果需要对有限的本地物联网数据实施分布式、实时性的智能处理和决策，并要求更短的服务响应时间、更强的本地计算能力、更少的数据传输负载以及更快更精准的分析、决策和控制机制，则需要使用雾计算模型。

11.1.2 面向物联网的雾计算

雾计算是一种由用户终端设备或连接最终用户设备的边缘设备组成的计算模式，主要用于管理来自传感器和边缘设备的数据。该模式在本地部署的终端设备和云计算的数据中心之间提供了一个过渡层，可提供计算、存储、控制以及网络服务和事件流处理等功能。

雾计算的典型应用场景如下：

- 实时数据处理；

- 低延迟应用；
- 边缘设备资源管理；
- 隐私保护；
- 离线功能；
- 网络带宽优化；
- 分布式协同处理。

通过在边缘设备上对部分数据进行处理和决策，雾计算能够减少数据传输延迟，节省带宽资源，提高数据处理效率和应用程序的性能。同时，它也能够增强隐私和安全性，使得一些敏感数据能够在本地进行处理，而无须传输到云端。这种在边缘设备和云端之间形成的分布式计算模型为许多物联网和边缘计算应用提供了有效的解决方案。

OpenFog 是一个专为雾计算架构而设计的著名开放框架。它提供了用例、试验台、技术规格和一个参考架构。

OpenFog 框架的主要组成部分如下。

- 边缘节点：边缘节点是位于边缘计算环境中的设备，包括路由器、交换机、边缘服务器、物联网设备等。这些节点负责收集来自传感器和终端设备的数据，并在本地执行部分数据的处理任务。
- 雾节点：雾节点是位于边缘节点和云端之间的设备，它们具有更强大的计算和存储能力。雾节点负责处理边缘节点上处理不了的复杂的计算任务，同时也能执行一些本地决策。
- 云节点：云节点是传统云计算环境中的数据中心和服务器。当边缘节点和雾节点无法处理某些任务时，数据将被传输到云节点以进行更复杂的分析和处理。
- 服务层：服务层提供应用程序、服务和资源的管理。它允许开发人员在雾计算环境中创建和部署应用程序，同时管理数据和计算资源的分配。
- 连接层：连接层负责处理边缘节点、雾节点和云节点之间的通信。它用于确保数据的安全传输，并对网络通信进行优化和管理。
- 安全层：安全层是 OpenFog 技术框架中一个非常重要的部分，它致力于保护数据和设备的安全性。安全层包括身份验证、加密、访问控制等安全措施。
- 管理和编配层：这一层负责管理和编排整个雾计算环境，包括资源的分配、任务调度、故障处理等。

通过这些组成部分的协同工作，OpenFog 框架实现了边缘设备、雾节点和云节点之间的协同处理，使得雾计算环境下的数据处理更加高效、灵活和可靠。OpenFog 框架为雾计算应用的设计和部署提供了一个结构化的指南，并促进了雾计算技术在各个行业的应用。

显然，雾计算模型积极利用了所有网络节点（接入点、基站、路由器、交换机和网关等）的计算、通信和存储资源，充分发挥不同位置、不同层次的节点的能力和作用，更加符合人类社会的资源分布情况、能力权限分级和决策控制机制，从而能够更加充分地保障广泛的物联网应用与服务的智能化和高效率，显著提升用户体验。

11.1.3　面向物联网的边缘计算

边缘计算是一种分布式计算模型，旨在将数据处理和计算任务从集中式的数据中心挪到接近数据源和终端用户的边缘设备上执行。边缘设备距离数据源最近，能够在数据采集区域进行数据分析和处理。

边缘计算的核心理念是在网络边缘部署计算资源，这些边缘计算资源可以是边缘服务器、路由器、交换机、物联网设备或其他智能设备。这些边缘设备通常位于用户、传感器、物联网设备等产生数据的位置，比如工厂车间、城市街道、智能家居、车辆等。

微软和亚马逊这样的行业巨头已经针对边缘计算各自发布了 Azure IoT Edge 和 AWS Green Gas，用于提高物联网网关和传感器节点的机器智能。这些解决方案可以让边缘计算的部署和实施变得相对简单，但也显著地改变了从业者对边缘计算的认知。

一般而言，边缘计算的实现涉及如下方面。

- 边缘设备部署：在数据源和终端用户附近部署边缘设备是关键所在。
- 数据收集：边缘设备负责收集来自传感器、监控设备和其他终端的数据。这些数据可能是实时数据、监测数据、传感器数据等。
- 本地数据处理：边缘设备上的计算资源可以在本地执行部分数据处理任务，例如数据过滤、聚合、分析等。这样可以减少数据传输到云端的数量和频率，缓解对云计算资源的压力。
- 局部决策：边缘设备在进行数据处理后，可以做出一些局部决策，而无须将所有数据传输到云端进行处理。这样可以更快地响应某些事件或触发特定的行为。
- 数据传输和协作：并不是所有的数据处理都要在边缘设备上完成，一些需要更强大计算能力的任务可能需要在云端进行处理。在这种情况下，边缘设备负责将数据传输到指定的地点，并与云端进行协作，完成全局性的数据分析和决策。
- 安全性和隐私：边缘计算也要关注数据的安全性和隐私保护。一些敏感数据可能会在边缘设备上进行处理，以避免在不安全的网络环境中传输。

边缘计算的这种实现具有更加高效和灵活的数据处理方式，为许多应用场景提供了高性能和低延迟的计算解决方案。

目前，边缘智能技术逐渐成为边缘计算的一个研究热点，并在应用处理、信息传递和资源优化等方面展现出了巨大的优势。边缘智能结合了边缘计算和人工智能技术的概念，可使得边缘设备能够在本地执行智能计算任务和决策。边缘智能涉及机器学习、模型推理等 AI 技术。

边缘设备可以使用预先训练好的模型或在本地进行实时模型训练，以适应不同的应用场景。通过在边缘设备上实现智能计算能力，可以实现更快速、实时和自主的数据处理与决策。边缘智能技术使得设备能够更加智能化和自主化，不仅减少了对云端计算的依赖，而且为许多应用场景带来了更高效、安全和创新的解决方案。

云计算通过网络统一组织和灵活调用各种信息资源，具备资源共享、部署快速、按需使用、服务弹性化、服务可测量等核心特征。物联网的云计算模型可以将物联网的数据在云上进行分析处理，但需要考虑数据安全、计算延迟、存储成本等方面的问题。

雾计算和边缘计算是面向物联网的两种分布式计算模型。雾计算提供了一个过渡层，实现了分布式协同处理，提高了数据处理效率和应用程序的性能。边缘计算则是将数据处理和计算任务从集中式的数据中心挪到接近数据源和终端用户的边缘设备上执行，实现了更加高效和灵活的数据处理方式。

边缘智能则是结合了边缘计算和人工智能技术的概念，使得边缘设备能够在本地执行智能计算任务和决策，实现更快速、实时和自主的数据处理和决策。

在这些计算模型中，云计算模型是最常用的。需要明确的是，这些计算模型并不是孤立的，针对不同的应用场景，可以结合不同的计算模型实现物联网应用。

11.2 物联网的数据处理架构

物联网中的数据类型丰富多样，包括传感器数据、位置数据、音视频数据、图像数据、运动和姿态数据、环境数据、用户行为数据、电能数据、健康和生理数据、工业数据等。

其中，环境数据和用户行为数据尤为重要。

环境数据特是指与环境相关的各种数据，如与大气相关的温度、湿度、环流、污染物等。这些数据构成了人类生存的社会环境的客观数据，基于这些数据进行价值挖掘具有很大的商业应用价值。

用户行为数据则反映了人的社会属性，如交易数据和交互数据。这里的交易数据是指记录用户交易行为发生的数据，主要来自购物网站、银行系统、手机、社区 O2O 售货终端、出租车/公交卡等信息源。交互数据是指用户在进行日常通信、浏览网页、玩游戏、评论等行为时产生的数据，主要来着社交媒体、运营商日志、使用的 App、各网站日志等。

因此，物联网的数据可能是结构化的、半结构化或者非结构化的。

物联网数据还具有海量并发的特点。在处理物联网数据时，与其他架构类似，物联网的数据架构需要满足服务水平协议（SLA）的需求。因此，每个任务负载不应该均等地消耗每个资源，这就需要一个可管理的优先级系统，或者有相互独立的架构、硬件、网络等，并采用分治的架构原则来处理不同的数据。这样的分治架构系统示例如图 11-1 所示。

在图 11-1 中，物联网数据与来自其他信息来源的数据形成数据流，分别通过批处理和实时处理进行分治，形成批处理视图和实时处理视图，最后通过视图管理器以视图融合的方式呈现给用户。

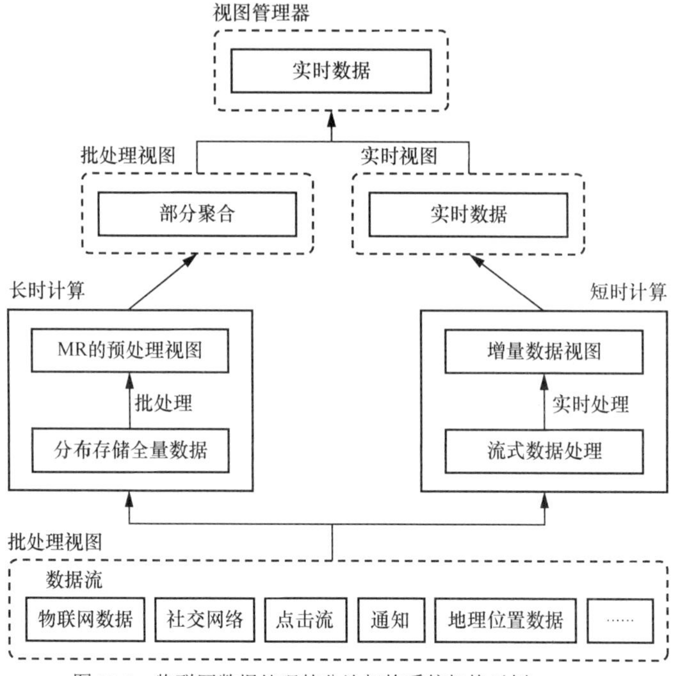

图 11-1　物联网数据处理的分治架构系统架构示例

当前，基于分治架构原则的融合方式（如 Lambda 架构）逐渐成为物联网数据处理的主流实现。这样的架构在处理大规模数据时，同时发挥批处理架构和流处理架构的优势。通过批处理提供全面、准确的数据，通过流处理提供低延迟的数据，从而达到平衡延迟、吞吐量和容错性的目的。

11.2.1　批处理架构

批处理架构可以被视为一种计算模型，用于按照一定的规则对大量数据进行批量数据。在批处理架构中，数据需要被收集并存储，然后通过批量处理作业进行处理。批处理架构的特点是按照固定的时间间隔或特定的触发条件对数据进行批量处理，而不是实时处理。

批处理架构的典型应用场景是处理大规模的数据集，并且在处理过程中进行全面的数据分析和计算。它适用于一些不需要实时响应的任务，如大规模数据分析、报表生成、离线数据挖掘等。然而，批处理架构通常不适用于需要实时数据处理和响应的场景，因为它在处理数据时有一定的延迟。

批处理架构的主要组成如下所示。

- 数据收集和存储：在批处理架构中，需要先收集和存储数据，通常将数据存储在批处理系统的数据仓库或分布式存储中。
- 作业调度：批处理系统会定期或根据触发条件启动批量处理作业。作业调度负责安排和管理这些批处理作业的执行。

- 批量处理作业：批处理作业是实际执行数据处理的任务。这些作业可以是数据清洗、数据转换、数据分析、数据计算等任务。
- 处理结果输出：处理完成后，批处理作业会将结果输出到指定的目标，例如数据库、文件系统、报表等。

一般而言，批处理架构的目标是保持数据的聚合计算结果以及分析结果。批处理架构在进行聚合计算时需要花费大量的时间，主要用于满足商用系统的处理需要，而不是处理数据流。另外，批处理由于是单次运行，因此非常容易管理和监控。

在处理批量作业时，IT 组织一般希望对其操作进行总体控制，例如优先调度或执行某些作业。与大多数 IT 系统类似，一个基于批处理架构的数据平台变成了多租户数据平台，依赖不同的使用场景有着很多 SLA，成为很多 OLAP（在线分析处理）系统的底层计算框架。

常见的批处理架构系统是 Hadoop。Hadoop 有两个重要的发布版本，分别是 Hadoop 1.0 和 Hadoop 2.0。Hadoop 1.0 是基于 MapReduce 的单一资源管理架构，而 Hadoop 2.0 则引入了一个名为 YARN 的通用资源管理器和调度平台，可支持多种计算框架，并具有高可用性，从而使得 Hadoop 集群更加灵活、高效和稳定。

11.2.2 流处理架构

流处理架构是一种用于处理实时数据流的计算模型和系统架构。在流处理架构中，数据被视为连续的数据流（而不是像批处理架构中被视为离散的数据集合）。它允许实时处理数据并在数据到达时立即进行响应和分析。

基于流处理架构的系统主要用于摄取高吞吐量的数据。流处理架构可以处理海量数据，具有高分布、可伸缩和高容错的特点，更能应对数据的容量、复杂性和大小的增长。流处理架构能够无缝集成各种数据源和应用，例如数据仓库、文件、历史数据、社交网络、应用日志等。为了实现流处理架构与各种数据源及各种应用的集成，需要提供一致性的敏捷 API、面向客户端的 API，并且能够将信息输出到各种渠道，例如通知引擎、搜索引擎和第三方应用。

由于物联网设备（如智能家居设备、智能城市传感器等）会产生大量的实时数据，因此使用流处理架构可以对这些数据进行实时处理和分析，并实现智能化的决策和控制。

流处理架构的主要组成如下所示。

- 数据源接入：从不同的数据源接收实时数据流，这些数据源可以是传感器、日志文件、消息队列、网络流量等。数据源可以具有多种格式和协议，流处理架构需要能够适应不同的数据源。
- 数据流传输：接收到的实时数据流需要被高效地传输到流处理系统中进行处理。常见的数据传输方式是消息队列，或者直接通过网络传输。
- 事件处理：一旦数据流进入流处理系统，它将被拆分成不同的事件或数据记录，并且每个事件或数据记录会被立即处理。事件处理通常涉及数据清洗、转换、计算、聚合等操作。

- 窗口操作：为了对无限的数据流进行及时处理和聚合，流处理架构通常采用窗口操作。窗口是一个固定大小的数据块，用于对一定时间范围内的数据进行处理。常见的窗口操作包括滚动窗口、滑动窗口等。
- 实时计算和分析：流处理架构对每个事件或窗口内的数据进行实时计算和分析。流处理架构可以执行复杂的数据处理任务，如实时聚合、模式检测、预测分析、实时推荐等。
- 结果输出：处理后的数据可以输出到不同的目标，如数据库、文件系统、消息队列等。输出的结果也可以用于实时大屏展示或实时报警等应用。

流处理架构可以在数据流持续到达的情况下持续地进行处理，并根据数据的实时变化做出相应的决策和反馈。

常见的流处理架构包括 Apache Kafka、Apache Flink、Apache Spark Streaming、Apache Storm 等。

11.2.3 Lambda 架构

尽管批处理仍然是现有 IT 组织中数据架构的通用实践，但它不能满足大多数流式数据的真正需求。数据延迟会导致批处理架构无法捕获数据的实时变化，同时批处理架构计算资源的利用率较低。而部署流处理架构则会带来操作的复杂性，在处理实时数据流时可能会面临数据一致性问题。再者，流处理架构难以处理历史数据和复杂的计算任务。可见，无论是批处理架构，还是流处理架构，都有各自的局限。

Lambda 架构是一种用于实时大数据处理的系统架构，旨在克服批处理架构和流处理架构各自的局限性。

Lambda 架构结合了批处理和流处理两种方式，并提供了一致、可靠的查询结果。在 Lambda 架构中，数据是暂态的，处理是实时的。Lambda 架构的核心思想是将实时数据和历史数据分别进行处理，然后在查询层将它们合并，以提供全面的查询和分析能力。这样可以克服传统批处理架构的延迟问题和流处理架构的数据准确性问题。

Lambda 架构主要由以下三个部分组成。

- 批处理：负责对历史数据进行批量处理。数据会被持久性地存储在分布式存储系统中，如 Hadoop 的 HDFS。批处理使用分布式计算框架，如 Apache Hadoop、Apache Spark 等，进行离线的大规模数据处理和计算。
- 流处理：负责实时处理数据流，以及将实时数据流导入实时视图。流处理使用流式处理引擎，如 Apache Kafka、Apache Flink 等，对实时数据进行实时计算和处理。
- 查询服务：负责将批处理和流处理的结果进行整合，并提供一致的查询接口。查询服务将历史数据和实时数据的结果进行合并，使得查询结果完整一致。查询服务可以使用分布式查询引擎，如 Apache HBase、Apache Druid 等。

图 11-2 所示为实现 Lambda 架构的一个简单示例，选择了以下技术。

- Logstash：数据摄取和转发。
- Apache Kafka：分发数据。
- Logstash Agent：处理日志。
- Apache Spark：流处理。

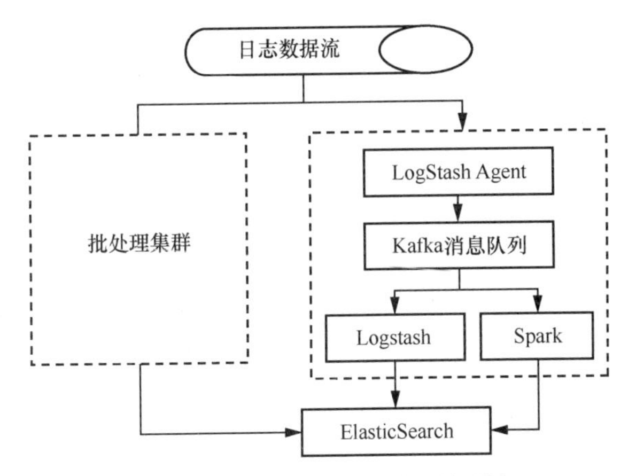

图 11-2　Lambda 架构的一个简单示例

在图 11-2 中，一方面，使用批处理集群来处理日志数据流，聚合数据，并与其他数据源交叉使用来建立推荐引擎，在 Elasticsearch 中构建索引视图。另一方面，日志数据流通过 Logstash Agent 进入 Kafka 消息队列，然后使用 Logstash 完成数据解析并更新 Elasticsearch 中的数据，同时，使用 Spark 流处理方式来处理复杂的互相关性，或者在 Elasticsearch 创建索引前运行机器学习进程来提取数据。

Lambda 架构相当复杂，这使得系统的设计、实现和维护也跟着复杂起来，增加了开发和运维的难度。此外，Lambda 架构中，由于批处理和流处理是异步进行的，所以需要额外的机制来保证数据的一致性。最后，Lambda 架构需要同时运行批处理和流处理，因此会占用大量的计算和存储资源，在处理大规模数据时，资源消耗会更高。

11.3　物联网中的数据分析

在互联网中使用的数据分析方法一般也适用于物联网的数据分析。下面来看一些用于分析物联网数据的常用方法以及一个数据分析示例。

11.3.1 卡尔曼滤波器

卡尔曼滤波器（Kalman Filter）是一种用于递归估计状态的数学算法，通过观测数据来估计系统的状态，适用于具有噪声和不确定性的系统。它的主要目标是融合测量值和先验信息（系统的动态模型）以最优化地估计系统的状态，并提供最小均方误差的估计结果。

卡尔曼滤波器主要具有下述两个功能。

- 预测（时间更新）：根据系统的动态模型和前一时刻的状态，预测当前时刻的系统状态，并计算预测的状态协方差矩阵。
- 更新（测量更新）：根据实际的测量值和预测的状态估计，结合测量噪声，计算卡尔曼增益，然后更新状态估计和状态协方差矩阵。

卡尔曼滤波器的特点在于它是一个递归算法，可以实时地估计系统的状态，并且能够处理测量噪声和系统模型的不确定性。通过不断地预测和更新，卡尔曼滤波器可以提供最优的状态估计，并且可以随着新的测量值的到来不断改进估计结果。

11.3.2 贝叶斯分类与多贝叶斯估计

贝叶斯分类是一种常见的机器学习分类算法，基于贝叶斯定理进行分类任务。该算法使用已知的类别标签和特征信息来训练一个模型，然后利用这个模型对新的未知样本进行分类。

在贝叶斯分类中，假设每个样本的特征都是相互独立的，并且每个特征对类别的影响也是独立的。贝叶斯分类器根据这些假设和贝叶斯定理来计算给定特征条件下某个样本属于某个类别的概率，然后选择概率最高的类别作为样本的预测类别。关于分类的应用示例，参见11.3.5 节。

贝叶斯估计是一种统计学中的估计方法，基于贝叶斯定理，用于估计未知参数的值。在贝叶斯估计中，使用先验知识和已观测数据来计算参数的后验概率分布，并以此作为参数估计的依据。

多贝叶斯估计是贝叶斯估计的一种扩展形式，用于估计多个未知参数的值，并同时考虑它们之间的相关性。在多贝叶斯估计中，不仅要考虑单个参数的先验分布和后验分布，还考虑多个参数的联合先验分布和联合后验分布。

多贝叶斯估计为物联网的数据融合提供了一种手段，它能依据概率原则对传感器生成的信息进行组合。当传感器组的观测数据满足概率分布时，可以直接对传感器的数据进行融合。但是在大多数情况下，要以间接方式采用贝叶斯估计对传感器测量数据进行数据融合。多贝叶斯估计将每一个传感器的输出作为贝叶斯估计，将各个单独物体的关联概率分布合成一个联合的后验概率分布函数，通过使用联合分布函数的似然最小化，提供多传感器信息的最终融合值。

11.3.3 规则引擎

在物联网中，规则采用符号表示目标特征和相应传感器信息之间的联系，与每一个规则相联系的置信因子表示该规则的不确定性程度。当在同一个逻辑推理过程中，两个或多个规则形成一个联合规则时，可以产生融合。每一个规则的置信因子的定义与系统中其他规则的置信因子相关，如果系统中引入新的传感器，则需要加入相应的附加规则。

规则引擎是一种嵌入在应用程序中的组件，用于管理和执行规则，以便根据预定义的规则集对数据和事件进行处理。通过规则引擎，可以将业务决策从应用程序代码中分离出来，并使用预定义的语义模块编写业务决策。在物联网的生产环境中，规则引擎接受数据输入，解释业务规则，并根据业务规则做出业务决策。

11.3.4 模糊逻辑与人工神经网络

模糊逻辑是一种处理模糊信息和不确定性的数学方法，适用于那些无法准确定义或无法明确定义的问题。

在模糊逻辑中，一个事物或概念可以被归属于一个或多个模糊集合，并通过隶属度函数来表示它对每个模糊集合的归属程度。隶属度函数通常是在[0, 1]范围内取值，表示事物对模糊集合的隶属程度。这样，模糊逻辑可以用于处理模糊概念和模糊关系，使得推理和决策更加灵活和接近人类的思维方式。在物联网中，这种方法允许将多个传感器信息融合过程中的不确定性直接表示在推理过程中。

以模糊逻辑处理传感器的数据之后，一般采用人工神经网络实现多传感器的数据融合。人工神经网络具有很强的容错性以及自学习、自组织及自适应能力，能够模拟复杂的非线性映射。在多传感器系统中，各信息源所提供的环境信息都具有一定程度的不确定性，这些不确定信息的融合过程实际上是一个不确定性的推理过程。人工神经网络根据网络上的权值分布，采用特定的学习算法来获取知识，进而得到不确定性推理机制。根据这种不确定性推理机制，人工神经网络能够实现多传感器数据融合。

11.3.5 物联网数据分析与处理示例

在基于大数据来智能预测空气质量和实时处理监测数据时，可以采用贝叶斯分类方法，其流程如图 11-3 所示。首先明确训练数据集中各样本数据的特征属性，进而获取训练样本，然后对每个类别的样本数据计算 $P(\omega_i)$，再对每个特征属性计算其他条件概率 $P(x|\mathrm{w}_i)$，并计算每个类别的条件概率 $P(\omega_i|x)$，最后以 $P(\omega_i|x)$的最大项来确定 x 的所属类别。贝叶斯分类方法主要用于特征数较少的项目，对项目的训练和分类也仅是针对这些项目特征概率的数学运算，算法简单可靠。

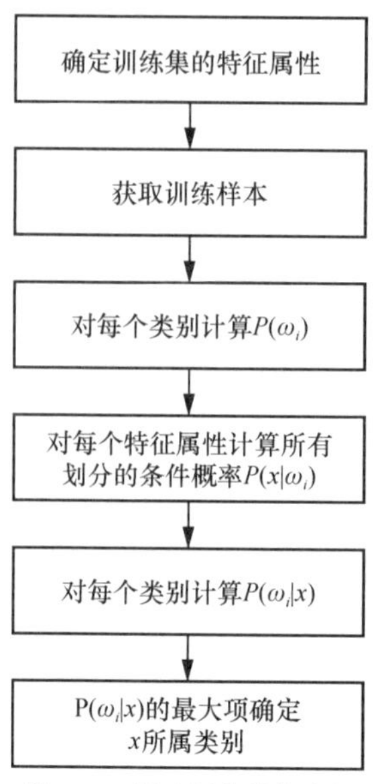

图 11-3 贝叶斯分类的流程

空气质量历史数据是按时间顺序记录的，并且分地区、分监测点进行记录，不同地区、不同监测点的数据可能存在差异。由于涉及大量的监测点、长时间的记录，因此数据量很大，一般采用 HDFS 进行存储。根据空气质量历史数据在 HDFS 系统中的存储情况，可以利用 MapReduce 加速贝叶斯分类的决策过程，以便对未来的天气进行快速预测。基于空气质量历史数据的分类事实上涉及两个操作：通过对空气质量历史数据的分析得到空气质量变化规律；对空气质量变化规律应用贝叶斯分类方法进行分类。这两个操作都可以使用 MapReduce 框架并行加速处理。基于 MapReduce 的分类过程如图 11-4 所示。

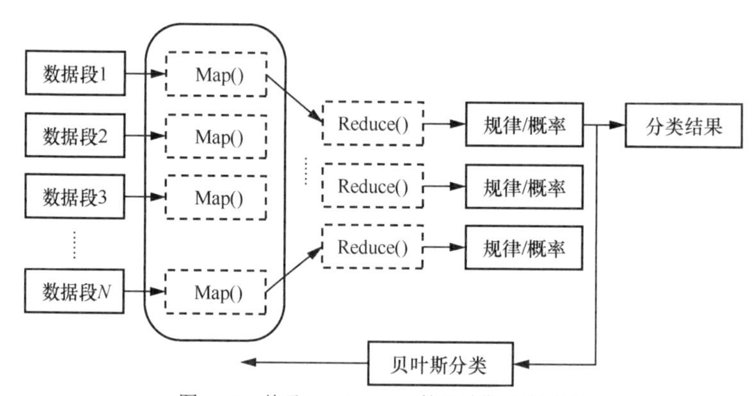

图 11-4 基于 MapReduce 的贝叶斯分类过程

在图 11-4 中，MapReduce 的计算分为 Map 和 Reduce 两个过程。

Map 过程把全部数据的庞大计算任务拆分成多个任务碎片，根据每个任务碎片所需要分析的数据的存储位置把计算需求分配给集群中的计算资源，然后由计算资源处理任务碎片并得到初步的处理结果，这些结果就是 Reduce 过程的输入。这个过程是对历史数据进行判断，得出空气质量情况。

Reduce 过程则收集各个任务碎片的处理结果，统计并计算概率，形成最终的处理结果。随后，这些信息进入数据库中被保存起来。这个过程也可以由多个计算资源进行合并完成。

Map 和 Reduce 过程都实现了数据处理的并行化，提高了数据的处理速度。

11.4　物联网数据的价值挖掘

随着物联网应用的指数级增长，原来隐藏在企业和个人生活各个角落中的数据得以搜集出来，成为创造数字新体验的物质基础，也使得构建新的业务模式有了可能。同时，这也意味着当前物联网以 SaaS 和 IoT 终端产品销售为主的商业模式将被打破。当前，“把数据变成有价值的资产”仍处于起步阶段，大家都在积极尝试通过 IoT 数据价值变现来缩减成本、增加收入或构建差异化服务。

数据的价值挖掘是一个人机交互和处理反复迭代的过程，其间涉及多个步骤，并且在一些步骤中需要由用户提供决策。数据挖掘任务大体分为两类：描述性任务和预测性任务。描述性任务用于刻画数据的特性，而预测性任务则需要根据数据做出推断和预测。数据挖掘的基本方法包括关联分析、聚类分析、离散点分析、分类与预测以及演化分析等。数据挖掘通过对数据的统计、分析、综合、归纳和推理，来揭示事件间的相互关系，预测未来的发展趋势，并为决策者提供决策依据。

基于物联网的数据来源，物联网的数据价值挖掘模型如图 11-5 所示。

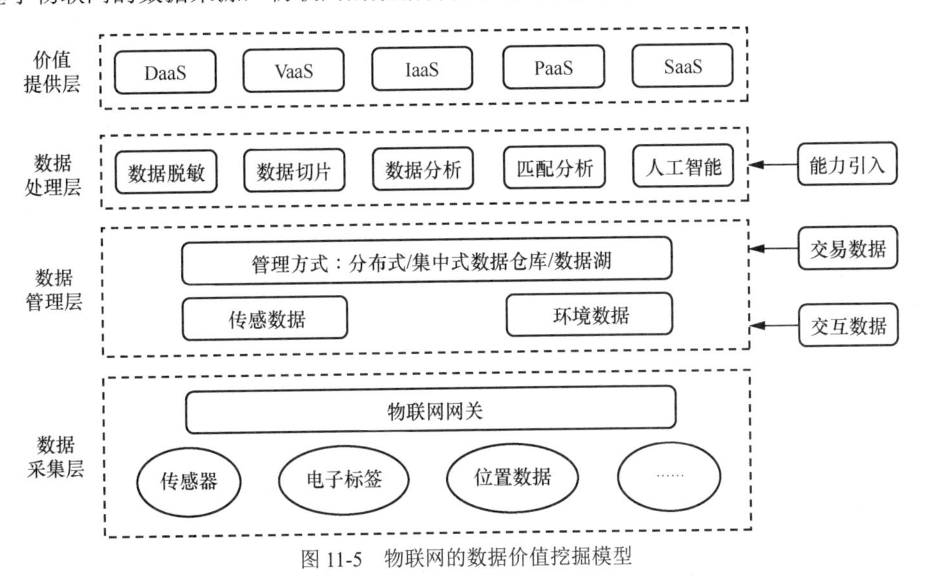

图 11-5　物联网的数据价值挖掘模型

在图 11-5 中，物联网的数据价值挖掘模型分为 4 层。

（1）数据采集层

在数据采集层，物联网中的物理感知实体采集的主要是环境和传感数据，并通过物联网网关将数据上传到数据管理层。

（2）数据管理层

在数据管理层，以分布式、集中式或数据仓库等形式对采集的数据进行存储，并按需整合机构自有的或第三方的交互数据与交易数据，从而丰富数据的种类。

（3）数据处理层

在数据处理层，对传感数据、环境数据、交互数据和交易数据进行整合、脱敏、切片、匹配等处理，形成面向不同客户群体的服务，例如各种业务的增值服务（VaaS）。

数据处理层包括嵌入式软件、应用支持程序及运营支持程序等，可以提升用户体验。数据处理层中的程序对传感数据、环境数据进行整合、过滤，形成可直接销售的数据服务（DaaS），如基于数据的各种处理方法等；对传感数据、环境数据、交互数据和交易数据进行匹配分析，形成产品（PaaS），如咨询报告、趋势预测等；对传感数据、环境数据、交互数据和交易数据进行人工智能挖掘，形成新的应用（SaaS），如精准营销广告服务和安全应用等。

（4）价值提供层

价值提供层可面向不同的用户群体提供不同价值的服务。例如，面向原有用户提供 VaaS，面向数据公司及中小云服务提供商等用户提供 DaaS，面向政府或垂直行业等用户提供 PaaS，面向最终消费者用户提供 SaaS 等。

11.5 物联网的数据可视化

在分析物联网数据时，往往需要机器和人相互协作，优势互补。从这一点出发，大数据分析的理论和方法可以从两个维度展开。

- 从机器或计算机的维度，强调机器的计算能力和人工智能，以各种高性能处理算法、智能搜索算法和挖掘算法等为主要研究内容。例如基于 Hadoop 和 MapReduce 框架的大数据处理方法以及各类面向大数据的机器学习和数据挖掘方法等。这也是目前大数据分析领域的主流趋势。
- 从人作为分析主体和需求主体的维度，强调基于人机交互的、符合人的认知规律的分析方法，将人所具备但机器不擅长的认知能力融入分析过程中。这就是数据可视化分析。

通过对物联网数据进行可视化分析，将复杂的数据通过图形、图表或地图等形式展示给用户，可以帮助用户更直观地理解和分析海量的数据，使得用户能够更加清晰地看到数据背后的规律和趋势。

当前，主流的数据可视化技术主要包括文本可视化、网络可视化、时空数据可视化、多维数据可视化技术，以及支持可视化分析的人机交互技术等。

11.5.1 数据可视化的概念

一图胜千言。人类从外界获得的信息中，约有 80%来自视觉系统。当数据以直观的可视化的形式展示在我们面前时，我们往往能够一眼洞悉数据背后隐藏的信息并将其转化成知识以及智慧。

数据可视化是使用计算机支持的、交互的、可视化的形式来表示抽象数据，以增强认知能力。数据可视化更加侧重于通过可视化图形来呈现数据背后隐含的信息和规律，旨在建立符合人的认知规律的心理映像。数据可视化已经成为人们分析复杂问题的一个强有力的工具。

数据可视化分析是一种通过交互式可视化界面来辅助用户对大规模复杂数据集进行分析推理的技术，是感知认识、人机交互、数据挖掘、数据管理等研究领域的交叉融合，如图 11-6 所示。

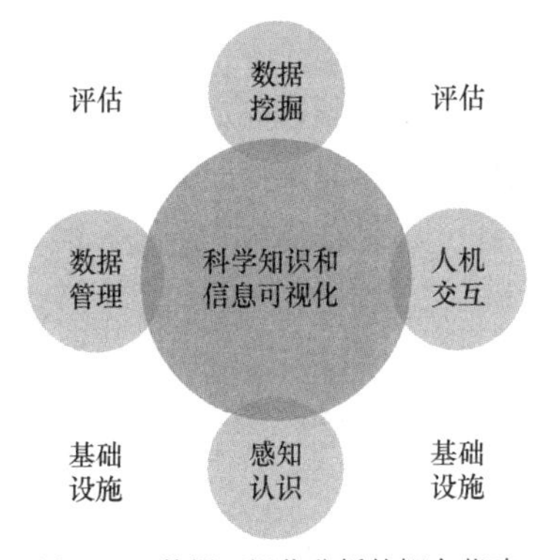

图 11-6 数据可视化分析的概念范畴

可以将数据可视化分析的运行机制看作数据→知识→数据的循环过程，中间通过可视化技术实现可视数据探索，并且通过自动化分析模型完成自动化数据分析，如图 11-7 所示。从数据中洞悉知识的过程主要依赖可视数据探索和自动化数据分析的互动与协作。可视化分析的目标之一就是针对大规模、动态、模糊或者常常不一致的数据集进行分析。

通过数据可视化分析的运行机制，以掘取信息和洞悉知识作为目标，根据信息的特征可以把数据可视化技术分为一维信息、二维信息、三维信息、多维信息、层次信息、网络信息和时序信息的可视化。当前，围绕上述信息类型，人们提出了众多的信息可视化新方法和新技术，并在诸多领域中获得了广泛的应用，例如互联网、社交网络、城市交通、商业智能、气象观测、安全反恐、经济与金融等。

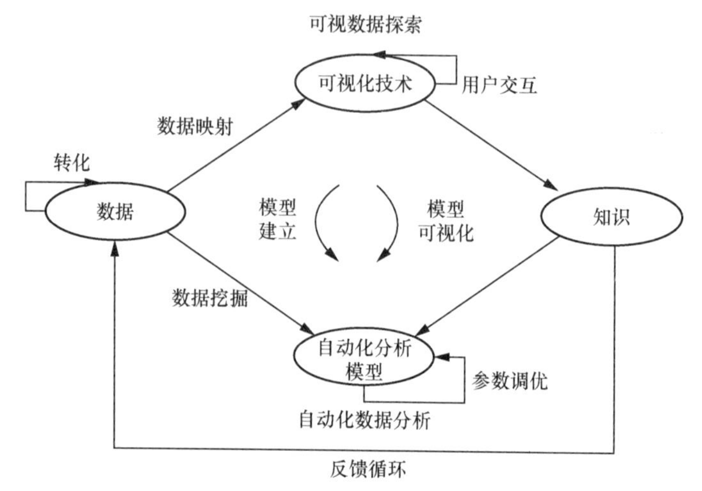

图 11-7　数据可视化分析的运行机制

11.5.2　文本可视化

文本信息是非结构化数据类型的典型代表，是互联网中最主要的信息类型，也是物联网中的各种传感器采集数据后生成的主要信息类型。文本可视化的意义在于，能够将文本中蕴含的语义特征（例如词频与重要程度、逻辑结构、主题聚类、动态演化规律等）直观地展示出来。

典型的文本可视化技术是标签云（也称为词云），指的是根据一定的规律对关键词进行布局排列，并用大小、颜色、字体等图形属性对关键词进行可视化展示。在互联网应用中，标签云技术多用于快速识别网络媒体的主题热度。

文本中通常蕴含着语义的逻辑层次结构和一定的表述模式，可以将文本的语义结构以树的形式进行可视化，并同时展现相似度统计、修辞结构，以及相应的文本内容。此外，还可以以放射状圆环的形式展示文本的语义结构。

基于主题的文本聚类是文本中关键词的一种挖掘方式。为了可视化展示文本聚类的效果，通常将一维的文本信息投射到二维空间中，以便对聚类中的关系予以展示。也就是说，文本语义结构可视化方法仍然建立在语义挖掘基础之上，与各种挖掘算法绑定在一起。

上述文本可视化的方式适用于静态的文本，但是考虑到文本的形成与变化过程和时间密切相关，如何将动态变化的文本中与时间相关的模式和规律进行可视化展示是文本可视化的重要内容。引入时间轴是一类主要方法，时间轴从左至右代表时间序列，文本中的主题按照不同颜色的色带表示，主题的频度以色带的宽窄表示。例如，将新闻进行聚类，并以气泡的形式展示出来，再结合文本的时间属性即可形成综合的舆情分析可视化界面。

11.5.3 网络可视化

网络可视化可以将复杂的网络结构以图形化的方式呈现出来，以帮助人们更好地理解网络之间的连接和关系。网络可视化通常使用节点和边来表示网络中的元素和连接，通过图形、图表或其他视觉元素来展示网络的拓扑结构和特性。在社交网络的分析中，以网络拓扑来表达数据关系是一种常见的方式，而且层次结构数据也属于网络关系的一种特殊情况。对于具有海量节点和边的大规模网络，如何在有限的屏幕空间中进行可视化是当前网络可视化技术面临的难点和重点。另外，除了对静态的网络关系进行可视化，还需要对网络的动态演化进行可视化。

基于节点和边的图是网络可视化的主要方法，例如H状树、圆锥树、气球图、放射图、三维放射图、双曲树等，都是网络可视化的主要方法。

这些可视化方法的技术特点是能够直观地表达图中节点之间的关系，但算法难以支撑大规模（如百万以上）图的可视化，并且只有当图的规模在显示界面的像素总数规模范围以内时（例如百万以内），效果才较好。因此，如果是大数据中的图，需要通过计算并行化、图聚簇简化、多尺度交互等方法对这些图进行改进。

在物联网中，随着海量节点和边的数目不断增多，当节点和边的规模达到百万以上时，可视化界面中会出现节点和边大量聚集、重叠和覆盖的问题，使得分析人员难以辨识可视化效果。图简化方法是处理此类大规模网络可视化问题的主要手段。

- 一类简化是对边进行聚集处理，例如基于边捆绑（edge bundling）的方法，可使得复杂网络的可视化效果更为清晰。这种方法主要是根据边的分布规律计算出大规模网络骨架，然后再基于骨架对边进行捆绑。
- 另一类简化是通过层次聚类与多尺度交互，将大规模网络所形成的图转化为层次化树结构，并通过多尺度交互来对不同层次的树结构进行可视化。

这些方法为大规模网络可视化提供了有力的支持。另外，对于动态网络，其可视化的关键是如何将时间属性与图进行融合，基本的方法仍然是引入时间轴。但总体而言，目前针对动态网络演化的可视化方法仍然较少，而对各类大规模复杂网络等演化规律的探究，如社交网络和互联网等，将推动动态网络可视化的进一步发展。

11.5.4 时空数据可视化

时空数据是指带有地理位置与时间标签的数据。传感器与移动终端的存在使得时空数据成为物联网中典型的数据类型。时空数据的可视化可以与地理制图学相结合，重点是对时间与空间维度以及与之相关的物联网对象建立可视化表征，对与时间和空间密切相关的模式及规律进行展示。时空数据的高维性、实时性等特点也是时空数据可视化的重点。

为了反映信息对象随时间进展与空间位置所发生的行为变化，通常需要对信息对象的属性进行可视化。流式地图是一种典型的将时间事件流与地图进行融合的方法，但当数据规模不断增大时，流式地图将面临大量的图中元素交叉、覆盖等问题。这些问题可以通过借鉴并融合大规模图可视化中的边捆绑方法来解决，也可以使用密集计算对时间事件流进行融合处理来解决。

在对时空数据进行可视化时，为了突破二维平面的局限性，可以采用一种名为时空立方体的方法，以三维方式将时间、空间及事件直观地展现出来。此外，还可以结合散点图和密度图对时空立方体进行优化，或者是对二维和三维空间进行融合，引入堆积图，在时空立方体中拓展多维属性显示空间。这些方法适合对城市交通 GPS 数据、飓风数据等大规模时空数据进行展现。但是，当时空信息对象属性的维度较多时，三维空间的展现能力也将受到限制，此时可将多维数据可视化方法（见 11.5.5 节）与时空数据可视化进行融合。

11.5.5 多维数据可视化

多维数据指的是具有多个维度属性的数据。这种数据广泛存在于传统的关系数据库以及数据仓库的应用中，例如企业信息系统以及商业智能系统。多维数据可视化的目标是探索多维数据的分布规律和模式，并揭示不同维度属性之间的隐含关系。

多维数据可视化的方法有散点图、投影、平行坐标等，下面分别来看一下。

散点图是最为常用的多维数据可视化方法。以二维散点图为例，二维散点图将多个维度中的两个维度属性值集合映射至两条轴，在二维轴确定的平面内通过图形标记的不同视觉元素来反映其他维度的属性值。例如，可通过不同的形状、颜色、尺寸等来代表连续或离散的属性值。二维散点图能够展示的维度十分有限，当扩展到三维空间时，除了将三个维度的属性映射为空间中的一个点之外，还可以通过可旋转的方块（dice）扩展可映射维度的数目。散点图适合对有限数目且较为重要的维度进行可视化，通常不适合对所有维度同时进行展示。

除了上面提到的散点图方法之外，还可以使用投影以可视化的方法展示多维数据。它通过投影函数将各维度的属性集合映射到一个小方块图形的标记中，并根据维度之间的关联度对各个投影映射生成的小方块进行布局。基于投影的多维数据可视化方法反映了维度属性值的分布规律，同时也直观展示了多维数据之间的语义关系。

平行坐标是应用最为广泛的一种多维数据可视化技术。它在维度与坐标轴之间建立映射，在多个平行轴之间以直线或曲线映射表示多维数据信息。平行坐标技术面临的主要问题之一是当数据项的规模太大时，会带来平行轴之间的直线或曲线密集与重叠覆盖的问题。此时可以根据线条聚集特征对平行坐标图进行简化，从而形成聚簇的可视化效果。

11.5.6 支持可视化分析的人机交互技术

人机交互技术在数据可视化分析中扮演着至关重要的角色。它能够增强用户与可视化工具之间的交互体验，帮助用户更好地探索和理解数据，发现隐藏在数据中的模式和洞见。

在数据可视化分析中的，人机交互技术具有如下功能或作用。

- 灵活的探索和导航：用户可通过直观的操作来灵活地探索数据，缩放、平移、旋转和选择感兴趣的区域，从而获得全面的数据视图和详细的信息。
- 动态交互与过滤：用户可根据需要动态调整和过滤数据展示。例如，通过滑块、复选框、下拉菜单等方式，控制可视化效果和数据呈现，以便更好地突出重点和比较不同的数据情况。
- 可视化参数调整：用户可以实时调整可视化图表的样式、颜色、标签等参数，以满足个性化需求，提高图表的可读性和美观性。
- 链接和联动视图：通过链接和联动视图，用户可以在多个不同的图表或图形之间建立链接，一次性显示多个视角的数据信息，从而更好地理解数据的关系和交互作用。
- 交互式查询和标记：用户可以进行数据查询和标记，如通过鼠标悬停的方式显示数据数值、通过点击来标记特定的数据点等，以便获取详细的数据信息。
- 动态时间序列分析：交互式时间轴和动画效果可以帮助用户在时间序列数据中观察趋势和周期性，更好地理解数据的时间变化。
- 可视化故事叙述：支持用户创建交互式数据可视化故事，使用户能够将数据的发现和洞见以故事化的方式进行展示和分享。

人机交互技术在数据可视化分析中的作用是使用户能够更加主动地参与数据的探索和解释，从而提高数据分析的效率和准确性，同时提供更加灵活和个性化的数据可视化体验。这可使得数据可视化工具更具交互性、可用性和可扩展性，从而更好地满足用户在数据分析过程中的需求。

11.6 物联网中的网络控制系统

网络控制系统是随着控制技术、网络技术和计算机应用技术的迅速发展而形成的一种新兴控制系统。物联网概念的提出和物联网技术的不断涌现，又为网络控制系统的发展提供了新的机遇和挑战，以物联网为基础的网络控制系统必将成为下一代控制系统的发展方向之一。

与现代网络控制系统相比，物联网控制系统最大的魅力在于对任何被授权的人或设备，在任何地点、任何时间，都可以安全地对被控设备进行监测和控制，并且按照控制者的意图进行相应操作。

11.6.1 控制模型

物联网环境下的控制系统具有决策和控制功能，能够感知物理世界，对感知的信息进行传输和处理，对事件进行判断和决策，并根据决策结果对控制系统中的设备执行相应的动作，最终影响物理设备的形态，形成从物理世界到信息空间再到物理世界的信息循环过程。

物联网控制系统的基本工作原理可以概括为：采集源点实现对被控对象或其他感知对象的感知识别，并将感知到的信息经过传输通道传递到决策点；决策点经过计算处理形成控制命令，并将控制命令经过控制通道下发给被控对象，实现对被控对象的控制。

物联网环境下的控制系统可以是简单的 Petri 网模型（一个描述异步的、并发的计算机系统模型），其中，决策点的处理过程较为复杂，可以将决策点的功能进一步细化，将其分为管理节点、控制算法和控制源点。

- 管理节点：对控制策略进行管理。
- 控制算法：进行控制计算。
- 控制源点：下发控制命令。

物联网环境下的控制系统存在信息来源的不确定性、传输安全（传输通道、控制通道）、算法安全等问题。针对这些问题，可以考虑在物联网环境中应用 Petri 网模型，以解决或规避这些问题。

11.6.2 物联网控制系统架构

物联网控制系统更强调网络的多样性和开放性、感知节点地域分布的广泛性、感知信息的异构性和海量性，以及被控对象种类的多样性和控制的智能化。

当控制策略比较简单且多个控制器之间不需要协调控制时，物联网控制系统的架构比较简单，如图 11-8 所示。

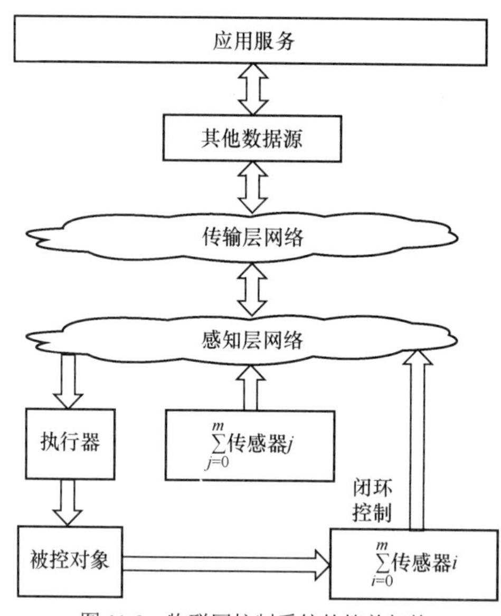

图 11-8 物联网控制系统的简单架构

在图 11-8 中，控制系统可以允许开环控制和闭环控制。开环控制是简单的单向控制方式，无法对系统的实际输出进行修正；而闭环控制是通过反馈信息来实现系统的自动调整，具有更好的控制性能和健壮性。

当被控制对象关联的传感器的个数为零时，系统可以按照开环控制来处理。参与网络控制决策的传感器可以与被控对象直接关联，也可以与被控对象没有直接关系。感知层网络可以采用蓝牙、Wi-Fi、Zigbee 等无线通信技术来传输传感信息或向执行器发送控制命令，也可以采用以太网、工业总线等来连接网络控制器、执行器和传感器。

当控制策略比较复杂时，物联网控制系统的系统架构如图 11-9 所示。

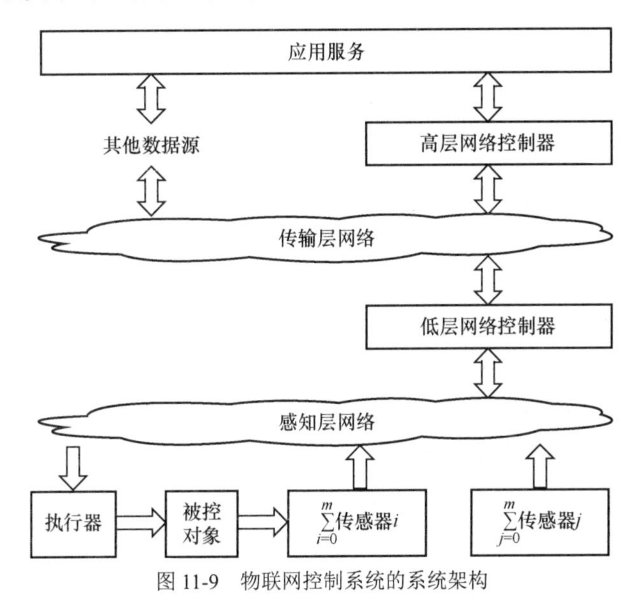

图 11-9　物联网控制系统的系统架构

在图 11-9 中，低层网络控制器可以以某种控制网关的形式存在，也可以是 PLC；高层网络控制器以支撑平台的形式存在，也就是普遍意义上的云。当系统中的大部分信息和用户请求交由支撑平台来处理时，物联网控制系统的功能主要由高层网络控制器来实现，底层网络控制器可以弱化为网关。如果系统中的大部分信息和用户请求交由低层网络控制器处理，那么高层网络控制器则弱化为数据管理平台。

11.6.3　物联网中的控制器

在物联网控制系统中，控制器是实现物联网系统智能化、自动化和远程控制的关键组件。它负责对物联网中的设备进行监控、管理和控制，以实现物联网的目标和功能。例如，在农业领域中，可以利用大量的数据进行农业用水用电的关联规则挖掘，构建基于关联规则挖掘的节能应用系统作为控制器，从而实现被控对象的自动调控。这样的方法也可以应用到建筑领域的电气设备物联网系统中。例如，在隧道照明系统的实时控制及远程监控的过程中，可以利用遗传神经网络来构建控制器，从而提高照明效率并且降低耗能。

在物联网控制系统中，控制器的设计与优化是对被控对象进行精准控制的关键，也是体现物联网高度智能特色的重要保证。

延迟、带宽、吞吐量等是网络的重要性能指标。在物联网环境中，延迟尤为突出，因此在设计网络控制算法时，要有效补偿网络延迟，确保整个控制系统的健壮性和稳定性。在网络的总延迟中，适当减少传感器上行通道的延迟所占比重，可以在很大程度上改善系统性能。一般而言，为了实现控制系统的网络化，可采用高频率的采样周期实现本地控制，采用低频率的采样周期实现远程控制。

物联网中的控制器与系统中的控制策略密不可分。控制策略是指定物联网系统中设备和资源的运行方式、行为规则以及决策方法的指导性方案。通过合理设计和实施控制器及控制策略，物联网系统可以实现自动化、智能化、高效化和安全性，从而在更好地满足用户需求的同时，优化资源利用，提升整体性能。

11.7 小结

在物联网中，数据的分析和处理主要有 3 种计算模式：云计算、雾计算和边缘计算。云计算是最常用的计算模式，很多物联网的数据架构也是面向云计算的。

基于物联网数据类型的特点和相应的处理方式，物联网数据架构可以分为批处理架构和流处理架构以及二者融合的 Lambda 架构。批处理架构适用于对历史数据进行离线分析和批量处理；流处理架构适用于实时数据处理和实时监控；Lambda 架构则在同时具备实时性和大规模离线分析的场景下具有优势。

互联网中使用的数据分析方法在物联网中依然有效。例如，贝叶斯方法（如贝叶斯分类和多贝叶斯估计）同样是物联网数据分析的利器。

对物联网数据进行分析与处理的目的是从中挖掘价值。物联网数据的价值挖掘模型为数据可视化分析提供了相应的便利。

数据可视化分析是通过图表、图形和其他视觉元素将数据呈现在视觉界面上，以帮助人们更好地理解数据、发现数据之间的模式和关系，并从数据中提取有意义的信息和洞见。

第 5 部分
设计与工程实现

- 第 12 章，物联网产品设计与工程实现
- 第 13 章，物联网系统设计与工程实现

理解物联网的概念、组成和工作原理，可以帮助我们更有效地开发物联网产品，进而实现一个物联网的应用系统。

那么，应该如何设计物联网产品，以及如何实现物联网的应用系统呢？

物联网的设计和工程实现涉及许多知识和技术领域。按照网络通信的方式和面向接口的架构方法，可以把物联网的设计与工程实现划分为两个主要的领域：物联网产品和物联网系统。

物联网产品侧重于“物”（即硬件产品），从智能尘埃到轻量级嵌入式设备，从可穿戴设备到智能硬件系统，从机器人到自动驾驶的汽车……都可以归纳为物联网产品的范畴。物联网系统则侧重于后台软件服务，这些后台软件服务可以统称为物联网的云服务系统。

在物联网产品的设计与工程实现中，首先要了解从需求到设计，甚至到最终产品上市的整个流程，明确物联网产品的主要服务领域及其核心约束，进而对硬件、协议栈、软件及解决方案等进行选择，平衡利弊，形成最终的产品形态。

在物联网系统的设计和工程实现中，为了提高开发效率，可以有针对性地选择物联网中间件，或者有目的性地选择物联网开放平台。但是，为了实现物联网功能的定制化和丰富化，也可以设计并开发自己的物联网软件平台（即用于开发和运行应用程序的软件环境）。此外，互联网中的架构模式和技术方案仍然可以用于物联网系统，例如多级缓存、消息队列、运维体系、支撑系统、流量控制等。另外，面向物联网产品的混合云部署代表了不断增长的 IoT 市场和云计算领域技术

演变的发展趋势。

将物联网产品连接到物联网系统时，主要有3种连接方式：黑箱连接、白箱连接和灰箱连接。最简单的方法就是使用一个全功能的物联网软件代理进行连接，这就是黑箱方法。另一种简单的方法是使用由物联网平台提供的SDK进行连接，这就是白箱方法。而灰箱方法指的则是使用便携式物联网软件代理进行连接。可以针对物联网产品的具体需求，结合实际情况，选择不同的连接方法。

在物联网系统的设计和工程实现中，必须倾听专家、管理层、员工和客户的心声，考虑全流程环节的现实需求和未来诉求。

第12章 物联网产品设计与工程实现

物联网应用离不开硬件产品。硬件产品作为功能的主要提供者，是用户体验的关键。在设计物联网的硬件产品时，要根据需求，利用目前业界成熟的芯片方案或者技术，并在规定时间内确保硬件产品满足或符合功能、性能、电源、功耗、散热、噪声、信号完整性、电磁辐射安全规范、元器件采购、可靠性、可测试性、可生产等要求。这与以软件形态为主的互联网产品有着较大的区别。

在物联网产品的设计和工程实现中，需要关注哪些问题呢？首要问题是要满足功能需求，因为没有用户问题的物联网产品是没有价值的。从功能和技术的角度来理解业务特性有助于设计出良好的物联网产品。

物联网硬件产品的设计和工程实现有着特定的流程和敏捷方法，这与软件产品有很大不同。在物联网硬件产品领域，选型和考虑因素具有特殊性，其中功耗是一个重要的约束条件。物联网产品的低功耗设计是实现绿色物联网的关键因素之一。

12.1 物联网产品的业务特性

国际标准组织3GPP针对物联网业务的MTC（机器类型通信）总结了16类特性，如表12-1所示。

表12-1 物联网业务的MTC特性

MTC特性	简要说明
Low Mobility	低移动性
Time Controlled	业务与时间相关，如抄表
Time Tolerant	对时间不敏感，可以容许适当延迟
PS Only	只通过PS（分组交换）域提供业务
Online Small Data Transmission	永远在线，少量数据传输
Offline Small Data Transmission	在非传输时，终端处于非激活状态

续表

MTC 特性	简要说明
MO Only	由终端发起业务
Infrequent MT	网络偶尔发起 Push（推送）业务
MTC Monitoring	监控终端状态
Offline Indication	服务器感知终端离线
Jamming Indication	服务器感知设备被干扰
Priority Alarm Message（PAM）	网络需要保证 PAM 消息优先传送
Extra Low Power Consumption	终端低功耗保证
Secure Connection	终端与服务之间的安全连接
Location Specific Trigger	网络根据位置触发终端发起业务
Group Based MTC Feature	针对群组管理的特性，如群组 QoS 等

在工业和信息化部下属单位发布的《M2M 业务应用市场研究》中，按照 5 个维度来体现各种业务的参数指标，即业务突发数据率、每个业务突发数据量、业务发生频率、延迟要求和节点密度，M2M（机器到机器）则聚焦在无线通信网络的应用上，是物联网应用的一种主要方式。

12.2 商业化流程

物联网硬件产品的商业化流程历经多个阶段，而且很多阶段之间有较强的依赖关系。一般来说，成功的物联网产品既是一个系统型的科技产品，也是一个完备的工程化产品。

在科技快速发展的今天，所谓的技术壁垒更多体现为资本壁垒与时间壁垒。在物联网硬件产品的商业化过程中，科技研发与产品化过程耦合度越高，科技技术的时效性就越强，就越容易在市场上抓住早期红利，所以这里着重阐述物联网产品的商业化流程。

物联网硬件产品从产品市场调研到产品退市的全周期流程如图 12-1 所示。

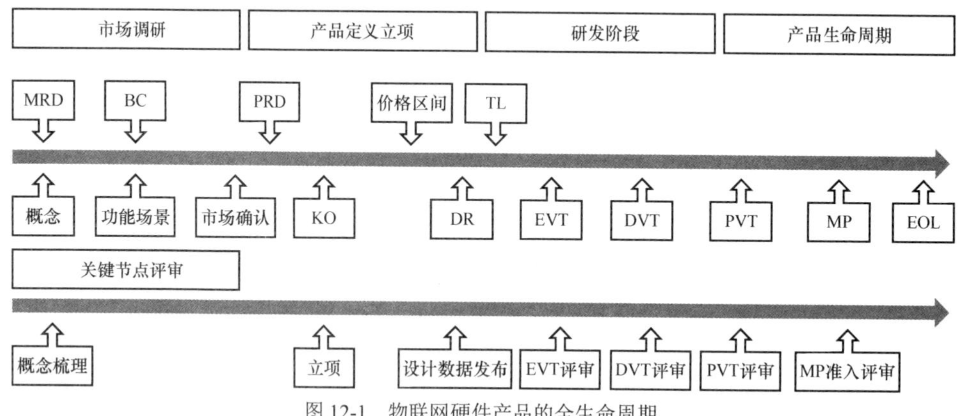

图 12-1 物联网硬件产品的全生命周期

在图 12-1 中，物联网硬件产品从调研到退市大体可以分为 4 个阶段：市场调研、产品定义立项、研发阶段和产品生命周期。其中，硬件产品研发的阶段性流程如图 12-2 所示。

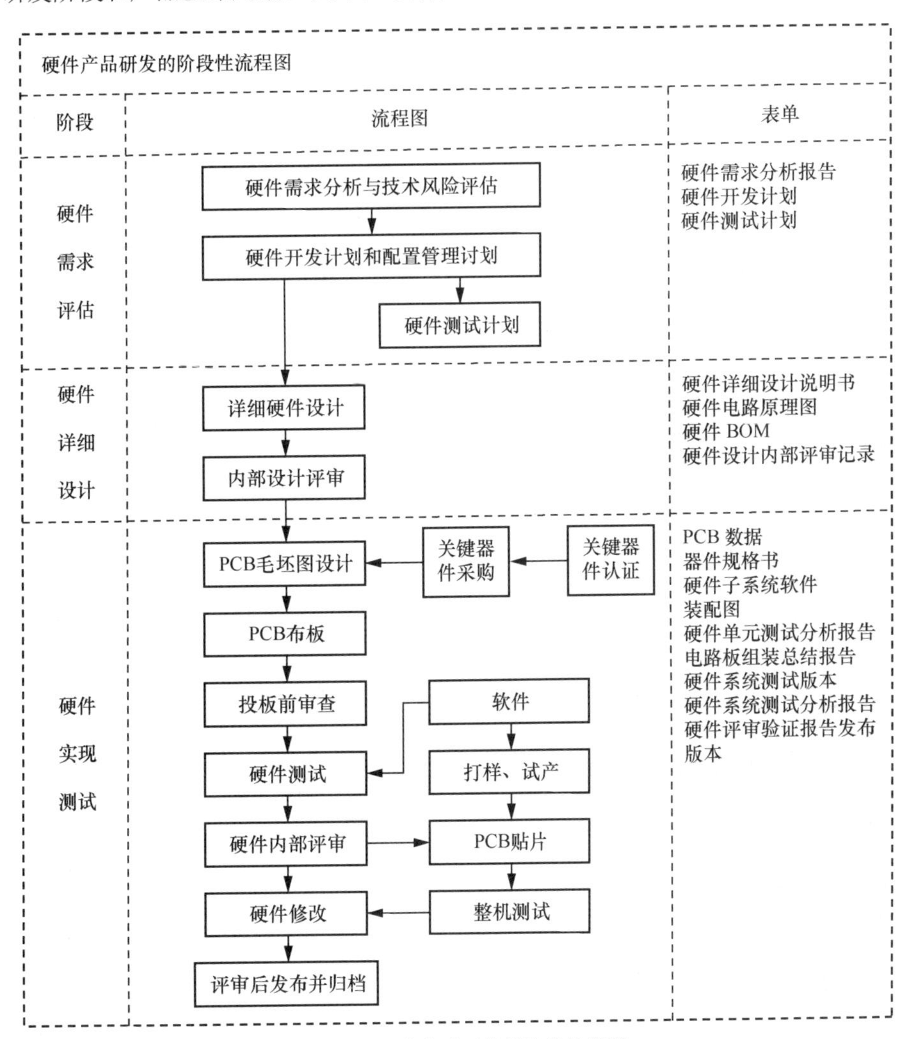

图 12-2 硬件产品研发的阶段性流程

下面各节将对整个商业化流程中的各个环节进行详细的说明。

12.2.1 需求分析及非功能属性的设计

物联网硬件产品的需求分析并不是像互联网产品那样通过头脑风暴来完成，而是需要根据产品的定位、成本、售价和技术边界去分析需求，并在成本、研发周期和体验之间进行取舍。最重要的是明确物联网硬件产品的使用场景，综合需求和成本要求，把产品的形态和硬件配置确定下来，这样后续就可以依托硬件能力去做软件的需求和功能设计了。

在明确了物联网产品的硬件需求后，需要把产品的硬件原理框图制作好，进行可行性评审与验证。需要特别注意的是，软硬件的需求和功能需要一同进行规划，以构建基本的物联网应用框架。

硬件产品的竞争力不光体现在需求的实现上，DFX（Design for X）也很重要，比如可靠性、性能、易用性、用户体验等。这就是为什么很多用户会有这样一种感觉，即两个产品明明功能差不多，但在使用中总有一些差异。

DFX 表示面向产品非功能性属性的设计，其中 X 代表产品生命周期的某一环节，如供应、安装、维护等；也可以代表产品竞争力或决定产品竞争力的因素，如可靠性、功耗、网络安全性等。DFX 是硬件产品定义及设计的核心，是交付、质量、价格的重要保障及综合设计能力的体现。

一个好的硬件产品，从定义到设计，再到落地实现，需要在满足既定市场需求的情况下从各个细节全力保障 DFX 能力，如表 12-2 所示。

表 12-2 DFX 能力及说明

DFX 能力	说明
DFR（Design for Reliability，可靠性设计）	在产品运行期间确保全面满足用户的运行要求，包括减少故障发生、降低故障发生的影响、故障发生后能尽快恢复
DFPf（Design for Performance，性能设计）	设计时考虑延迟、吞吐量、资源利用率，以提高系统的性能
DFT（Design for Testability，可测试性设计）	提高产品能观能控、故障检测与定位隔离的能力
DFS（Design for Serviceability，可服务性设计）	提高系统安装调测与维护管理能力，提高服务效率。隶属于 DFS 的二级 DFX 有可维护性设计（Design for Maintainability）、易用性设计（Design for Usability）
DFEE（Design for Energy Efficiency and Environment，能效与环境设计）	在设计中考虑能效与资源的有效利用，并通过环保设计减少毒害和资源消耗，保护生态环境
DFNS（Design for Network Security，网络安全性设计）	最大限度地减少资产和资源的脆弱性，包括机密性、完整性、可用性、访问控制、认证、防抵赖和隐私保护等
DFC（Design for Compatibility，兼容性设计）	保证产品符合标准，与其他设备互连互通，以及自身版本升级后的兼容性
DFPr（Design for Procurement，可采购性设计）	在满足产品功能与性能的前提下，确保物料采购的便捷性和低成本
DFSC（Design for Supply Chain，可供应性设计）	提升供应效率，提高库存周转率，减少交付时间
DFE（Design for Evolution，可演进性设计）	产品对现在、将来的不同场景和需求的灵活应对能力

12.2.2 外观设计

产品的外观设计同样是物联网硬件产品的重要因素。

设计出来的产品外观的形体必须能够开模，而能否开模制造出来，则取决于元器件的堆叠拆解程度。除此之外，还必须考虑是否能够将主板及其他所需的电子元器件装进去，以及外部形体的强度是否足够等。然后，要确保所设计的产品的元器件能够有序地拼装在一起。

如果外观通过了评审，就可以通过手板（prototype）进行下一步的检验和评估。

12.2.3 结构设计

在结构设计中，要注意根据外观、电路板、天线位置、散热等因素，开展设计讨论。同时，还要考虑产品结构的稳定性、坚韧度、组装难易度以及脱模难易度，有运动部件的产品还要特别注意运动部件的结构灵活性和稳定性。

结构设计好后，可通过 3D 打印等技术进行打样拼装，通过手板验证其设计是否合理。

12.2.4 电子设计

在电子设计和开发中，需要注意 PCB 设计和电子元器件选型这两个问题。

PCB 设计时要考虑走线、SMT（表面组装技术）难度、分离模拟电路与数字电路以及元器件和电路之间的电磁干扰等相关问题。尤其要注意电磁干扰问题，电磁兼容是个隐性问题，倘若在大规模生产后出现电磁干扰问题，则会影响产品的整体性能。

在电子元器件选型时，要避免使用少见的元器件，因为这样的元器件可能随时会面临停产或者与其他元器件不兼容。对于产品来说，使用成熟稳定的元器件不仅能提升产品的稳定性，而且能降低产品的总体成本。

PCB 设计好后即可进行打板出样品，样品出来后即可烧录固件，并对其进行测试。

12.2.5 软件开发

在产品需求确定后，可先由设计师进行界面设计，然后由软件工程师开发相应的软件。

对于硬件产品的软件开发来说，除了应用和后台软件之外，还有固件的开发。在这个阶段，由于硬件也是刚开始进行研发，因此无法提供硬件来运行固件。因此，在项目前期，固件开发通常在开发板上进行。

相较于纯粹的软件产品，硬件产品在交互上会更加复杂，在多方联调方面需要花费更多的时间，也会涌现出更多的问题，因此需要对硬件产品进行详尽的测试。

在工程前期，可以使用开发板进行大致测试。但是考虑到开发板和实际产品之间存在配置方面的差异，因此在开发板上测试时没有问题不代表在最终的产品上也没有问题，电子工程师也可能会遗留下硬件问题，因此需要对硬件进行详尽测试，确保产品的稳定性。

通常，物联网硬件产品都可以进行远程升级，因此在大规模出货前一定要对升级流程进行多次确认，这样即便软件出现缺陷，也可以通过远程升级解决。但是，如果升级系统有问题，那么这个产品将无法实现正常的功能迭代。

在硬件产品中，通常不会对软件进行无限期的优化和功能迭代，尤其是在推出下一代产品之后基本上会停止对老产品的更新。原因是物联网硬件生产商主要依靠销售硬件产品来赚取利润，如果一直对老产品进行维护，将无法与新产品形成功能的差异化，也就无法吸引用户购买新产品。

此外，硬件产品都有预期的使用寿命，等产品到达预期寿命后，生产商就会停止对老产品的售后维护，并希望用户进行换代。当然，并不是所有的硬件产品都是这样的，比如管道类产品（比如某些智能音箱），其主要的利润点来自所提供的内容和服务，因此不会有使用寿命的限制。

12.2.6 电路验证

在电路验证阶段，需要对硬件产品进行各个方面的测试验证和迭代优化，并将产品放到实际的应用场景中进行使用测试。在实际应用场景中对产品进行测试，不仅可以从用户的视角测试产品性能，而且还能暴露出设计、需求以及产品体验方面的问题。

电路验证阶段非常有必要，因为硬件产品的功能定义一旦确定，需求便很难更改。大多数的需求变更都需要至少 2 次的试产验证，而且有些需求变更甚至需要重新进行产品设计和研发。因此，对硬件产品进行需求更变，所付出的时间和研发成本是非常高的。

12.2.7 结构开模与电子备料

在经过多次测试后，在产品的外观、结构、电气特性等方面没有需要改动的情况下，就可以进行开模了，也可以准备相应的电子元器件。

通常，开模的时间至少需要 2 个月。在这段时间内，产品经理和结构设计师需要定期检查开模的进度和质量，避免出现较大的进度延迟或失误。软件研发团队也可以利用这段时间继续迭代优化软件。

12.2.8 整机验证

整机验证主要是针对以下几个方面。

- 验证模具的质量，比如生产出来的壳体是否有问题，壳体是否能通过模拟产品长期使用情况的老化测试。
- 对出现的问题进行修复优化。
- 开始小批量的 SMT 贴片，验证 PCBA（印制电路板组件）的质量。
- 总结 SMT 贴片的经验和问题并进行优化，提出进一步改进生产和测试的方法。

- 对产品的耐久性和稳定性等进行多方面的测试，找出产品中隐藏的问题或者需要长时间运行才能发现的问题。

同时，在这个阶段需要进行产品组装，并对产品组装和生产工艺进行整理，生成产品生产的指导书，以指导工人生产和设计生产流程。

12.2.9 包材设计与生产

在基本外观模型确认后（包括大小、重量和配件的基本确认），就可以进行包装和说明书的设计与生产了。

包装主要关注运输和转运过程中的一些实际因素，而说明书除了需要与产品使用相配之外，还需要匹配国家认证的一些安全需求。

12.2.10 小批量试产

当经过用户内测并把发现的问题进行修复验证后，产品可行性研发阶段就可以正式结束，并进入产品的生产阶段。

产品生产的第一步是选择一家合适的代工厂。在选择时，优先考虑有相关产品经验且管理规范的工厂，并要求该工厂具备齐备的相关设备，可以在一家工厂内完成SMT贴片、壳体生产和产品组装等相关流程。如果无法满足这样的条件，可以将SMT贴片和壳体生产委托给其他厂商。不过在这种情况下要注意责任的划分，避免出现问题后造成纠纷。

选好工厂后就要与工厂的工程师确定生产流程和工艺，然后就可以进行小批量试产了。

根据产品类型的不同，小批量试产的数量也不尽相同，不过通常会生产数百台产品。小批量试产的目的是验证产品生产的流程，其中涉及元器件批量加工、生产工艺和工人能力等多方面，从而对流程中出现的问题进行总结分析并找出解决方案。同时，通过小批量试产也可以对产品的成品率进行监控。

如果有条件的话，可以开展二次内测。即便不能进行二次内测，最好也进行大规模的抽查使用，以模拟用户收到并使用产品的过程和体验，发现隐藏的问题。此后，就可以对产品进行各方面的认证（例如3C认证）申请了。

12.2.11 工厂量产

当与试产相关的问题解决后，对工厂产能数据进行初步整理，然后就可以进行生产排期和备料生产了。在小批量试产中发现的组装相关的问题也需要在工厂量产阶段及时关注，以免影响产品质量。在这个过程中，最好进行驻场监督，以免出现问题后不能及时解决。同时，需要对产品的加工处理、员工的操作标准，以及质检的规范程度等方面进行有效的监督和保证，进一步保证生产质量。

在产品的生产过程中，产品经理或者研发团队需要着手编写产品维修手册，供应链团队需要准备相应的维修更换的部件等，以备售后使用。

12.2.12　销售和售后

在生产过程中，产品经理还有一个重要的任务——开展与产品销售相关的工作，主要包括产品销售材料的制作，例如制作宣传文件或宣传视频等资料。产品经理还需要对销售同事进行培训，帮助他们理解产品的市场定位、优缺点、使用方法，便于销售同事进行宣传和销售。同时，还要对负责售后、技术支持的同事进行培训，明确产品的使用方法、可能出现的问题以及应对的方法。

产品在量产完成后，营销和市场同事开始产品的营销和销售(线上渠道和线下渠道相结合)，然后售后和客服团队则开始直面用户的反馈。

12.3　一个物联网网关的设计与实现

物联网网关在物联网中扮演着非常重要的角色，它是连接传感网络与传统通信网络的中枢。作为网关设备，物联网网关可以实现传感网络与通信网络以及不同类型的传感网络之间的协议转换，既可以实现广域互联，也可以实现局域互联。此外，物联网网关还需要具备设备管理功能，以管理底层的各传感节点，了解各节点的相关信息，并实现远程控制。

12.3.1　物联网网关的功能

物联网网关的主要功能如下。

1. 广泛的接入能力

目前，用于近程通信的技术标准有很多，仅常见的 WSN（无线传感器网络）技术就有 LonWorks、Zigbee、6LoWPAN、RuBee 等多个标准。各类技术标准主要针对特定的应用展开，缺乏兼容性和整体规划，如 LonWorks 主要应用于楼宇自动化，而 RuBee 则适用于恶意环境。各个行业、不同设备、不同品牌都可能使用各自的协议，针对这样的情况，物联网网关需要具备多个接口和软硬件接入的能力，实现网络的标准化。

2. 协议转换能力

物联网网关能够实现不同的传感网络之间、传感网络与通信网络之间的协议转换，能将不同标准格式的数据统一封装，保证不同传感网络的协议能够变成统一格式的数据和信令以便相互通信，能将上层下发的数据包解析成感知层协议可以识别的控制指令和具体的业务数据。

3. 管理能力

强大的管理能力对于任何大型网络都是必不可少的。物联网网关需要具备的管理能力除了包括节点的注册管理、权限管理、状态监管等，还需要管理节点的标识、状态、属性、能量等，以及设备的远程唤醒、控制、诊断、升级和维护等。

由于不同的物联网硬件设备在组成传感网络时采用的技术标准不同，协议的复杂性不同，所以网关具有的管理能力也是不同的。通过物联网网关来管理不同的传感网络、不同的应用，能够保证使用统一的管理接口技术对物联网末梢网络节点进行统一管理。

物联网网关还负责管理与物联网设备之间的通信与连接。它确保设备可以与云端平台或其他设备进行可靠的通信。这可能涉及协议转换、数据传输优化和流量控制。它可以配置网络参数、处理网络故障、维护网络拓扑，并支持路由决策。同时，物联网网关能够监控设备和网络的状态，并生成事件和告警。这有助于及时检测和响应问题，确保系统的稳定性。

12.3.2 物联网网关的设计

物联网网关支持传感设备之间的多种通信协议和数据类型，实现了多种传感设备之间数据通信格式的转换，能够对上传的数据格式进行统一，同时对下达到传感网络的采集或控制命令进行映射，产生符合具体设备通信协议的消息。

物联网网关的层次结构如图 12-3 所示。

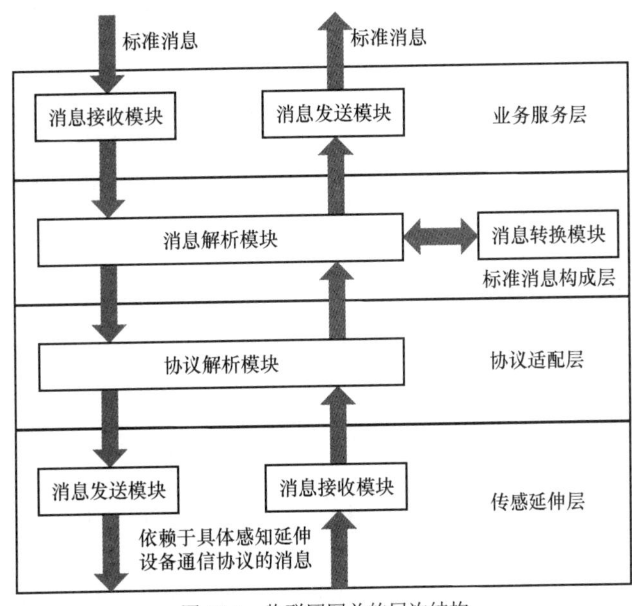

图 12-3 物联网网关的层次结构

在图 12-3 中，物联网网关对传感延伸设备进行统一控制与管理，由上到下共分为 4 层，分别为业务服务层、标准消息构成层、协议适配层和传感延伸层。

1. 业务服务层

业务服务层由消息接收模块和消息发送模块组成。

消息接收模块负责接收来自物联网业务运营管理系统的标准消息，将消息传递给标准消息构成层。消息发送模块负责向业务运营管理系统可靠地传送传感延伸网络所采集的数据信息。

业务服务层接收与发送的消息必须符合标准的消息格式。

2. 标准消息构成层

标准消息构成层由消息解析模块和消息转换模块组成。

消息解析模块解析业务服务层的标准消息并将其转换为底层传感设备所需的数据格式。传感延伸层接收到数据后，解析依赖于设备通信协议的消息并将其转换为业务服务层接收的标准消息格式。

标准消息构成层是物联网网关的核心，用于对标准消息以及依赖于特定传感网络的消息进行解析，并实现两者之间的相互转换，统一控制和管理底层传感网络，向上屏蔽底层网络通信协议的异构性。

3. 协议适配层

协议适配层保证不同的传感延伸层协议能够通过此层变成格式统一的数据和控制信令。

4. 传感延伸层

此层面向底层传感设备，包含消息发送与消息接收两个模块。消息发送模块负责将经过标准消息构成层转换后的可被特定传感设备理解的消息发送给底层设备。消息接收模块则接收来自底层设备的消息，发送至标准消息构成层进行解析。

在设计一个具体的物联网网关时，一般采用模块化思想，面向不同传感网络和基础网络，实现通用、低成本的网关。

按照模块化的思想，可以将物联网网关系统分为数据汇集模块、处理/存储模块、接入模块和供电模块。

- 数据汇集模块：实现物理世界数据的采集和汇聚，可以采用传感网络的汇聚节点和 RFID 网络的阅读器作为数据汇集设备。
- 处理/存储模块：该模块是网关的核心模块，用于实现协议转换、管理、安全等各个方面的数据处理及存储。
- 接入模块：该模块负责将网关接入广域网，可能采用的方式包括有线（以太网、ADSL、

FTTx 等）、无线（WLAN、GPRS、3G 和卫星等）接入方式。

- 供电模块：负责整个物联网系统的电源供给。系统的稳定运行与供电模块的稳定性能关系密切，供电模块兼有热插拔和电压转换功能，可能的供电方式包括市电、太阳能、蓄电池等。

在进行物联网网关软件的设计时，一般采用分层结构，在应用层实现协议数据的相互转换。在进行物联网网关硬件模块化的同时，不同的硬件模块对应不同的驱动模块。不同的驱动模块采用动态可加载的方式运行，物联网网关分别提取出接入模块和数据汇集模块的公共驱动，根据接入的硬件模块不同加载不同的驱动模块，达到驱动硬件模块的目的。

12.3.3 物联网网关的架构

物联网网关可分为实体网关和软件定义的虚拟网关两种类型，它们在物联网系统中扮演不同的角色，但通常会相互协作以提供完整的功能。

物联网实体网关的架构如图 12-4 所示。

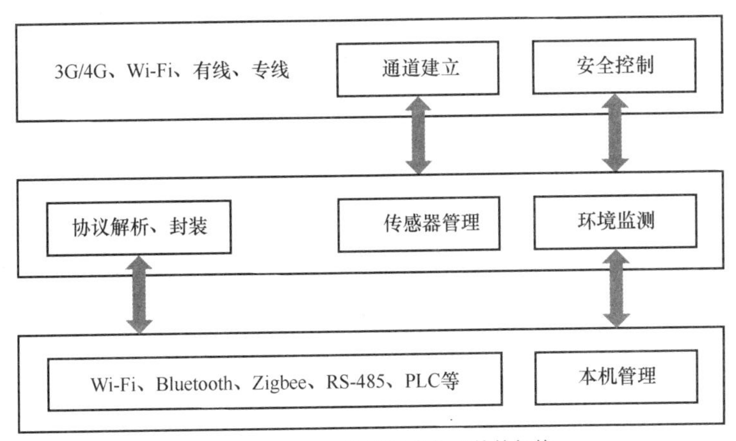

图 12-4 物联网实体网关的架构

在图 12-4 中，实体物联网网关的主要功能如下：

- 通过各种不同协议接口接收传感信息，并通过协议接口向控制开关发送控制信息；
- 与物联网应用的网络之间建立安全通道；
- 封装、解封装传感控制信息，并与物联网应用的网络进行通信；
- 实体网关（本机）的管理适应于不同的应用场景，例如室内环境、高温/高湿环境、工/农业现场等。

软件定义的物联网虚拟网关的架构如图 12-5 所示。

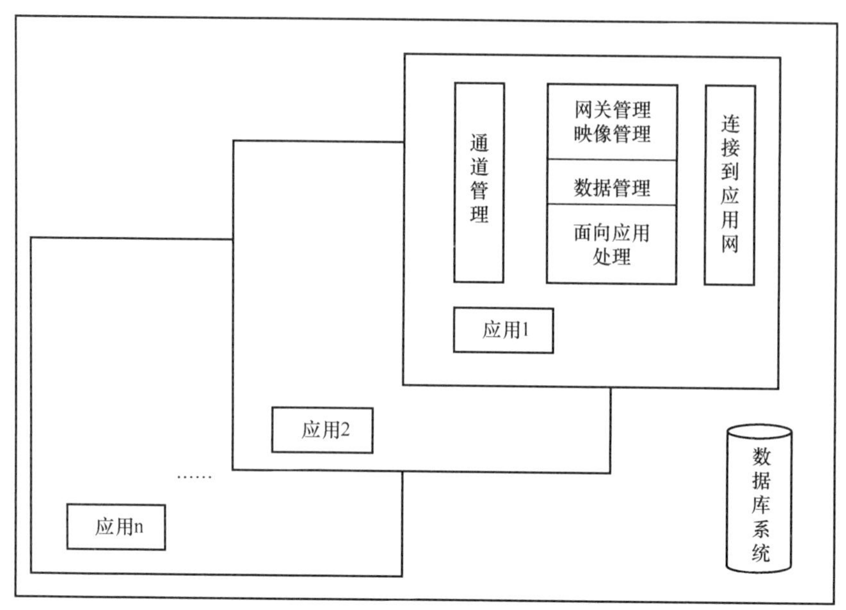

图 12-5　软件定义的物联网虚拟网关的架构

在图 12-5 中，虚拟物联网网关的主要功能如下：

- 与物联网实体网关建立安全通道；
- 与物联网实体网关进行映射；
- 与物联网应用的网络接入控制服务器建立安全通道；
- 实现传感网络数据的初步处理，例如分类、数据筛选、数据加工、存储等。

当实体物联网网关与虚拟物联网网关互相发现后，每一个虚拟物联网网关都会建立与实体物联网网关的虚拟映像。这样不但可以将实体物联网网关做得更加标准化，更容易安装维护，而且可靠性更高。同时，虚拟物联网网关将依赖于云的能力，具备弹性扩展能力，且可靠性更高，灵活性更强，更容易满足不同用户的差异化需求。

在由实体物联网网关和虚拟物联网网关共同构成的物联网系统中，实体网关位于传感网与接入网之间，虚拟网关（尤其在运营商自己运营的物联网系统架构下）通常置于接入网与传输网之间（见图 12-6），这样的部署架构更为灵活。当然对于非运营商而言，由于缺乏对基础设施的直接管理，部署物联网虚拟网关是更为可行的方式。

在图 12-6 中，物联网网关是传输网与传感网的桥梁，其中，实体网关支持丰富的物理接口，可屏蔽传感延伸层各类设备的硬件差异性，实现不同类型终端、节点的统一接入；虚拟网关可适配多种消息格式及通信协议，并通过硬件抽象与实体网关一一映射，统一处理实体网关传输的各类数据。

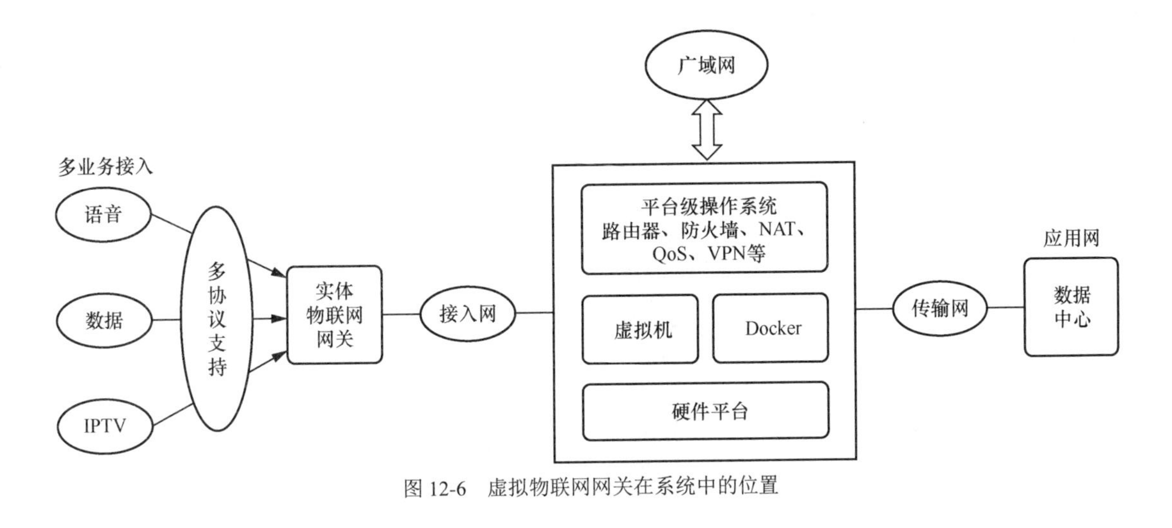

图 12-6 虚拟物联网网关在系统中的位置

12.4 从物联网产品设计到绿色物联网

在物联网产品的设计与工程实现中，功耗是一个非常关键的要素。要解决物联网的整体能耗问题，需要从物联网的架构出发，找到物联网中无效功耗的来源，从而有针对性地展开物联网的相关研究，推进物联网健康发展。

12.4.1 物联网中的能耗分布

要实现物联网的低功耗设计，要从物联网的各个层次来了解能耗的分布。

1. 传感延伸层的能耗分布

传感延伸层是物联网的基础，包含大量的信息生成设备，是物联网中耗能最多的部分。根据信息的流动方向，可以将信息的处理分为信息生成和信息汇聚两个过程。

在信息生成过程中，能耗主要来自 3 个模块：感应模块、处理器模块和无线通信模块。随着集成电路工艺的进步，处理器模块和感应模块的功耗已经很低，绝大部分能耗发生在无线通信模块（主要由发送模块和接收模块构成）以及状态管理模块上。图 12-7 所示为 Deborah Estrin 早在 ACM MobiCom 2002 会议的特邀报告中所述的传感器各模块的能耗情况，该信息在今天仍具有较大的参考意义。

从图 12-7 中可以看到，能耗占比主要体现在传感器的信息发送模块、接收模块和空闲状态管理模块。之所以这样，是因为无线传感网络的独有特点使其有别于传统的有线和无线网络：无线链路的随机特性严重影响了通信的可靠性，单一节点有限的计算能力和能源支持进一步凸显了合理的网络拓扑结构和高能效路由算法的重要性。传感信息汇聚的过程是将传感信息由信息生成节点与网关之间的通信过程，无效功耗主要来自不合理的网络拓扑结构和低效的路由算法。

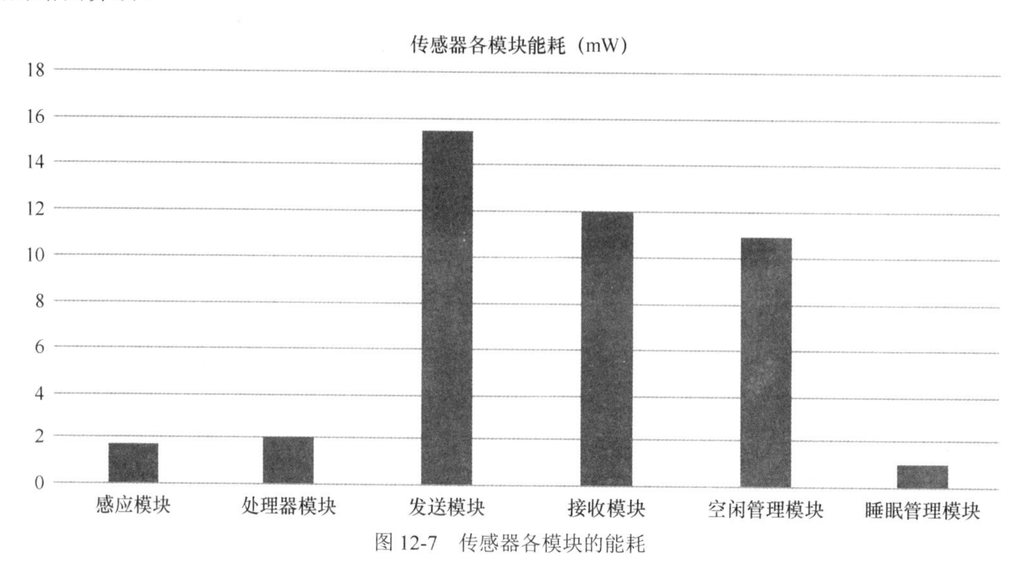

图12-7 传感器各模块的能耗

2. 网络接入层与核心承载层的能耗分布

网络接入层与核心承载层连接传感延伸层和计算管理及服务应用层，负责传递上下层的信息。网络接入层对应泛在接入网，而核心承载层对应核心承载网。其中，泛在接入网主要包括无线局域网和无线体域网以及有线接入网等，是连接传感器网关与核心传输网的通道；核心承载网主要包括IP核心传输网，负责传感信息的远距离传输。

泛在接入网涉及的技术众多，能耗分布也相对分散，不过从整体上可以分为两类：无线接入网的能耗和有线接入网的能耗。

目前来看，无线接入网的能耗主要来自种类繁多的基站，包括宏小区基站、微小区基站、皮小区基站和家庭基站等。在无线接入网的整体能耗中，基站能耗占80%，比较固定的功率放大器和配套设备的能耗占基站能耗的70%左右。也就是说，即使没有任何业务需求，基站也会消耗大量能量，是无线接入网能耗的主要部分。

在有线接入网中，能耗主要来自数量众多的接入设备，包括交换机和集线器等。虽然单个接入设备的能耗较低，但由于接入设备的数量众多，因此在整个有线接入网的能耗中，接入设备的能耗占70%。与无线接入网类似，有线接入网的无效能耗也主要来自设备的空转，在业务量需求相对较低的情况下，为保持设备的正常运行，在实时接入特性下造成了大量的能量浪费。

核心承载网是指通过IP核心网进行数据传输，其能耗主要来自数量众多的硬件设备。具体来说，主要包括数据、控制以及辅助3个平面中的硬件设备。其中，数据平面涉及数据的处理以及经过网络接口的转发；控制平面涉及数据管理、网络配置等；辅助平面中包含了空调、电力供应等配套设备。核心承载网各个平面的能耗分布如图12-8所示。

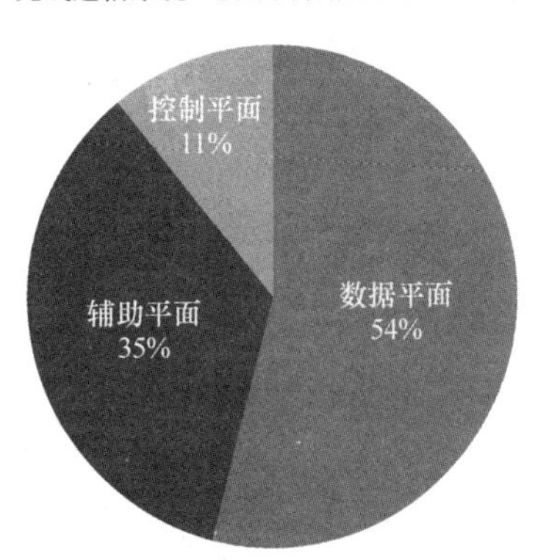

图 12-8 核心承载网各个平面的功耗分布

从图 12-8 可以看出，数据平面中的硬件设备是核心承载网中的主要能耗来源，辅助平面中的硬件设备也占了相当大的比例。

3. 计算管理及服务应用层的能耗分布

计算管理及服务应用层位于核心承载层之上，总体可以分为计算平面和管理平面。计算平面包括数据的存储、检索和处理，管理平面包括网络管理（互联网、接入网、无线传感网）和应用管理。由于管理平面以软件应用为主，因此能耗相对较低；而计算平面由于包含众多的服务器等硬件设备，因此会产生大量电力支出。

计算管理及服务应用层的能耗主要来源于计算平面，这主要是因为计算平面包含大量的硬件设备，海量的数据信息需要大量的数据中心、计算中心进行存储和处理。以中国电信为例，早在 2011 年 12 月，就拥有近 300 个国内数据中心、5 个海外数据中心以及 4 个全国核心云数据中心。有数据显示，一个典型的数据中心在单位时间内（天）的平均能耗等于 30000 个家庭基站平均能耗的总和。可以想象，这么多的数据中心将会带来多大的能耗。

数据中心的能耗分布如图 12-9 所示。

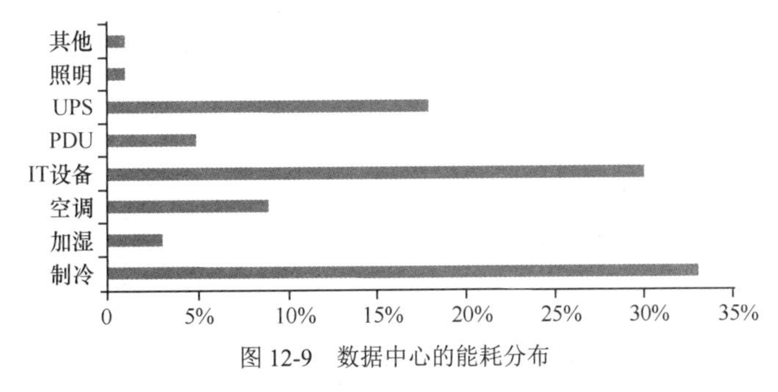

图 12-9 数据中心的能耗分布

从图 12-9 中可以看出，IT 设备的能耗约占 30%；空气处理设备（空调、加湿、制冷）约占 45%；UPS 和 PDU 约占 24%；还有约 1%的能耗用于照明、维修和办公设备等。可以看到，除了 IT 设备必要的用电量，空气处理设备和 UPS 及 PDU 消耗了数据中心近 70%的能量，也就是说，实际的电能使用率只有 30%左右。这也是数据中心目前面临的一个主要问题，即能量消耗巨大但电能效率却较低。

12.4.2　物联网产品的低功耗设计

物联网产品的低功耗设计贯穿了整个物联网系统，包括传感延伸层、网络接入层、核心承载层和计算管理及服务应用层。通过对物联网产品进行系统性的功耗设计，可实现绿色物联网。

1．传感延伸层的低功耗效设计

传感延伸层的主要能耗集中在传感器节点和汇聚节点（即体现在信息的采集和汇聚过程），与其对应的节能技术为低功耗的信息采集技术以及高能效的信息汇聚技术。

作为物联网的基础，信息采集主要负责各种环境信息的搜集，并将得到的信息有效地发送到传感信息汇聚节点。低功耗的信息采集技术需要以低能耗的信息采集设备为依托。信息采集设备总体上可以分为两大类：无线传感器网络的传感器节点和采用了 RFID 等技术的移动信息生成设备。由于传感器节点众多，与基于 RFID 的设备所形成的网络相比，其网络规模更大，能耗节点更多，因此需重点关注无线传感器网络。

如果将图 12-7 中的发送模块、接收模块、空闲管理模块以及睡眠管理模块合并为一个无线通信模块的话，传感器节点大致可以简化为 3 个模块：感应模块、处理器模块和无线通信模块。其中，感应模块的能耗占比并不大，耗能最大的是无线通信模块，因为通信过程中涉及复杂的物理层处理和 MAC（消息认证码）算法，并且为了保证通信的有效性，需要用到高能耗的功率放大器。

另外，处理器模块是无线传感器模块的核心，几乎所有的设备控制、任务调度、功能协调和数据处理存储都在该模块的支持下进行，处理器模块的能耗仅次于通信模块。因此，降低传感器节点的功耗主要从通信模块和处理器模块两方面着手。

（1）通信模块的低功耗设计

为降低通信模块的能耗，需要尽可能地减少通信模块的工作时间以及降低通信模块的发射功率。延长睡眠时间可以减少通信模块的工作时间，减少通信流量可以降低通信模块的发射功率，因此。从这两个方面入手，并设计高能效的 MAC 协议，在保证网络工作效率的前提下可以最大限度地降低通信模块的能耗。在无线传感器网络中，节点间通信的内容主要分为数据信息和控制信息。减少数据信息的方法有以下 5 种：

- 本地计算和数据融合；
- 减少传输碰撞；
- 减少传输串扰；
- 增加冗余校验和纠错机制，以降低数据的重传概率；
- 减少额外开销。

对于控制信息，可以通过减少控制数据包的数量和包头长度，使得网络中的控制信息流量保持在较低的水平，从而减少能耗。

（2）处理器模块的低功耗技术

为了实现处理器的低功耗运行，传感器节点使用的处理器应该满足低功率要求，支持睡眠模式，且可通过任务调度和功率分配使处理器尽可能长时间处于睡眠模式。在选择处理器时，要注意选择功耗、工作电压和运行频率低的处理器，并且还可以采取中断机制使其处于睡眠状态。

在信息汇聚的过程中，路由选择尤为重要。能效优先的路由选取策略能够最大程度地降低网络能耗，提高信息汇聚的效率，因此合适的路由选取策略能够使信息汇聚的过程更加快捷、高效以及节能。选择的路由不同，能耗的结果也有所不同，能效优先的路由选择能够尽可能实现能量的高效利用。

能效优先的路由选择策略以节点剩余能量或转发能耗为基础，主要有 4 种路由方式：最大剩余能量路由、最小能量消耗路由、最少跳数路由和高剩余能量路由。路由协议的节能策略主要有多跳路由、数据融合、平衡网络能耗、减少通信流量，通过这 4 个方面能够显著降低信息汇聚过程中的能耗，提高网络传输的健壮性。

2. 网络接入层的低功耗技术

前文讲到，网络接入层的能耗分为无线接入网的能耗和有线接入网的能耗。其中，有线接入网的能耗主要来自数量众多的接入设备。这些接入设备的能耗因生产厂商不同而有所不同，因此这里主要以无线接入网的能耗分析为主。

无线接入层的能耗主要集中在基站上，随着基站数量的不断增加，无线接入网的能耗也将不断增加。因此，要降低网络接入层的能耗，首先必须降低基站的能耗。

（1）高效率功率放大器

传统的功率放大器的效率很低，因为在对小信号进行放大时，为了实现相对小的信号失真，放大器必须工作在线性工作区。此时，传统放大器的设计是供电电压恒定不变，当放大器输出信号的电压波动时（小于额定电压），输入电压比输出电压高，因此多出来的电压只能转化成热量浪费掉。而高效率的功率放大器的设计思想是使放大器的输入电压随着放大信号波形的变化而变化，比放大信号的电压稍高一点。也就是说，都是输入电压高于输出电压，只不过高出的程度不同，所以功耗不同，因此高效率的功率放大器的能耗相对于传统的功率放大器会低。

（2）动态覆盖调整技术

物联网传感层检测到的信息可能具有一定的变化规律，传感网网关需要上传的信息可能会随着时间和空间有规律地波动。因此，有的接入层基站处于较低的负载状态，而有的接入层基站则处于较高的负载状态，这种负载的不均衡会使得覆盖区域固定的接入层基站不能适应负载量的变化。

通过采用一种灵活度更高的“小区聚焦”技术，基站不但可以根据负载水平的高低“缩放”

覆盖范围，还能够在周边小区处于轻负载的情况下，进入睡眠状态。因基站进入睡眠状态而出现的覆盖空洞，则由中间开启的基站通过增大发射功率来实现覆盖，把睡眠基站服务的数据切换到本小区进行传输，从而达到在低负载情况下减少服务基站的目的。

（3）用户业务聚合自适应传输技术

在物联网数据的传输过程中，基站可能会向大量的传感器传输相同的指令，或者大量传感器请求将感测到的数据上传到基站，因此传感器传输的数据可能会呈现出相似的统计特征。传统的传输方案对于多个数据传输的请求，无论传输数据的内容是否相同，都会采用单播传输，从而带来发射功率、系统带宽等网络资源的浪费。

根据传感器业务的趋同性分析，可以采用基于用户业务聚合的单播、多播、广播、推送等服务传输模式自适应切换技术，若同一数据在传感器网络中需要大量传输，则采用多播方式代替单播传输，以提高接入网能效。

例如，在蜂窝无线网络用户业务聚合的自适应中，单播/多播传输模式自适应技术的设计思路是利用无线广播与多播传输通道，向多个用户发送所需的相同数据内容，通过多个用户分享无线带宽，降低信息的无线传输成本。具体来说，基站首先会设定长度可变的时间窗口，对于每一个时间窗口内申请的数据，基站会将其存储在缓存中，分析每个业务内容的相似性。到下一个时间窗口时，基站会把缓存中内容相同的业务进行多播传输，而对于内容不同的业务则进行单播传输。

有数据显示，当用户业务的趋同性比例为 5%时，单播/多播混合传输方案能耗降低 8%，能量效率提升 10%；在用户业务的趋同性比例为 15%时，能耗降低 34%，能量效率提升 50%。这说明单播/多播混合传输技术确实能够有效降低系统能耗，提升能量效率。

由此可见，服务模式自适应技术充分发挥了广播低功耗的优势，只需要合理设置时间窗口的长度，就能通过一次多播传输满足多个数据请求，而只增加极少的延迟。这不仅节省了网络带宽资源，而且降低了物联网接入层每个收发设备所需的能耗，大大降低了通信成本和运营成本。

3. 核心承载层的低功耗设计

核心承载层的节能技术原理是根据该层的负载变化情况动态调整设备的工作状态，从而实现节能的目的。核心承载层涉及动态自适应技术和深度睡眠/唤醒技术。

（1）动态自适应技术

动态自适应技术是指根据数据负载动态调整网络设备的硬件资源（如处理能力或数据带宽等），主要包括动态关闭逻辑单元和动态频率/电压调整两种技术。

动态关闭逻辑单元技术通过控制电路中逻辑单元的供电状态，在不需要时将其关闭，从而减少功耗。动态频率/电压调整技术主要是通过调整工作期间的电压或时钟频率来实现节能。当数据处于低负载状态时，硬件可自动降低工作频率/电压，因此比不采用动态自适应技术的设备能耗水平低。相较于动态关闭逻辑单元技术，动态频率/电压调整技术的能耗波动起伏较小，但由于运算能力会随着工作频率/电压的降低而下降，因此数据的处理时间会变长。

（2）深度睡眠/唤醒技术

在设备不需要处理任何数据的情况下，可以进入深度睡眠状态。在这种状态下，只需提供内存以及处理器等少部分逻辑单元所需要的电力，即可极大地降低能量消耗，但设备唤醒的时间会增长较多。

4. 计算管理及服务应用层的低功耗设计

针对物联网计算管理及服务应用层的绿色节能，主要从基于虚拟化的云计算技术、硬件设备的低功耗技术和基础设施的低功耗技术三个方面展开。

（1）基于虚拟化的云计算技术

云计算以虚拟化技术为基础，以互联网为载体，提供基础架构、平台、软件等服务，是对大规模可扩展的计算、存储、数据、应用等分布式计算资源进行整合、协同工作的超级计算模式。在物联网中引入云计算不仅可以实现海量数据的存储和计算，而且能够实现 IT 基础设施的虚拟化建设，提高基础设施的利用率，达到降低功耗的目的。

云计算的基础是资源虚拟化，它将网络中的服务器、存储和网络等虚拟成一个资源池，统一灵活调配。如果能正确地构建服务器环境，就可以在提高性能的同时减少物理服务器的数量，从而降低运行和维护成本，同时降低场地成本。此外，采用虚拟存储后，所有的存储设备将被统一管理，内部存储的利用率也得以提高，从而节省了存储成本，减少了能源消耗。

（2）硬件设备的低功耗技术

对于服务器设备，一方面可以采用低功耗、易管理和占空小的刀片式服务器来整体降低功耗，另一方面可以研发更高效、更低功耗的处理器来降低功耗。低功耗的处理器可能只需使用一个正常处理器所耗能量的 5%，就可以提供 60%的工作性能，并且还能在更高的环境温度下运行。

从动态控制能耗出发，可采用分级存储和 MAID（大规模空闲磁盘存储）等技术来降低硬件设备的功耗。分级存储是一种在计算机系统中使用多层存储介质的策略，以优化性能、容量和功耗之间的权衡。例如，将数据分布在不同层次的存储介质上，例如高性能的固态硬盘（SSD）和低功耗的机械硬盘（HDD）。在不需要高性能时，系统可以将数据迁移到低功耗的存储层，从而降低了总体功耗。在不活跃的存储层上降低磁盘旋转速度或将它们置于低功耗模式，也可以减少电能消耗。MAID 技术是当磁盘没有访问时，关闭耗电量大的磁盘驱动器，从而减少磁盘全负荷的工作时间，节约电能。因此，通过分级存储和 MAID 技术的统一管理，可以实现动态控制功耗，在保证性能的前提下降低了硬件设备的功耗。

（3）基础设施的低功耗技术

在供电系统内，采用直流供电方式可以节约物联网数据中心的能源。劳伦斯伯克利国家实验室的研究指出，将来成熟的直流电技术可以使数据中心的效率提升 10%～20%。另外，可以利用可再生资源进行发电。例如，IBM 在印度班加罗尔建设的数据中心，利用太阳能电池板供电，减少了约 10%的能源消耗。

对于物联网数据中心的冷却系统，水冷却的效果是传统风冷技术的 3500 倍。同时，选择气候寒冷的地方建设数据中心可以直接降低冷却系统的负担。例如美国雅虎公司于 2010 年在纽约州布法罗市建设的“鸡舍”式架构的数据中心，就是借助环境温度的优势，利用周围的自然风来实现数据中心的冷却。

12.4.3 绿色物联网

“绿色化”对物联网未来的健康发展具有重要的指导意义。绿色节能技术主要从物联网层次结构的角度对能耗的节省进行了设计。但是，作为一个网络或系统，物联网需要从整体、全局网络优化的角度重新审视其能耗问题，从根本上提升整个物联网的能源使用效率，促进物联网健康良性发展。

在全球倡导节能减排的背景下，建设绿色物联网是必然趋势。高能效的感知技术、传输技术和云计算是物联网未来的发展方向。未来通信产业的可持续发展需要绿色物联网，国内外也高度重视节能减排，并为其发展注入了强大的动力。相信在不久的将来，绿色物联网的发展会更加成熟，更好地服务于社会经济的发展。

12.5 小结

本章从技术角度探讨物联网的业务特性，对物联网产品的设计和工程实现具有积极的意义。与互联网产品和移动互联网产品的设计相比，物联网的硬件产品设计具有很大的不同。物联网的硬件产品从需求到售后的很多环节都具有很强的依赖性，这对敏捷性开发提出了挑战。

在物联网应用中，物联网网关具有特殊的地位。从产品角度看，物联网网关既可以作为一个独立的产品，也可以与一个具体的物联网产品耦合在一起（例如智能电视）。从技术设计的角度，物联网网关可以是物理实体网关，也可以是软件定义的虚拟网关。

在物联网产品的设计与工程实现中，功耗是一个非常重要的约束条件，甚至是一个重要的性能指标。我们不仅需要从物联网硬件产品的角度关注低功耗设计，还要从物联网系统的整体层面关注绿色技术，这是实现绿色物联网的关键。

第 13 章

物联网系统设计与工程实现

虽然面向物联网终端的产品设计非常关键，但物联网系统的软件平台设计与工程实现才是物联网数据价值最大化的核心所在。物联网系统的软件平台通常指用于开发和运行应用程序的软件环境，是一系列功能互补的软件模块的有机组合。

可以看到，终端是物联网的关键，平台是物联网的核心。

那么，如何进行物联网系统尤其是软件平台的设计和工程实现呢？物联网软件平台实现的参考架构如图 13-1 所示。

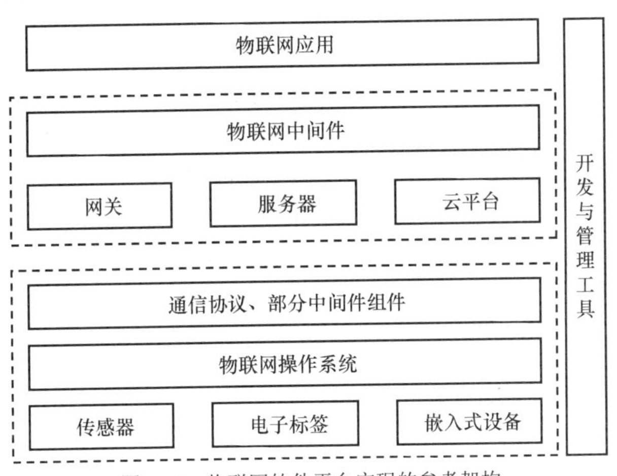

图 13-1　物联网软件平台实现的参考架构

在图 13-1 中，物联网软件平台涉及物联网物理设备层、平台层和应用层等 3 个层次。在物联网设备上，运行着物联网操作系统、物联网通信协议和部分中间件组件。随着边缘计算的兴起，网关也可运行在部分中间件组件中，并结合服务器/云平台实现，构成完整的物联网软件平台。

物联网软件平台具有继承性和伸缩性。所谓继承性，是指只要使用该平台，那么附着在平台上的各种软件能力就都可被使用；而伸缩性则是指在遵循平台定义的规范下，平台的功能可以灵活增减。

在实际的系统中，通常把由操作系统、中间件、数据库、安全产品等通用性软件组成的一系列应用支撑平台称为软件平台，其作用是为了降低软件开发难度，提高软件开发效率。

13.1 物联网云服务系统设计

一个基于 MQTT 的物联网云服务系统示意图如图 13-2 所示。

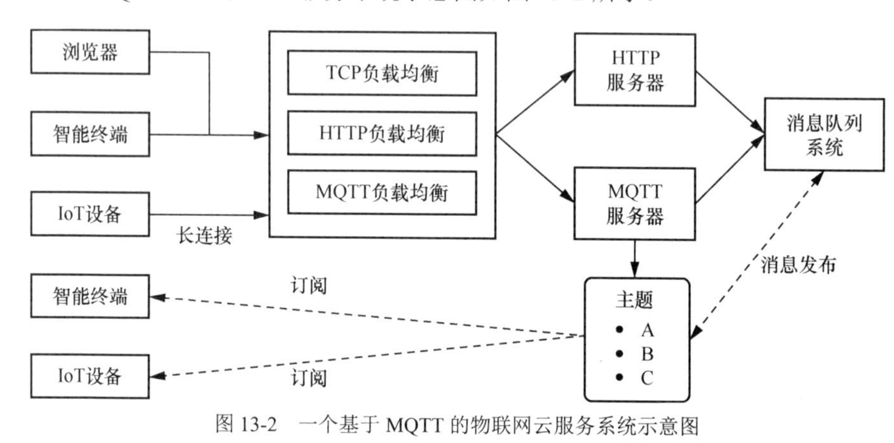

图 13-2 一个基于 MQTT 的物联网云服务系统示意图

在设备接入方面，在实际的物联网云服务系统中，浏览器、智能终端及一系列 IoT 设备都通过长连接（一般是 TCP 连接）的方式与系统中的服务器建立连接。在数据管理方面，设备上报的数据通过 MQTT 服务器进行上报。在通信协议的选择方面，一般可采用 HTTP 和 MQTT。客户端通过向 HTTP 服务器发送请求，获得相应的数据消息。MQTT 服务器则保证与客户端（如浏览器、智能终端、IoT 设备）之间建立一个长连接，实现发送消息客户端与订阅消息客户端之间的数据通信。

13.1.1 云服务的连接方式

物联网开发人员可以选择多种方法创建与物联网云服务的连接，但每种方法都需要进行优劣权衡。

在将物联网连接到云服务时，最简单快捷的方法就是使用一个全功能的物联网软件代理，就像那些物联网平台供应商提供的方法那样。将软件代理集成到无线物联网硬件模块中，是一种黑箱方法。物联网云连接的另一种简单方法是使用由亚马逊 AWS、微软 Azure 等物联网平台提供的 SDK，这是一种白箱方法。

此外，还有一种灰箱方法，就是使用便携式物联网软件代理进行连接。便携式物联网软件代理就像一个强大的 SDK，具有模块化的选项，可提供各种物联网的连接能力。

下面分别介绍黑箱方法、白箱方法和灰箱方法的具体运行情况。

13.1.2 产品级代理：云服务连接性的黑箱方法

产品级物联网软件代理（简称为“产品级代理”）对一个具体的无线物联网模块的硬件模型进行了预配置。该物联网模块有时也称为无线芯片，它提供了基本的通信电路，使连接的物联网产品能够使用 Wi-Fi、蜂窝或蓝牙等无线协议发送和接收数据。

产品级代理提供了广泛的功能集，如消息处理、调度、OTA 更新、用户注册和故障排除等，以处理物联网产品连接到特定物联网云服务的各种细节。产品级代理代表了一种黑箱方法，因为所有这些内置的能力基本上都是不可见或不可触及的。

1．黑箱方法的优点

物联网产品开发人员无须掌握物联网云连接所需的所有工程技能和专业知识。对于新的物联网制造商和其制造的第一款硬件产品，使用产品级代理可以显著加速产品的上市时间，同时可以降低开发成本并减少相关的风险和难题。

2．黑箱方法的缺点

由于产品级代理面向特定物联网云的访问与特定模块的硬件，因此产品代理软件和模块硬件是作为一个整体方案出现的。想要连接到特定物联网云服务的开发人员不能自主选择物联网硬件模块，因为它还没有经过测试和认证，不能与产品代理软件协同工作。这个测试和认证过程可能要花费几个月的时间。

此外，产品级代理要求物联网产品制造商购买一个额外的微控制器，以将其物联网应用程序加载进来，并对其进行编程，以便与无线模块对话。这项要求增加了 BOM（物料清单）费用。

从本质上来说，产品级代理是一个封闭的系统，这会让经验丰富的开发人员因物联网云服务选项缺乏灵活性而感到不满。

13.1.3 SDK：云服务连接性的白箱方法

SDK 只提供了通过底层协议和标准化协议进行通信的通用库。物联网产品制造商可以通过这些协议（例如 MQTT、CoAP 和 HTTP 等）建立自己的消息和数据模型，并封装成各自的 SDK。

SDK 代表了一种白箱方法，因为开发人员可以根据需要自行调整和定制。实际上，SDK 需要物联网产品制造商自行实现云服务连接性的大部分任务。

1. 白箱方法的优点

物联网产品制造商可以基于 SDK 自行决定应该包含什么功能，以及如何实现这些功能，因此具有较高的灵活性。

在选择物联网硬件模块时，制造商可以根据价格、产品特性或功能进行选择。如果不需要购买额外的微控制器来配合物联网硬件模块，其 BOM 成本也会相应降低。

2. 白箱方法的缺点

使用 SDK 时，需要有相应能力的内部工程团队和物联网专家来开发、测试、实现和支持物联网云连接的所有复杂细节，同时还要确保云连接与物联网解决方案的其他端到端需求进行无缝互动。这些都增加了物联网产品制造商的开发难度和风险。

此外，使用白箱方法也会延长开发时间，提高物联网产品的成本。

13.1.4 便携式代理：云服务连接的灰箱方法

便携式物联网软件代理（简称为“便携式代理”）是一种将设备连接到物联网云服务的新方法。便携式代理可以从任何蜂窝或 Wi-Fi 模块连接到特定的物联网云服务。它除了具有 SDK 提供的底层连接外，还可管理物联网云连接的连通性、可靠性和安全性。

便携式代理将驱动程序或特定于连接性的协议栈从无线模块中解耦出来。在架构上，便携式代理通过两个抽象层进行交互：顶部的应用层和底部的物联网平台适配层。

应用层包括由物联网云服务提供商提供的一组接口 API，用于将主机应用程序与便携式代理进行集成。物联网平台适配层与底层物联网云平台交互，封装了底层接口和平台依赖代码，并将其转换为由物联网平台提供商指定的物联网云服务 API。这些适配层 API 与便携式代理一起构成了一个基于平台的实用工具库。

便携式代理基于模块化的设计，允许自由添加物联网组件（例如，调度器、OTA 更新组件、Wi-Fi 设置组件），也可以提供各种联网设备的设置和由物联网云平台提供商提供的用户注册机制。

便携式代理是一种灰箱方法，功能介于 SDK 和产品级代理之间。

1. 灰箱方法的优点

便携式代理将 SDK 的灵活性与产品级代理中一些比较成熟的品质结合了起来。便携式代理包含针对应用程序和适配层的经过严格测试的套件，从而确保了组件和端到端级别物联网功能的稳定性。

便携式代理通过允许制造商跳过物联网云服务商漫长而昂贵的测试和认证流程，将物联网云平台与特定的无线模块配对，大大缩短了产品上市所需的时间。

便携式代理不再局限于一个经过物联网云服务商认证的物联网硬件模块（如蜂窝模块或Wi-Fi模块），即使该模块没有经过物联网云服务商的认证，物联网产品的制造商仍然可以使用便携式代理方法，并通过与该模块的供应商谈判来节省成本。与产品级代理相比，物联网产品的制造商不需要购买单独的微控制器，从而降低了BOM的成本。

此外，便携式代理比SDK方式提供了更多的物联网连接。无线模块制造商可以使用便携式代理来设计和提供多样化的模块，为广泛的客户创造物联网产品提供便利，也可以将特定物联网云服务的支持作为其无线模块产品的一个差异化特性。

2. 灰盒方法的缺点

使用便携式代理的物联网产品制造商需要进行更多的开发工作，而无法像产品级代理那样快速建立物联网的云服务连接性。因此，便携式代理需要相对高水平的内部专家来开发和定制产品的各个方面。此外，便携式代理只能在特定的物联网云平台上工作，所以在物联网设计选择方面，它们比SDK提供的灵活性要小。

黑箱、白箱、灰箱，哪种才是实现物联网云服务连接性的理想方法呢？这取决于设计目标、物联网产品的开发经验和水平、产品上市时间、预算、BOM目标，以及预期产量等因素。

如果物联网产品制造商缺乏强大的物联网产品开发团队，则使用产品级代理可以快速且低风险地进入市场。反之，可以使用SDK来提供最终的灵活性，并节省BOM费用。

如果对物联网产品开发能力具有一定的信心，或者如果想用不同的无线模块对现有产品进行改造，便携式代理是一个吸引人的选择。使用便携式代理，可以获得SDK方式的大部分灵活性以及一些产品级代理的质量保证，还可以跳过等待最佳无线模块商用的时间、费用等其他环节。

13.2 设计与工程实现中的要点和技术选型

与大规模软件系统的设计与实现类似，在物联网软件系统平台的设计与实现中，同样有很多重要的因素需要考虑。

13.2.1 流量控制

物联网云服务的提出在很大程度上满足了人们对网络的各种需求，这意味着其用户数将会很庞大。与此同时，从客户端发送到云平台服务器的流量也将出现暴涨，导致云平台中的资源被急剧消耗。

为了保证云服务的稳定性和可靠性，当网络资源出现瓶颈时，需要对网络流量进行控制。

传统的流量控制一般采用预分配策略，即在部署平台时，各个服务节点按照分配的静态阈值进行流量控制，超出控制阈值的流量将被拒绝。但是，当服务节点发生变化或某个服务节点发生异常时，静态预分配方案无法进行有效的流量控制。而且在实际的平台系统中，需要处理大量服务请求的服务节点会经常发生异常，此时利用动态流量控制策略不但能对网络流量进行有效控制，还可以有效利用带宽，降低网络服务延迟，提高云服务质量。

在流量控制策略的基础上，负载均衡算法得到广泛应用。用于分布式系统的常见的负载均衡算法按照有无动态反馈性分为以下两类。

- 静态负载均衡算法：主要有轮询算法、加权轮询算法和随机算法等。
- 动态负载均衡算法：主要有最小连接（Least Connection）算法、加入空闲队列算法等。

基于实际的云服务系统，可以采用两级动态流量的控制策略。在第一级采用最小连接算法对各个服务节点进行负载均衡。因为各服务节点存在不同的性能需求，所以需要按照一定的规则对其进行流量分配。在第二级，即在各个服务节点内部，采用漏桶算法对服务节点内部的流量进行流量限制，当监控平台监控到各个服务节点的性能指标异常时，会根据限流级别动态调整流量阈值。

13.2.2 缓存系统

缓存系统对网络的整体性能有着极大的影响。缓存可以位于网络中的路由器或资源受限的设备上。然而，在物联网环境中，设备的能力和特性各异，因此缓存并不适用于以信息为中心的物联网网络。同时，不同网络中的缓存意义也有所不同。在物联网环境中，内容具有时效性，对数据新鲜度的要求较高。因此，缓存的目的不仅是延长数据驻留时间，而且需要加快内容分发速度。

通过内容缓存的方式来提高内容分发的速度，可以为用户提供更稳健、更有效的服务。这种方式在 Web、P2P 和 CDN（内容分发网络）等领域得到了广泛应用。

在 CDN 领域，缓存系统主要针对 C/S 架构下网络流量分布不均衡导致的局部性能恶化的问题，为用户提供静态数据、流媒体等静态内容的高效代理分发服务。CDN 的缓存系统由网络中的多个内容路由构成的结构化覆盖网络，以及网络边缘靠近用户处建立的若干个存储网络内容的缓存服务器组成。它将源服务器中的内容通过 PUSH 或 PULL 的方式发送到网络边缘的缓存服务器中加以缓存，并通过全局的负载均衡策略将用户的内容请求自适应地导向邻近的缓存服务器获取内容，以达到提高请求响应速度、减轻骨干网流量压力的目的。

13.2.3 服务支撑

物联网服务支撑平台对物联网应用的持续稳定性相当重要。物联网服务支撑平台一边与物联网网关连接，一边与接入业务平台对接，成为物联网应用层的基础平台。

物联网服务支撑平台的逻辑架构如图 13-3 所示。

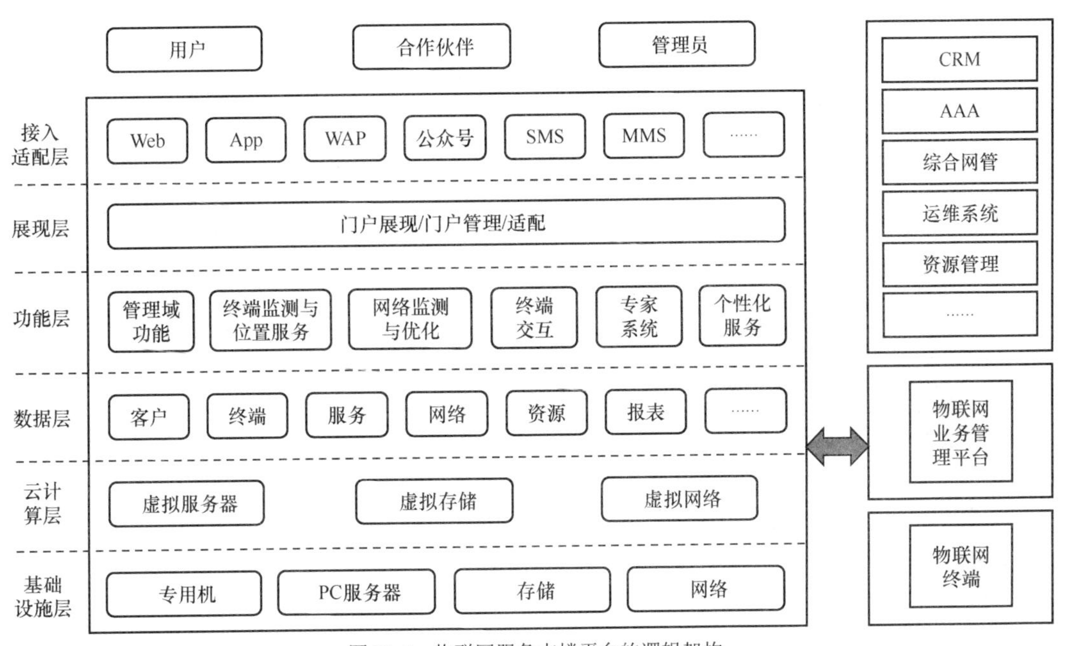

图 13-3　物联网服务支撑平台的逻辑架构

在图 13-3 中，物联网服务支撑平台主要分为 6 层。

- 接入适配层：为 Web、App、SMS 等具体服务接入实现访问接口的适配。
- 展现层：提供移动管理员、维护人员、用户、合作伙伴的访问入口。
- 功能层：针对物联网业务，提供对终端及网络层面的监测、交互和管理、专家系统、仿真测试、故障处理、实时告警、通信保障、差异化服务、网络安全等功能。
- 数据层：包括终端信息、网络信息等基础数据信息，有统一的数据存储模型和结构。
- 云计算层：包括虚拟服务器、虚拟存储和虚拟网络以及基础设施和云平台的硬件、系统软件和承载网络。
- 基础设施层：包括存储、网络、PC 服务器和专用机等。

另外，物联网服务支撑平台还要提供 IT 支撑系统、物联网业务管理平台、物联网终端的接口，用以支持进一步的数据共享。

根据不同的应用场景，物联网服务支撑平台的功能也多种多样。一个物联网服务支撑平台的功能架构示例如图 13-4 所示。

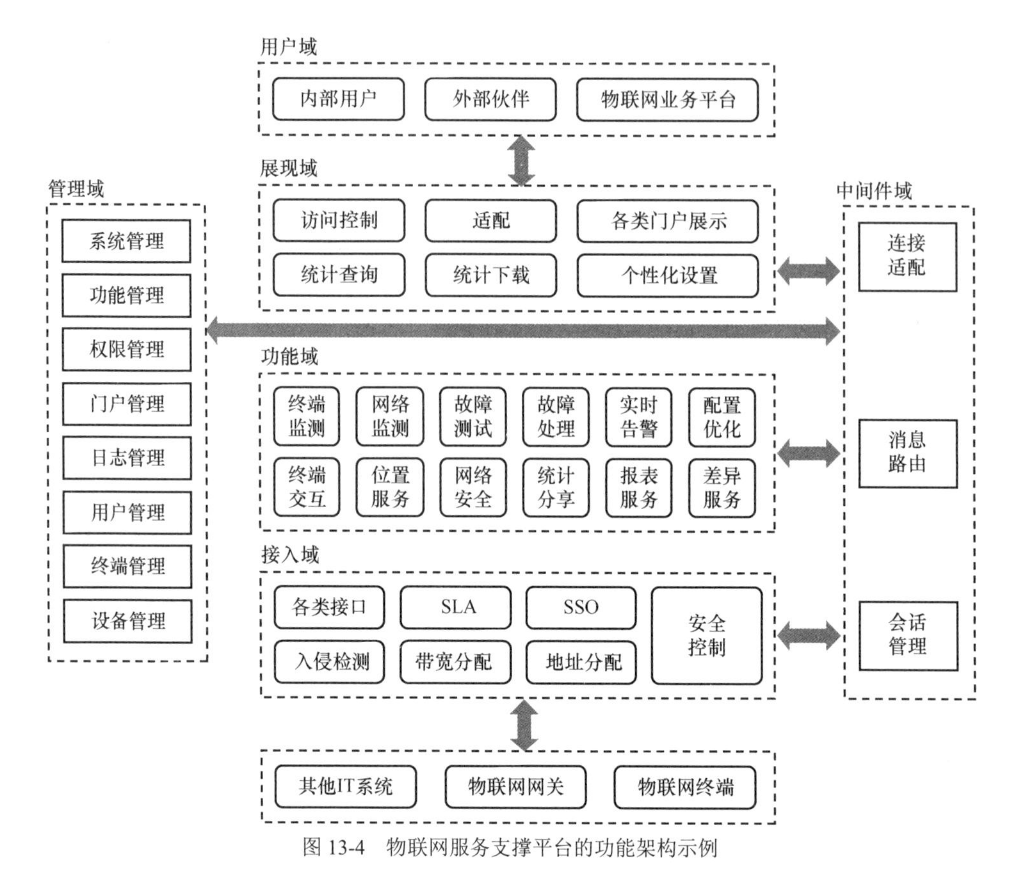

图 13-4　物联网服务支撑平台的功能架构示例

在图 13-4 中，物联网服务支撑平台的功能架构被分成多个领域，每个领域都有各自的一系列功能特点。

- 用户域：主要负责用户与物联网服务支撑平台之间的交互和管理，包括用户注册、身份认证、权限管理等。
- 展现域：负责物联网数据的可视化和展示，将从物联网设备和传感器中采集的数据以可视形式呈现给用户。
- 功能域：作为物联网服务支撑平台的核心部分，实现各种功能和业务逻辑。
- 接入域：负责与物联网设备进行通信，接收设备上传的数据，并将指令传递给设备执行。
- 中间件域：是连接各个功能领域的桥梁，负责数据传递和信息交换，协调不同功能模块之间的通信。
- 管理域：负责整个物联网服务支撑平台的管理和监控，包括系统配置、性能监测、故障诊断等。

13.2.4 运维体系

针对不同的业务规模和组织规模，物联网运维体系的规模和操作流程有着较大的区别。这里以中国移动的运维体系（见图 13-5）为例加以说明，该运维体系对于其他业务平台的运维体系有着较大的参考意义。

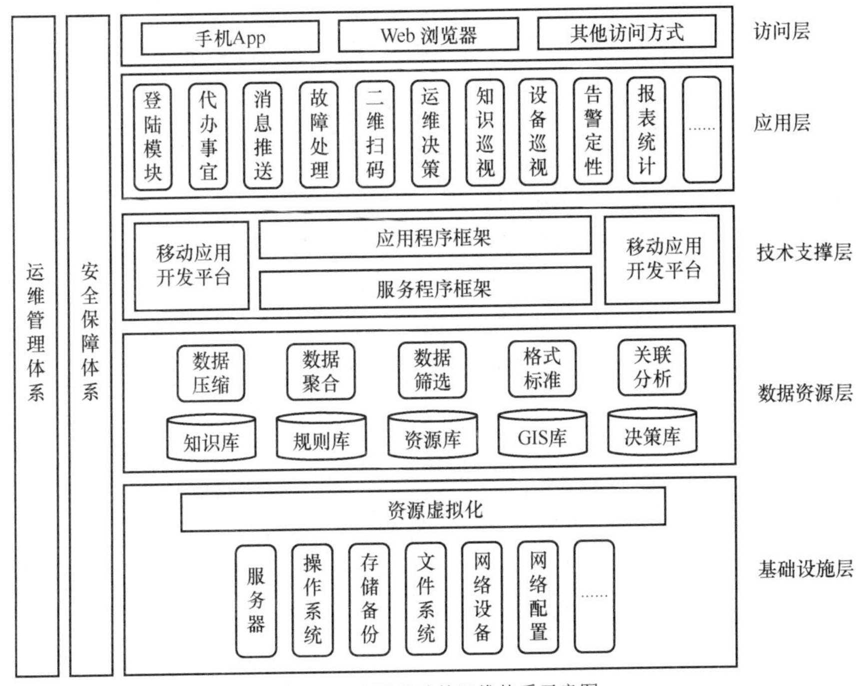

图 13-5 中国移动的运维体系示意图

在图 13-5 中，运维体系从下到上被划分为 5 层。

- 基础设施层：是运维体系的底层，包括服务器、网络设备、传感器、存储设备等物理硬件设施。这些设施构成了整个运维体系的基础，通过资源虚拟化提供计算、存储、网络等基本服务。
- 数据资源层：负责存储和管理系统中的数据资源，包括知识库、规则库、资源库等。这些数据资源是系统的核心资产，需要进行备份、恢复、归档等管理。
- 技术支撑层：提供运维体系所需的技术支持和工具，包括移动应用开发平台、安全接入平台、应用程序框架、服务程序框架等。通过技术支持和工具，可提高运维效率，及早发现问题并进行快速响应和处理。
- 应用层：是运维体系中的上层，包括各种应用程序和服务。这些应用程序和服务作为为用户提供服务的核心部分，需确保其稳定性和性能。

- 访问层：是运维体系的顶层，是用户接触到的最前端，包括用户界面、接口、API 等。它是用户与运维体系之间的接口。

这 5 个层次都有自己的功能特点和目的，共同构成了一个完整的运维体系，保障系统的稳定运行，为用户提供了的良好体验。

同时，运维体系贯穿于各个层次中。物联网的运维流程同样不容忽视。中国移动的运维流程如图 13-6 所示。

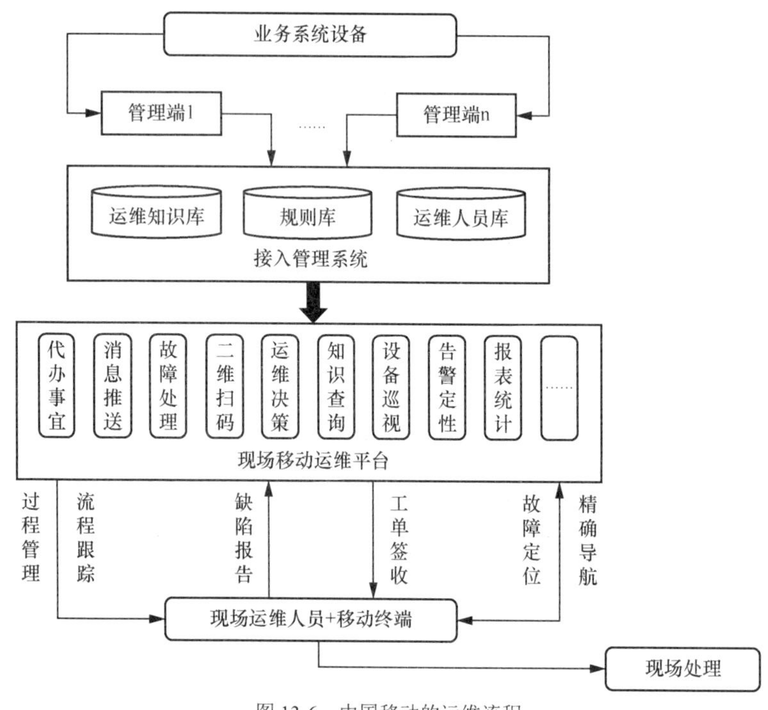

图 13-6　中国移动的运维流程

由图 13-6 可知，该运维流程由业务系统设备、网管系统（各管理端）、接入管理系统、现场移动运维平台等构成。

业务系统设备通过管理端进入接入管理系统，通过运维知识库和规则库实现对设备故障类型、故障原因的分析管理，为故障定位提供数据支撑，具有集中实时监管功能。

在运维流程中，设备巡检是重要的日常运维活动，需要基于任务管理、GPS 定位、GPS 导航技术制定巡视计划和巡视路线。在确认问题后，现场运维人员基于电子工单提交缺陷报告，并通过电话语音和短信实现任务催办。在工单签收后，远程专家可以通过视频、图像、语音、文字等交互技术，为现场抢修和故障处理提供实时的在线技术支持，协助实现现场故障的处理。另外，现场移动运维平台与接入管理系统相互支撑，确保整个运维流程是可跟踪的。

由上可知，运维流程确保了物联网服务的稳定运行、高效运营和持续改进，提高了效率、服务质量和安全性，为业务发展提供了坚实的基础。

13.2.5 开放平台

在选择物联网开放平台时，需要考虑以下 3 个关键因素：

- 构建统一的服务数据模型，设计相应的服务数据中间件，消除异构数据的差异性；
- 设计消息发布中间件，提供开放的服务调用接口；
- 设计一种符合物联网开放平台特性的认证授权机制，实现用户授权的可控性，保护用户信息安全。

一般而言，物联网开放平台的架构如图 13-7 所示。

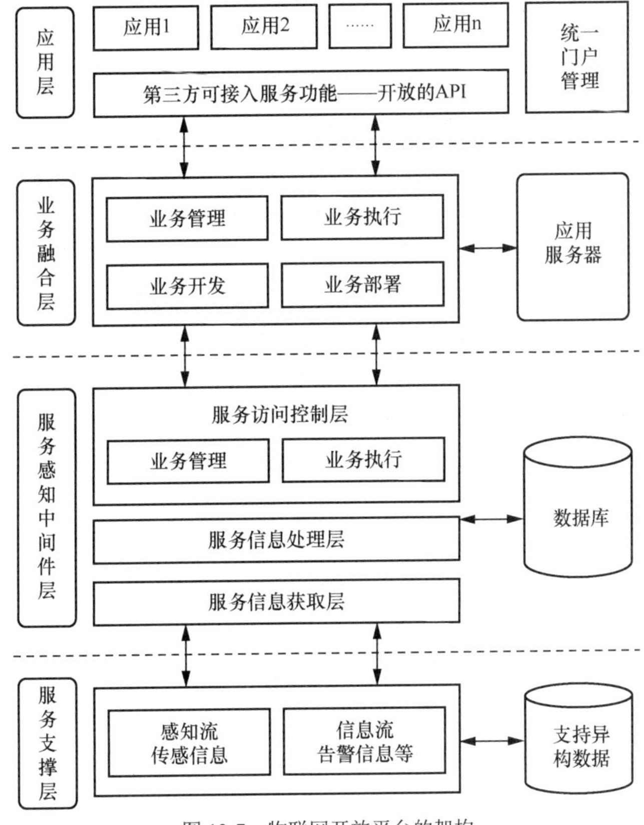

图 13-7 物联网开放平台的架构

其中，物联网开放平台中各层的主要功能如下。

- 服务支撑层：能够接入不同的设备或服务，用于支持不同粒度构件的“即插即用”，比如接入各种数据流（如信息流、感知流），从而利用不同的信息输入或输出实现智慧服务的接入支撑。
- 服务感知中间件层：获取服务资源信息及其自身状态的变化，可以提供多样化、个性化、可扩展的数据服务，实现服务支撑平台和业务融合层之间的信息传递。

- 业务融合层：获取服务感知中间件层提供的各种开放服务，对各种信息进行整合处理，为应用层提供各种应用所需的业务服务。
- 应用层：特定行业针对自身需求来创建物联网应用。

13.3　物联网中的中间件服务

中间件是一种独立的系统软件或服务程序，用于管理计算资源和网络通信，实现应用之间的互操作。中间件可供分布式应用在不同的异构系统之间共享资源，并在负载均衡、连接管理和调度方面发挥重要作用。在物联网系统设计中采用中间件，在满足关键业务需求的前提下，可以提高开发效率，提升应用性能。

在许多物联网架构中，经常把中间件单独划分为一层，将其位于传感层与网络层之间或网络层与应用层之间。参照当前比较通用的物联网架构，可以将中间件临时划分到应用层。通过物联网中间件，可以实现多个系统或多种技术之间的资源共享，最终组成一个资源丰富、功能强大的服务系统，最大限度地发挥物联网系统的作用。

当前，基于云计算的物联网中间件已成为主流。支持异构设备集成、实现实时数据分析是现代物联网中间件的必备能力。具体来说，物联网中间件的主要作用在于将实体对象转换为信息环境下的虚拟对象，因此数据处理是中间件最重要的功能。同时，中间件具有数据的收集、过滤、整合与传递等特性，以便将正确的对象信息传到后端的应用系统。

物联网中间件的实现依托于中间件关键技术的支持，这些关键技术包括 Web 服务、嵌入式 Web、语义网技术、上下文感知技术、嵌入式设备及 Web of Things（基于 Web 服务的物联网）等。

根据中间件在系统中的位置和采用的技术不同，可以将其分为以下几类。

（1）数据访问中间件

数据访问中间件是在异构环境下实现数据库连接或文件系统连接的中间件，可通过网络对数据库中的数据进行存取和转换等。这类中间件是应用最广泛、技术相对成熟的一类中间件。数据库是存储的核心单元，而中间件完成的是与数据库通信的功能。

当前业内比较著名的数据访问中间件开源项目有 ShardingSphere 等。

（2）远程调用中间件

远程过程调用（RPC）是一种广泛使用的分布式应用处理方法，能够执行位于不同地址空间中的进程。远程调用中间件是面向 RPC 的中间件，只要客户端和服务器具备了相应的 RPC 接口，并且有 RPC 运行时支持，就可以使用它。

当前业内比较著名的远程调用中间件开源项目有 Dubbo、gRPC 等。

（3）面向对象的中间件

早在 1990 年年底，OMG（对象管理组织）就推出了 OMA（对象管理架构），ORB（对象请求代理）是其中的核心组件。面向对象的中间件基于面向对象的编程模型，对象之间的方法调用通过 ORB 来实现。

ORB 使得对象可以透明地向其他对象发送请求或者接受其他对象的响应。这些对象可以位于本地，也可以位于远程的机器上。ORB 不关心具体对象的通信、激活或存储的机制，也不关心对象位于何处、是用什么语言编写的、使用什么操作系统等。因此，ORB 能够为应用提供服务位置的透明性和跨平台特性，其 IDL（接口定义语言）还提供了编程语言的无关性。

（4）面向消息的中间件

面向消息的中间件是数据通信网络机制的自然延伸。它利用高效、可靠的消息传递机制进行与平台无关的数据交互，并基于数据通信实现分布式系统的集成。

通过面向消息的中间件可以在分布式环境下完成进程间的通信，并支持多种通信协议、多种编程语言、多种应用及各种软硬件平台。典型的商用消息型中间件有微软的 MSMQ、IBM 的 MQ Series 等；开源的项目更多，例如 Kafka、RabbitMQ、ActiveMQ、ZeroMQ、RocketMQ 等。

从微观的层面看，中间件类似于程序中的各种库；从宏观的层面看，中间件类似于曾经流行的中台架构。合理地选择物联网中间件，可以极大地提升物联网应用的开发效率，并获得较高的系统稳定性。

13.4 物联网软件系统设计与实现流程

物联网软件系统的设计遵循软件工程的开发与实现流程。软件工程是应用计算机科学、数学、工程科学及管理科学等原理进行软件开发的工程。软件工程借鉴了传统工程的原则、方法，以提高开发质量，降低成本和改进软件算法。其中，计算机科学、数学用于构建模型与算法，工程科学用于制定规范、设计范式、评估成本及确定权衡，管理科学用于计划、资源、质量、成本等的管理。

软件工程中的瀑布模型开发方法和敏捷开发方法同样适用于物联网软件系统的设计与实现。但是，物联网软件系统一般都依赖于物联网产品尤其是硬件产品，特别需要关注硬件产品供应链管理的敏捷性。

13.4.1 瀑布模型开发方法

瀑布模型（Waterfall Model）是一个项目开发架构，其开发过程是通过设计一系列阶段按顺序展开的，从系统需求分析开始，直到产品发布和维护，每个阶段都会产生循环反馈。因此，如果在任何一个阶段有信息未被覆盖或者发现了问题，那么最好“返回”上一个阶段进行适当的修改。如果该阶段没有发现问题，整个项目开发过程就“流动”到下一个阶段。

瀑布模型的核心思想是按工序将问题简化，将功能的设计与实现分开，便于分工协作，即采用结构化的分析与设计方法将逻辑实现与物理实现分开。一般而言，软件生命周期划分为制订计划、需求分析、软件设计、程序编写、软件测试和运行维护等6个基本活动，并且规定了它们自上而下、相互衔接的固定次序，如同瀑布流水，逐级下落，这也是瀑布模型名称的由来。

瀑布模型具有以下优点。

- 为项目提供了按阶段划分的检查点。
- 在上一阶段完成后，只需关注后续阶段即可。
- 可将增量迭代应用于瀑布模型。第一次迭代解决最大的问题。每次迭代产生一个可运行的版本，同时增加更多的功能。每次迭代必须经过质量测试和集成测试。
- 它提供了一种开发范式，使得分析、设计、编码、测试和支持的相关方法可以在该范式下有一个共同的指导。

瀑布模型具有以下缺点。

- 各个阶段的划分完全固定，阶段之间会产生大量的文档，极大地增加了工作量。
- 开发模型是线性的，用户只有等到整个过程的末期才能见到开发成果，从而增加了开发风险。
- 需要过多的强制完成日期和里程碑来跟踪各个项目阶段。
- 不适应用户需求的变化（这也是瀑布模型最突出的缺点）。

传统的瀑布式方法在大型物联网系统开发中依然有效。图13-8所示为贝尔北方研究中心的系统开发流程。

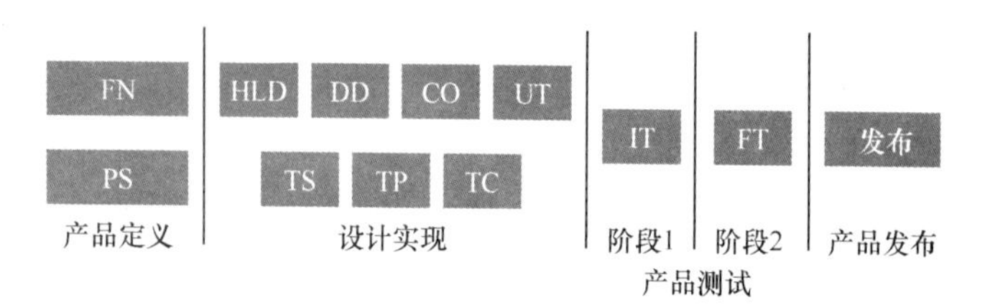

图13-8 贝尔北方研究中心的系统开发流程

在图13-8中，整个研发流程分成4个阶段。

- 产品定义：包括功能说明（FN）和产品规范（PS）。
- 设计实现：研发和测试并行进行。研发团队陆续开始高层设计（HLD）、细节设计（DD）、编码实现（CO）和单元测试（UT），而测试团队则需完成测试策略（TS）、测试计划（TP）和测试用例（TC）的编写。
- 产品测试：产品测试又分为“阶段1”和“阶段2”两个阶段，分别是集成测试（IT）和现场测试（FT）
- 产品发布：这是研发流程的最后阶段。

13.4.2 敏捷开发

随着技术的发展，尤其是互联网的发展以及B/S架构的广泛应用，对用户反馈进行及时响应成为可能。从20世纪90年代开始，逐渐出现了一些引起广泛关注的新型软件开发方法，如XP（极限编程）、Scrum等，统称为敏捷开发。

敏捷开发主要是通过高透明性、可检验性和适应性来管理复杂性、不可预测性和变化，它的难点在于不好确定一个Sprint周期有多长（Sprint周期的长短依赖于保证需求不发生变更的最小时间）。

以Scrum为例，敏捷开发的典型开发模型如图13-9所示。

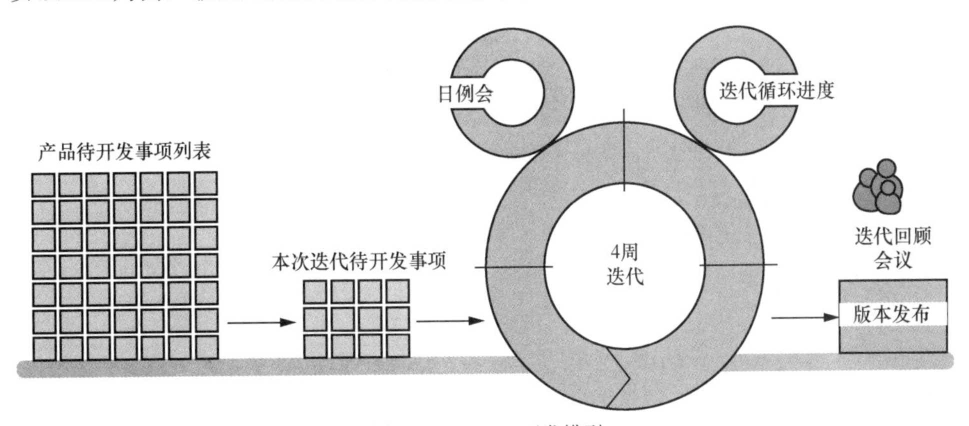

图13-9 Scrum 开发模型

在图13-9中，Scrum作为一种敏捷开发方法，通过各种行为方式来实现目标。

首先是Sprint计划会议。计划会议要有足够的时间，通常建议至少8小时。在会议期间，取出部分产品需求做成Sprint需求，并写成索引卡形成本次迭代待开发事项；确定并细分每一个索引卡的用户故事，然后进行工作认领（不是分配）；同时确定每日站立会议的时间和地点，确定好演示会议和回顾会议的日期。

日例会一般是站立会议，是敏捷开发中的一个显著特点，每次10～15分钟，迟到成员将接受惩罚。每个成员自问自答3个问题：昨天做了什么、今天要做什么和遇到了什么问题。会后再沟通问题的解决方案，最重要的是更新燃尽图（燃尽图代表了迭代循环的进度）。

在开发过程中，要使用好任务看板，关注产品的整个生命周期：需求、设计、开发、测试和维护。对于小团队而言，建议不要使用软件取代看板，可以选择性地与极限编程或其他的敏捷开发方式相结合。

在Scrum开发中，演示会议是至关重要的。演示需要跨团队进行，以产生不同团队之间的交流。不要关注太多的细节，以主要的功能为主，且一定要让老板或者客户看到。演示会议非常重要，绝对不可以被忽略。

迭代回顾会议的时间一般为 1～3 小时，需要找一个舒适的地方进行（最好有回顾看板）。开始的时候成员轮流发言，而不是主动发言。在会议过程中记录问题并总结，然后讨论改进的方法，并放在回顾看板上。每人选出最重要的 2～3 个改进点，成为下一轮产品需求的一部分。

在软件开发中"没有银弹"，敏捷也不是万能的。Scrum 的主要缺陷是团队成员压力大，不方便跨时区和跨语言协同团队，而且一旦启动就无法中断。更重要的是，软件维护的成本偏高，对工程师的要求较高，尤其是在应用的架构和可扩展性方面。

敏捷开发乃至一般的开发过程都会涉及一件事——任务估点。一个任务最好以 2 小时为单位：半小时设计；半小时编码；半小时测试；半小时文档、注释以及重构。这是因为在互联网上流传着一句名言："3 个月就是一年。"也就是 1 周相当于 1 个月。那么，2 小时就相当于 1 天了。也就是说，我们的团队要将每 2 小时当成一天来计算。众所周知，所有的估算都是不准确的，以 2 小时为单位是为了降低误差。就像我们在度量时，如果以米为单位，误差就是米，如果以毫米为单位度量，误差就是毫米。每 2 小时一个任务，就相当于在开发中采用"毫米"为单位来度量开发进度。

在敏捷开发中，最重要的还是代码。代码质量的优秀与否决定了产品或者服务质量的好坏。有 4 种手段可以提升代码质量。

- 意图导向编程。简单地说，就是把注释变成代码，让代码拥有自解释性。
- 测试驱动开发。对后端而言这尤为重要，结合日志系统可以快速定位问题。
- 创建和使用分离。这就是"高内聚，低耦合"。
- 单点修改原则。单点修改可能只是一种理想状态，但应该铭记在心。

13.4.3　物联网软件系统的相关依赖：供应链管理的敏捷性影响

物联网软件系统通常依赖于物联网硬件产品，物联网硬件产品的研发进度会对软件系统产生很大的影响。特别是物联网硬件产品的商用流程，对供应链管理有很大的依赖，供应链管理的敏捷性会影响物联网软件系统的最终发布。

实现供应链的敏捷性后，以客户为中心的工厂运营模式将要求产品的制造具有高度的自动化和灵活性，从而需要供应商和经销商转变其业务模式，以提供基于需求的定制化服务。大量数据将从制造产品的工厂流入和流出，也要求整个供应链的信息技术基础设施能够处理大量的信息共享。

在供应链管理中，一个需要考虑的重要方面是供应链的端到端能见度。鉴于工业 4.0 中建立的虚拟性和地理多样性，确保供应商始终与制造产品的智能工厂保持联系，并确保供应商们的信息技术应用程序能够真正抓住并理解向它们靠近的数据是极其重要的。另外，整个供应链之间的沟通仍然是双向的，数据和信息应该流向合作伙伴，也应该来自合作伙伴。

从敏捷性和连接性的角度来看，最终的客户也应该成为供应链中每一个合作伙伴的重点，这就需要对当前供应链结构进行重新配置和调整。这个供应链足够敏捷，能够满足基于需求的需求，能够以最小的努力适应重大变化。

基于物联网软件系统的智能设备正在形成一种新的产品创新平台，这样的创新平台为供应链管理提供了改进的可能性。供应链的敏捷管理与智能设备创新平台互相协同，能够促进更快的产品开发、更明智的制造、更好的产品生命周期，以及更高的流程灵活性和弹性。

13.5　物联网系统的工程实现

物联网的工程实现是以工程的管理方法为指导，集成已有应用平台，建设相关领域的物联网应用。物联网工程项目涉及多种技术和设备的集成，要实现一套智能的物联网系统，需要借助分解技术，将整个系统拆分出多个子系统，分别给出子系统的实现，然后再将多个子系统的集成起来形成整个系统。这也是比较有效的办法。

物联网工程设计可分为 7 个阶段，如图 13-10 所示：

- 问题定义与规划；
- 可行性研究与需求分析；
- 逻辑网络与软件总体架构设计；
- 物理网络与功能模块详细设计；
- 设备选型与施工方案设计；
- 实现、测试和工程实施；
- 运行和维护管理。

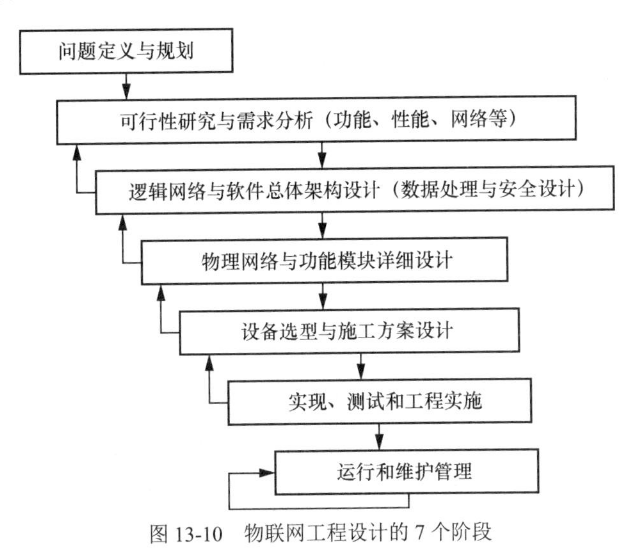

图 13-10　物联网工程设计的 7 个阶段

在图 13-10 中，物联网工程的实施涉及各阶段内容的集成，是在系统工程科学方法的指导下，根据用户需求，优选各种技术和产品，将各个分离的子系统集成为一个完整可靠、经济有效的整体，并使之能彼此协调工作，发挥整体效益，达到整体性能最优的过程。

物联网工程实施的关键在于解决不同子系统之间的互联和互操作问题，需要关注各种约束条件：

- 政策和法律约束；
- 技术约束；
- 经济约束；
- 时间约束。

一般而言，可以将物联网的工程实施分为 6 个阶段：项目招投标、项目启动、项目具体实施、项目测试、项目验收和培训。其中，项目的具体实施主要是准备场地，采购物联网工程所需的设备和材料，并根据施工计划组织各类人员进行项目施工等。

总之，物联网的工程实施是物联网应用落地的最终环节。

13.6 物联网系统设计案例：智能电网

智能电网允许家庭和企业（包括消耗大量电能的大型数据中心）利用精细的算法来优化电能的使用方式，以达到节省能源并降低费用的目的。现在，与空调设备联网的智能温度调节装置已经能根据建筑内外的温度决定何时开关空调，以及如何将室内外空气混合到最佳水平。

早在 2008 年，美国科罗拉多州的波尔得市已经成为美国第一个支持智能电网的城市，每户家庭都安装了智能电表，人们可以很直观地了解当时的电价，从而把一些事情，比如洗衣服、烫衣服等安排在电价低的时间段。同时，变电站可以收集每家每户的用电情况，进而根据供电系统的现状重新配备电力，还可以帮助人们优先使用风电和太阳能等清洁能源。这就是基于物联网的智能电网在智慧城市中的应用。

下面是一个面向用户侧智能电网系统的参考实现。

13.6.1 用户侧智能电网的传感层建设

对于配电网和用户网而言，其各自物联网建设的关键点都在于数据采集和数据采集过程中的安全监控，即物联网传感知层的建设。物联网传感层是物联网架构中的底层基础，负责采集和感知物理世界的信息，并将这些信息转化为数字信号，以便传输和处理。

物联网传感层的建设通常包括以下几个主要环节：

- 传感器选择与部署；
- 传感器连接和数据采集；

- 数据传输与通信；
- 数据存储与管理；
- 设备管理与维护；
- 安全与隐私保护；
- 数据质量控制；
- 能源管理。

物联网传感层建设的重点是传感器的选择与部署。对智能电网而言，用户侧主要是智能电表，配电网侧将加装各种先进的传感器，作为物联网传感层的触角，而以光纤和光波导芯片为首的无源传感器将是主要发展方向之一。而大型电力客户，如钢厂、化工厂等的用电设备未来也将加装这些传感器。这些传感器及管理系统会与电力干线输电网的传输传感监控系统、安全传感系统整合，形成电力物联网的一体化管理平台。

13.6.2 用户侧智能电网物联网的网络层建设

在实时采集和传输智能电网的数据时，有多种方式可供选择，例如可以通过载波、光纤、无线、GPRS 等通信方式进行采集和传输。

目前，用户侧智能电网的数据采集在很大程度上还是以人力为主。只有解决好用户侧物联网网络层的建设，才能充分发挥用户侧物联网传感层的性能，从而提升采集效率。

网络层的建设相对较为容易，可以充分利用当今电力日益强大的 EPON（以太网无源光网络）中丰富的光纤通信资源，同时因地制宜，结合 Wi-Fi、5G 等无线技术进行传输，从而彻底解决用户侧物联网信息通信的孤点及孤岛等问题。

13.6.3 用户侧智能电网物联网的管理层/决策层建设

用户侧智能电网物联网的管理层/决策层需要具备历史数据和峰值告警等内容，同时能够自动发现用户侧到配电侧的拓扑结构，并具有信息双向处理功能。

为了进行事件处理，需要引入计算机辅助的专家系统，进而对于各环节的问题能够自动生成决策。同时，在专家系统的基础上需要引入先进的控制技术，进行分析、诊断和预测状态，并确定和采取适当的措施以消除、减轻和防止供电中断与电能质量的扰动。这样的自动控制方式响应时间将在秒级水平上，能够实现智能电网的自愈能力，并极大地提升可靠性。

该参考实现介绍了用户侧智能电网系统的传感层、网络层和管理层/决策层建设。物联网传感层的重点在于传感器的选择和部署，网络层建设可以利用光纤、Wi-Fi、5G 等通信技术进行。管理层/决策层需要引入计算机辅助的专家系统和先进的控制技术，以实现智能电网的自愈能力和提升可靠性。

13.7　小结

本章以物联网软件平台的架构为切入点，讨论了面向云服务的物联网系统设计，尤其是针对云服务的连接性进行了详细的分析。随着具体应用场景的不同，物联网的系统设计也各不相同，但都有一些需要明确的共同要素：流量控制、缓存系统、服务支撑、运维体系和开放平台。物联网中间件是连接物联网设备和应用程序之间的重要组件，它在物联网系统中扮演着桥梁的角色，起到连接、通信、数据处理和协调的作用，是构建稳定、安全和高效的物联网系统的重要组成部分。

作为一个软件系统，物联网系统同样可以使用软件工程的方法进行设计与开发。无论是瀑布模型开发方法还是敏捷开发方法，都在物联网系统的设计与实现中占据着重要地位。鉴于物联网软件系统对于物联网硬件产品的依赖，物联网硬件产品中供应链管理的敏捷性至关重要。忽略供应链管理的敏捷性，将阻碍或减缓物联网产品以及物联网软件系统的正常上市。另外，物联网系统的工程实施是具体的物联网应用落地的重要环节。

第 6 部分

物联网的热门话题

在人类发展史上，通信技术的每次革命性突破，都会让我们更进一步地接近完全的数字化社会。数字化已经成为现代社会发展的重要推动力，而连接已经成为未来社会的主旋律。物联网则让一切变得简单而强大。物联网同样也为涉及范围更广、更复杂的人类规划和决策提供了支持。通过充分的计算能力、合适的传感器以及充足的存储量，我们就可能将数据收集和数据分析提高到原来无法想象的水平。

物联网行业的百花齐放，也导致了物联网技术的百家争鸣。作为一个超系统，物联网会有哪些主要的技术趋势和热门话题呢？

物联网改变了我们认识物体的方式，也使我们的行为发生了巨大的变化。但是，由于物联网的整个标准体系尚未完全建立，技术标准没有统一，这不利于不同平台之间的互联互通，阻碍了物联网在各领域的发展，使得物联网各业务应用和管理平台仍处于孤立和垂直的状态，相对比较零散。

尽管物联网相关的标准组织、产业联盟和开源社区众多，但是它们侧重的技术领域和应用场景也有所不同，相互之间的工作也错综交互，这导致物联网的标准化一直是业界的一个重要话题。

从信息与网络安全的角度看，物联网作为一个异构融合网络，不仅存在与传感器网络、移动通信网络和互联网同样的安全问题，而且还有其特定的问题，如数据与隐私保护、异构网络的认证与访问控制、信息的存储与管理等。物联网的安全性一直是物联网发展中的一个热门话题。近年来，区块链技术的崛起为物联网的安全性甚至物联网应用自身带来了不同的解决方案。

随着物联网设备数据处理能力的提升，雾计算和边缘计算将成为物联网的重要力量，因为它们可以实现更高效的操作和更快捷的响应，而混合了各种技术的物联网将变得更加普及。

随着越来越多的企业使用物联网设备与技术，物联网产生的数据量呈指数级增长，传统的计算方式已经很难满足这样规模的数据处理需求。人工智能则能填补数据收集和数据分析之间的空白，利用机器学习乃至深度学习，可以挖掘大规模数据中的潜在规律和隐藏信息，从而为决策和业务提供更深入的洞察和见解。人工智能还给物联网技术带来了重大的进步，从芯片到边缘网络再到云服务，人工智能技术基本上融入了物联网的整个体系。此外，在自动识别以及智能判断所需要的复杂计算过程中，人工智能技术可以模仿一些特定元素的知识能力，可以创造更多的应用场景和商机。

物联网是一个综合应用各种技术的开放理念和体系，包括传感、通信和应用的各个领域与环节，是一个既广泛又特定的概念。随着技术的演进和应用的普及，物联网将会带给我们一个绚烂多彩的智慧星球。

第 14 章 物联网的标准化

标准是技术研发的总结和提升，是经济和社会发展的重要技术基础，也是国家和地区核心竞争力的基本要素，是产业规模化发展的先决条件。然而，物联网的标准体系尚未完全建立，技术标准没有实现统一，这不利于不同平台之间的互联互通，阻碍了物联网在各领域的发展。这也导致物联网各业务应用和管理平台仍处于孤立和垂直的状态。

在了解物联网的标准化要解决哪些问题之前，我们先来看一下标准化的定义。

标准化是指为了在一定的范围内获得最佳秩序，对现实问题或潜在问题制订共同使用和重复使用条款的活动。

可见，物联网标准化是一种活动，该活动主要包括制订、发布及实施标准的过程。从物联网标准化对象的角度分析，物联网标准涉及的标准化对象可以是相对独立、完整、具有特定功能的实体，也可以是具体的服务内容，可大至网络和系统，也可小至设备、接口和协议。

尽管不同标准组织的侧重点不同，但相互之间也有少量重叠和交叉。例如，ITU-T 的标准化集中在总体框架、标识、应用三个方面；ISO、IEEE 主要侧重于传感器网络的标准化工作；EPCglobal 主要侧重于 RFID 的标准化工作等。

中国通信标准化协会（CCSA）于 2012 年制订了物联网总体框架和技术要求的行业标准，该标准指出了物联网的泛在性和开放性，还给出了物联网的通用分层模型，从上到下分别是应用层、网络/业务层和感知延伸层。

物联网的概念实际扩展到 ICT 的全面融合与应用，与 IBM 提出的“智慧星球”的内涵基本相同，后者提出的是“深入感知、广泛互联、高度智能”的概念，也包含了可感知、网络、（智慧）应用三个层次。

14.1 标准的定义

在 GB/T 20000.1—2002《标准化工作指南 第 1 部分：标准化和相关活动的通用词汇》中提

到，标准是为了在一定范围内获得最佳秩序，经过协商一致制订并由公认机构批准，共同使用且重复使用的一种规范性文件。

或者说，标准是一种规范性文件，规定了活动或其结果的共同和重复使用的规则、指导和特性。该文件经过协商制订并经过公认机构批准。它以科学、技术和实践经验的综合成果为基础，旨在促进最佳社会效益。

技术标准是根据不同时期的科学技术水平和实践经验，针对具有普遍性和重复出现的技术问题提出的最佳解决方案。技术标准的对象可以是物质的，也可以是非物质的，例如概念、程序、方法和符号等。技术标准通常分为基础标准、产品标准、方法标准以及安全、卫生和环境保护标准等。技术标准是科研、设计、工艺、检验等技术工作以及商品流通中共同遵守的技术依据，具有重要意义和广泛影响。

标准的本质是统一，是对重复性事物和概念的统一规定，旨在获得最佳秩序和最佳社会效益。标准化是个人生活健康的安全保障，是企业参与贸易竞争的通行证，也是各行各业实现管理现代化的捷径。

14.2 物联网的标准体系

标准体系是指一定范围内的标准按其内在联系形成的有机整体。标准体系表是将一定范围的标准体系内的标准按一定形式排列起来的图表。

从某种意义上来说，物联网并不是一种技术，也不是一门学科，而是对各种 ICT 技术综合应用的开放理念和体系，因为它包含传感、通信、应用的各个领域和环节，是一个既广泛又特定的概念。从应用的广泛性来看，物联网涉及 ICT 的方方面面；从应用的特定性来看，必须具有开放融合和传感控制两个特征的应用才符合物联网的概念。

从这一观点出发，物联网标准体系应当属于相对形而上的范畴，不应仅针对某一技术（如传感网络），还应当包括以下多个方面：

- 对物联网概念的统一描述；
- 对物联网体系结构抽象的统一描述；
- 与物联网组成部分相关的规范；
- 对不同标准的融合与应用的统一方法；
- 对全局地位元素的统一标识和描述。

这种标准应当是全局性、抽象、框架性的。物联网的标准体系示例可见图 14-1。

在图 14-1 中，感知层（由图 14-1 中带有阴影的模块共同构成）是物联网区别于其他网络（如互联网）的主要不同点。

对数据的感知也是物联网数据价值的基础，因此物联网的感知层标准体系尤为重要。

公共安全	环境保护	农业	工业控制	军事	能源分布
水资源	太空探索	智能交通	智能家居	医疗看护	其他应用

应用子集标准

基础平台标准

通用规范	接口	通信交互	服务支持	协同处理	网络管理	信息安全	测试
技术术语	传感器等	物理层	信息描述	性能约束	服务质量	安全技术	一致性
需求分析	数据类型	链路层	信息存储	策略规划	移动支持	安全管理	互用性
参考架构	数据格式	网络层	信息标识	通信规划	通用规范	安全评估	性能
		接入层	目录服务			隐私策略	
		需求分析	中间件等				

图 14-1　物联网的标准体系示例

14.2.1　物联网感知层中的物理层标准

物理层定义了感知层设备通过物理连接进行原始数据传输的方法。

根据感知层的不同应用需求，物理层包含的技术手段略有差别，一般涉及发送频率、调制方法、短距离通信策略、长距离通信策略、低速率传输、高速率传输等。感知层设备可以通过有线或无线互连。现有的许多有线和无线通信标准已经比较成熟，比如 RS-232、RS-422、RS-485、PLC、HFC、CAN、以太网等有线标准和 IEEE 802.15.3、IEEE 802.15.4、蓝牙、WLAN 等无线标准。

针对感知层特点的通信和网络技术不断涌现，在制订物理层标准时，需要把这些技术都考虑进来，根据感知层各种应用的共性需求，制订出最合适的标准，实现感知层设备之间、网关之间、企业网之间的互联。

14.2.2　物联网感知层中的 MAC 层标准

MAC 层保证了感知层设备之间的逻辑连接，通过寻址和信道接入控制实现设备之间的通信。为了弥补物理层数据传输的不可靠性，MAC 层还提供了流量控制、差错检测、差错控制等功能，以实现设备之间数据的可靠传输。

与其他网络实体相比，物联网感知层受到能量、通信、存储、计算能力等的限制。因此，MAC 层标准必须具备较高的能效性和较少的数据交互。现有的一些 MAC 层协议并没有考虑到这些限制，所以不能有效应用于物联网感知层中。可以通过对现有 MAC 层协议（如 CSMA/CA、动态 TDMA、S-MAC 等）的扩展性、设备休眠策略、信道接入控制技术、流量和差错控制技术、多路复用技术进行研究，制订适用于物联网感知层的 MAC 层标准。

14.2.3 物联网感知层中的网络层标准

网络层位于物理层和 MAC 层之上，除了进一步实现流量控制、差错检测等功能外，还实现了中继和路由选择等功能。

与有线传输相比，无线传输在能量、通信、存储、计算能力等方面的限制对网络层标准提出了更大的挑战，需要结合以下技术才能有效解决这些问题：

- 网络信息的自配置；
- 网络地址和物理地址之间的地址解析；
- 点到点的数据单元传输协议；
- 面向传输层的端到端的数据单元传输协议；
- 感知层设备和网关的时间同步与自定位；
- 不同协议网络的协同工作；
- 路由策略。

14.2.4 物联网感知层中的主干网接入层标准

无论是网络间的通信还是与人的交互，物联网感知层都需要接入通信主干网以实现其应用。感知层与主干网的接入可以分为有线（如以太网等）和无线（如 GSM、3G、4G 等）两种接入方式。主干网接入层协议通过对网关的信息发送/接收和应用程序接口进行定义，实现与主干网的互联，对物联网感知层各种应用的实现起到了决定性的作用。

14.2.5 物联网感知层中的服务质量评估

物联网感知层中的服务质量评估是指对物联网感知层中的各种服务和功能的性能、可靠性、可用性以及其他关键指标进行评估和监测的过程。感知层是物联网体系结构中的底层，它包括传感器、设备、物联网网关等，负责采集、处理和传输数据。因此，确保感知层的服务质量至关重要，以支持上层应用和服务的正常运行。

物联网感知层中的服务质量评估体系如图 14-2 所示，主要从通信和信息处理两个方面进行评估。

在图 14-2 中，从通信视角来看，可以从时空维度评估物联网感知层的覆盖范围，从是否随机控制来评估部署和设置的灵活性，从可用性、传输丢包率、传输准确性、网络延迟、网络带宽等方面评估物联网感知层的性能质量，从通信信息的认证、机密性、完整性、接入控制、可用性和通信责任性来评估物联网感知层的安全和隐私性，通过节点、网关、用户和环境的移动性和可靠性来评估物联网感知层的网络动力学属性。

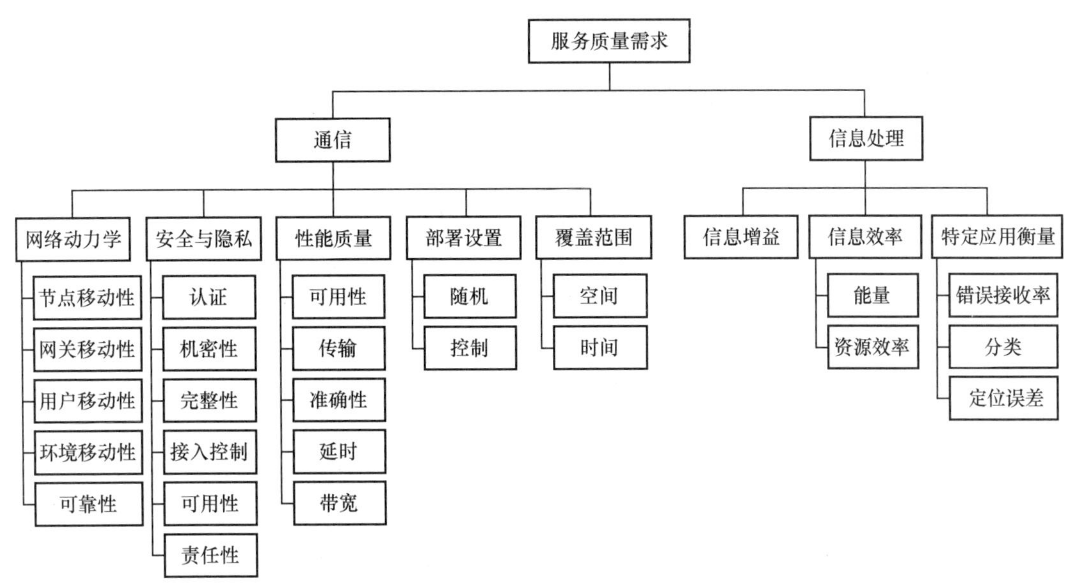

图 14-2 物联网感知层中的服务质量评估体系

由于物联网感知层不仅负责信息的传输，而且还涉及了信息的获取和处理，所以仅从传统的通信角度衡量物联网感知层的服务质量是不够的，也需要从信息处理角度去评估。从信息处理视角来看，可以从能量消耗和资源效率来评估信息处理的效率，可以从信息处理的结果来评估信息的增益，还可以从错误接收率、目标分类正确率、定位误差等方面对特定应用进行衡量。

另外，不同的应用场景需要使用不同的服务质量评估方法。根据应用模式的不同，可以将感知层上的应用分为三类：时间驱动型应用、事件驱动型应用和查询驱动型应用。

- 时间驱动型应用：指感知层上的应用以某一确定时间为周期完成相应的信息感知和信息提供任务。例如，一些用于环境监测的物联网服务就是较为典型的时间驱动型应用。
- 事件驱动型应用：指感知层上的应用以物理世界某一特定事件的发生为触发点，完成相应的信息感知和信息提供任务。例如，安防类物联网服务是较为典型的事件驱动型应用。
- 查询驱动型应用：指感知层上的应用以来自用户的查询为触发点，依据用户查询需求完成后续的信息感知和信息提供任务。这类应用是基于感知层的分布式数据库系统所提供的核心应用之一。

14.3 物联网标准化组织

目前，许多标准化组织都在对物联网标准进行大量研究，包括国际标准化组织（ITU-T、ISO、EPCglobal 和国际电工委员会[IEC]）、区域性标准化组织（如欧洲电信标准化组织[ETSI]）、国家/地区标准化组织（如中国通信标准化协会[CCSA]、韩国电信技术协会[TTA]、日本电信技术委员会[TTC]等）以及行业标准化组织（如 IETF、IEEE）。

这些标准化组织都在各自擅长的领域进行研究。比如，EPCglobal 致力于支持电子产品代码的全球应用以及相关的产业驱动标准；ITU-T 的研究内容主要集中在泛在网络总体框架、标识及应用三个方面；ETSI 成立了专项小组从 M2M 的角度进行标准化研究；IEEE 主要研究感知层的低速近距离无线通信技术标准；IETF 主要研究以 IP 为基础的适应感知延伸层特点的组网协议等。

众多标准化组织的研究工作相对独立，且都各自投入了相当规模的人力和物力，开发出了一些标准，并取得了一定的成果。但是，开发的这些标准相互有重叠，且缺乏整体的协调和组织。从长远来看，这种行为在物联网标准化的道路上是一种事倍功半的行为，在某种意义上甚至可以说是对物联网标准化事业研究和发展的一种阻碍。

为了促进物联网在全球范围内的发展，需要建立涵盖感知层、网络层及应用层的统一的国际标准。这不仅需要全世界的共同努力，而且需要一个国际层次的健全机制对各标准化组织的工作进行协调管理。目前，物联网正处于飞速发展阶段，应用领域也在不断扩大，制订国际标准的工作刻不容缓。

自 2010 年以来，我国国家发展和改革委员会、国家标准化管理委员会与有关部门相继成立了国家物联网标准推进组、国家物联网基础标准工作组及公安、交通、医疗、农业、林业和环保等六个物联网行业应用标准工作组，初步形成了组织协调、技术协调、标准研制三级协调推进的标准化工作机制（见图 14-3）。

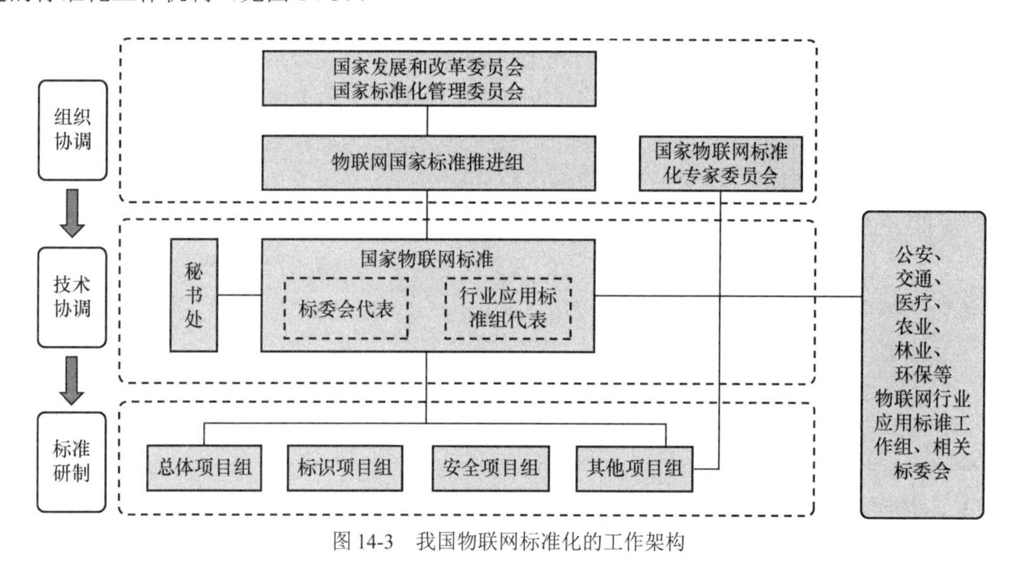

图 14-3　我国物联网标准化的工作架构

2019 年 8 月，经国家标准化管理委员会批准成立的全国信息技术标准化技术委员会物联网分技术委员会，主要负责物联网架构、术语、数据处理、互操作、传感器网络、测试与评估等物联网基础和共性技术领域国家标准制修订工作。

14.4 ITU-T 物联网标准的发展

早在 2011 年 5 月，ITU-T 顺应行业发展趋势，启动了物联网全球标准倡议（IoT-GSI）标准化大会，正式将物联网作为一项待标准化的重要未来网络技术加以研究。为协调相关研究，JCA-NID 变更为物联网联合协调行动（JCA-IoT），将继续协调与物联网相关的研究工作。此时，物联网研究已经在 ITU-T 的大多数研究组有所开展，包括第 2、3、9、11、13、16、17 等研究组。IoT-GSI 的开展为跨研究组的沟通和标准推进提供了极大的便利。通过 IoT-GSI 的研究，ITU-T 发布了几份奠基性的物联网标准文件，包括对物联网的基础描述、需求、架构等。

2012 年 1 月，关注到物联网领域在 M2M 方向的活跃性，并认识到其对物联网的重要价值，ITU-T 启动了机器到机器焦点组（FG-M2M）的研究工作，该焦点组重点关注 M2M 在服务层的需求、架构及协议。

2013 年 12 月，FG-M2M 研究工作宣告完毕，输出了针对 E-Health 及 M2M 的一系列研究成果，部分已转化为相关标准。

2015 年 6 月，ITU 在电信标准化顾问组（TSAG）会议上决定成立第 20 研究组（SG20），专门开展关于物联网及智慧城市的研究工作。ITU-T 同步停止 IoT-GSI 标准化大会工作。

此外，为了支持 SG20 的研究工作，ITU-T 要求其他各研究组将其在研的涉及物联网的研究工作逐步转移至新成立的 SG20。截至 2016 年 5 月，除涉及网络管理、测试安全、认证等的部分研究尚分布在第 2、11、17 工作组，其他研究已基本完成向 SG20 的转移。同时，ITU-T 为物联网标准留出 Y.4000～Y.4999 的系列标准号。在做出上述调整之前，ITU-T 已经通过各研究组及 IoT-GSI 完成了大量和物联网相关的标准化工作，且为了方便业界查询，对已发布的涉及物联网的标准重新在该标准号段分配了编号。因此，现有的很多 ITU-T 的物联网标准将有两个编号，例如最初的标准发布号为 Y.2066，2016 年又分配的标准发布号为 Y.4100。

自 2015 年 6 月开始的第一次会议以来，SG20 已经完成了两项标准建议的制定，分别是规范物联网网关特性的标准和规范智能终端作为物联网汇聚节点特性的标准。这两份标准均由中国电信推动完成制定。截至 2016 年 4 月，SG20 正在研究的项目共有 50 项，其中 17 项是在 SG20 成立后开展的研究。

ITU-T 认为物联网是“信息社会全球基础设施（通过物理和虚拟手段）将基于现有和正在出现的、信息互操作和通信技术的物质相互连接，以提供先进的服务”。围绕以上认识，ITU-T 重点定义了物联网在通信、终端、服务、数据管理、安全隐私、应用支持等方面的需求，阐述了从功能、实现和部署三个不同维度理解的物联网架构，并细化了物联网需要具备的重要能力。

在物联网的标准制订方面，ITU-T 目前聚焦于两个方向：物联网共性技术和物联网应用技术。在物联网共性技术方面，当前已完成了大量的标准制订，例如标识、定位、即插即用等能力，以及网关、Web of Things、M2M 等网络技术。在物联网应用技术方面，也有关于车联网、

E-Health 及家庭网络的很多标准成果。

除了 ITU-T，现在还有很多标准化组织在从事与物联网相关的标准化工作。例如，ISO 很早就开始了射频识别的标准化工作，现在也是智慧城市技术标准的重要推动力。IEC 在各类物联网元器件和终端方面开展了一些标准化工作，例如针对可穿戴设备的标准化工作。3GPP 是 M2M 技术的重要推动者，也是 NB-IoT 等重要的物联网基础通信技术的标准化机构。IETF 在诸多的基础协议方面，例如 IPv6、CoAP、6LoWPAN 等，为具体的物联网技术需求提供了标准化解决方案。此外，oneM2M 通过对关键的物联网需求和基础技术的识别，提出了一套物联网业务体系标准，并在持续推进相关技术的完善。

有人认为，当前物联网遇到的问题是标准太多，而且各类标准间很难就一些关键信息达成一致。标准繁多一方面是因为物联网涉及的技术庞杂，另一方面是因为物联网太过复杂。预计即使物联网充分成熟后，最终仍可能会出现 2～3 套相关的标准体系。对于物联网的标准化工作而言，最终的标准化效果仍需行业及市场的认可。

14.5　物联网的产业联盟

技术标准联盟旨在制订产业技术标准。在创新领域，技术标准联盟的具体作用是通过技术标准实现创新技术的商业化。技术标准本身具有公共产品的特性，但是部分技术标准包含了大量创新技术及相关知识产权。这些技术标准关系到巨大的商业利益，成为企业积极争夺的对象。技术标准联盟通过制订竞争性技术标准，有利于新技术的应用，促进整个产业的发展，并保护消费者的利益。

而物联网产业联盟是由企业结成的一种合作模式，旨在确保各合作方在物联网市场上具有竞争优势，寻求新的商业规模、产业标准、运作机制和市场定位，或将物联网应用推向新领域等目的，并通过互相协作和资源整合来实现目标。

世界上各物联网联盟的发展历程大约如下。

- 2002 年 6 月，开放移动联盟（OMA）成立；10 月，Zigbee 联盟成立。
- 2003 年 6 月，数字生活网络联盟（DLNA）成立。
- 2005 年 1 月，Z-Wave 联盟成立。
- 2006 年 6 月，Continua 健康联盟成立。
- 2008 年 4 月，EnOcean 联盟成立。
- 2009 年 4 月，DASH7 联盟成立。
- 2011 年 2 月，全球 M2M 联盟（GMA）成立；4 月，Wi-SUN 联盟成立；10 月，Li-Fi 联盟成立。
- 2012 年 6 月，物联网联盟成立；7 月，oneM2M 成立。
- 2013 年 10 月，中国物联网产业技术创新战略联盟成立；12 月，AllSeen 联盟成立。
- 2014 年 3 月，工业互联网联盟成立；7 月，开放互联联盟成立。

- 2015 年 3 月，LoRa 联盟成立；12 月，OpenFog 联盟成立。
- 2016 年 4 月，中国传感器与物联网产业联盟（SIA）成立。
- 2017 年 8 月，中国物联网产业应用联盟成立。
- 2018 年 5 月，中国物联网产业生态联盟成立。
- 2019 年 12 月，中国物联网技术与可持续发展产业联盟成立。
- 2020 年 12 月，开放智联联盟（OLA）成立。
- 2021 年 10 月，中国电子竞技物联网产业联盟成立。

……

这些联盟通常由具有相似目标和共同利益的成员组成，它们之间共同合作，推动物联网技术、标准、政策和市场的发展。

14.6 物联网的开源社区

物联网协议、专有的及封闭的物联网系统最终将为更加开放的环境让路，以使社会实现最大收益。从某种程度上来说，物联网生态是标准和开源并重的格局。表 14-1 给出了物联网的一些开源项目示例。

表 14-1 物联网的一些开源项目示例

组织名称	项目名称	简介
Linux 基金会	AGL（Automotive Grade Linux）开源车联网系统	Linux Foundation 联合英特尔、丰田、三星、英伟达等多家合作伙伴，推出了汽车端的开源车联网系统
Linaro	Linaro	开源的 ARM 系统单芯片（SoC）
Thingsquare	Contiki	开源的物联网轻量级操作系统
IoT-EPI（物联网-欧洲平台计划）	OpenIoT	物联网与云计算相结合的开源解决方案
Eclipse	Eclipse 基金会物联网项目	Eclipse IoT 是一个开源的物联网平台，旨在提供可扩展、灵活和高度集成的工具和框架，用于构建、部署和管理 IoT 解决方案。它包含多个子项目，如 Eclipse Kura、Eclipse SmartHome、Eclipse Hono 等
oneM2M	IoTDM	oneM2M 标准的开源实现，运行于 OpenDaylight 之上的开源项目，遵从 oneM2M 标准的数据中间件
IIC（工业互联网联盟）	Predix	通用电气公司于 2015 年底部分开源的工业互联网平台
OCF（开放互联基金会）	IoTivity	OCF 框架和垂直应用配置概要（profile）的开源实现

物联网相关的标准组织、产业联盟和开源社区侧重的技术领域与应用场景有所不同，不同组织之间的工作也错综交互。国内外物联网相关的标准组织、产业联盟和开源项目如图 14-4 所示。

在图 14-4 中，对于在广域连接方面的物联网感知传输而言，其标准格局和演进的线路相对比较清晰，主要是 3GPP 主导的广域低功耗和高速低延迟标准 NB-IoT/LTE-V 以及 LoRa 等。在所谓“最后 100 米”的短距互联的连接中，由 802.11 催生出的 Wi-Fi、基于 802.15.4 标准推出的 Zigbee 和 Thread，以及基于 802.15.1 的蓝牙等，它们都将是这个领域展开了激烈的竞争。垂直应用平台以开源项目为主，如 IoTivity、Eclipse SmartHome、AGL 和 Predix 等。

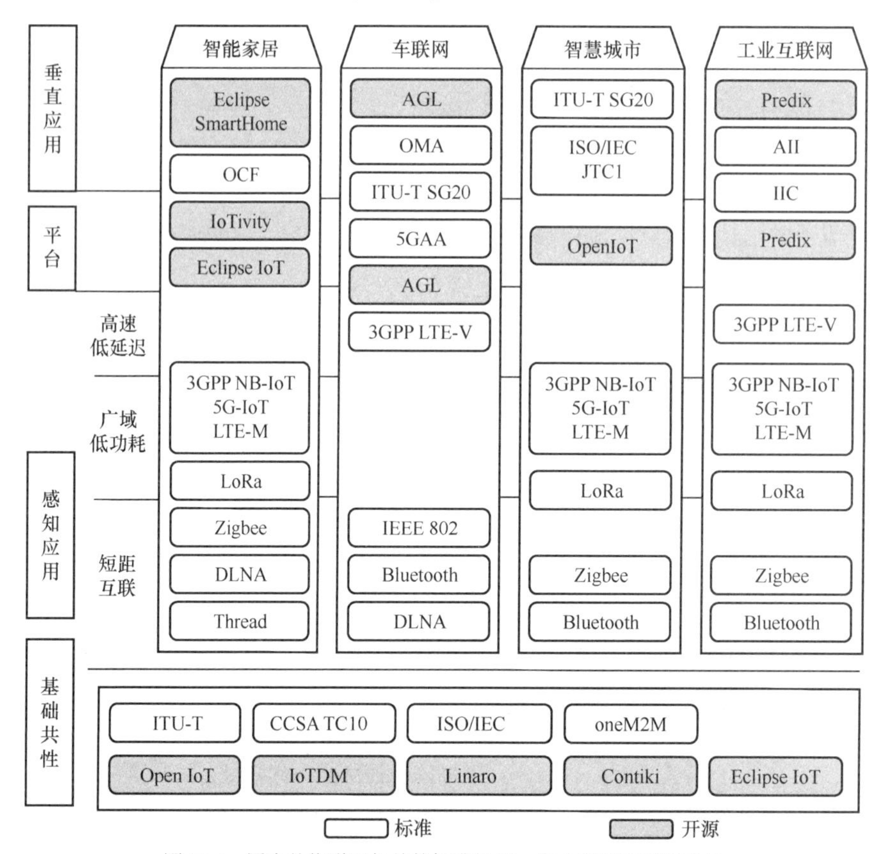

图 14-4　国内外物联网相关的标准组织、产业联盟和开源项目

就物联网基础共性类的技术和应用来说，标准和开源并重，形式多样，涉及了物联网的多个领域。

14.7　物联网应用领域的标准化示例：智能照明

目前，大多数照明控制系统仍然基于过去的专有连接模型。照明控制系统与物联网技术的深入整合是下一个主要的颠覆性转变，这将实现真正的智能照明与建筑基础设施的无缝结合。物联网中的数据处理和网络连接能够提高照明系统的可持续性和可维护性，并在与我们生活或工作的互动中增强个性化的用户体验，从而提高舒适性和幸福感。

在过去几年，一个由欧洲主要公司组成的联盟致力于定义和实施一套智能固态照明开放架构

（OpenAIS）。欧盟“地平线 2020”计划资助了该联盟的 OpenAIS 项目，并展示了物联网技术如何更加深入地整合在一起。在不久的将来，物联网技术将成为智能连接建筑的一部分，并继续深入整合。

OpenAIS 架构的可交付成果描述了如何使用基于 IP 数据包的数字网络通信进行照明控制以及传感器数据的收集。这为照明设备的安装和维护带来了便利。该架构的网络基础设施也可以用作其他应用领域的骨干结构，或与通用信息技术和建筑管理系统进行无缝集成。

OpenAIS 架构及其在真实办公楼试验示范中的实践展示了开放的协作生态系统如何使社区提供智能照明的解决方案，这些解决方案运作良好，并且易于安装、使用和维护。

14.7.1　智能照明系统的网络架构

OpenAIS 的连接性架构是基于一个 IPv6 的有线和无线混合的网络结构。OpenAIS 的连接性架构建议采用以太网/PoE 的技术。使用了 OpenAIS 连接性架构的物联网照明系统的架构如图 14-5 所示。

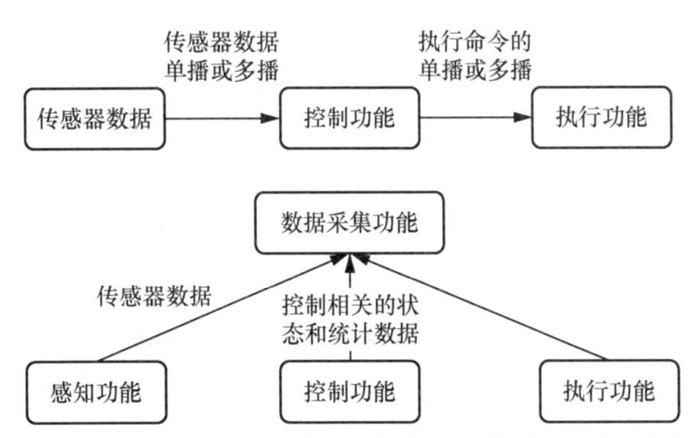

图 14-5　使用了 OpenAIS 连接性架构的物联网照明系统的架构

在图 14-5 中，可以通过低成本且通用的交换或路由设备完成物联网照明系统中的数据交换，而且这些设备不需要了解智能照明系统中的具体应用是什么。智能照明系统可以以统一的方式将这些设备安装在边缘网络，并提供了管理的能力，可以充分地利用已有的技术或现有的基础设施。此外，同样的网络也可用于各种其他的 M2M 数据收集。

基于 OpenAIS 连接性架构的智能照明系统使用了 Thread 协议作为物联网的主要网络技术。基于 IP 设定的配置机制，可以实现服务路由和服务发现的全部功能，可将任何符合 Thread 规范的设备轻松添加到网络中，进而保证了多个供应商物联网产品之间的互操作性。另外，OpenAIS 架构描述了一个具有以下特性的网络系统：

- 使用 IPv6 网络作为传输层，支持跨越有线或无线网段的 IPv6 组播；
- 所有应用层都使用 IETF 定义的标准化 CoAP 协议（用于受限的嵌入式设备）进行通信；
- 数据通信的安全性和隐私性是通过传输层和应用层的访问控制、匿名化和加密的组合来实现的。

14.7.2 智能照明系统的通信模式

在多个异构网络中大规模地覆盖照明控制是一项挑战，基于 OpenAIS 连接性架构的智能照明系统采用了如下方式来应对这一挑战：

- 首先，连接性架构定义了低延迟、高同步的群通信模式和协议，采用了多对多的网络拓扑，使用多播 IPv6 地址，增加了系统的可伸缩性，而不是 C/S 模式或设备与云服务之间的单播模式。
- 而且，还描述了一个分布式控制操作模型，这种控制模型可以建立在冗余部署的基础上，可以优雅地降级以实现基本功能。
- 最后，提供了一组灵活的应用层 API 来优化底层网络，并提供了一个高智能、多功能和面向可扩展连接照明设备的对象模型。

OpenAIS 连接性架构的智能照明系统支持数百个照明灯具，使用以太网/PoE 建立连接，采用了先进的照明控制策略，包括区域占用以及每个灯具的光敏传感器/控制策略（局部调光），并且让用户通过智能手机中的办公应用程序进行个性化控制。

智能照明系统还收集了有关区域占用情况的汇总数据，并提供给设施管理人员，以便他们能够评估空间利用效率。

在具体的实践中，一些 OpenAIS 联盟成员提供了支持 Thread 技术的固件模块，并对集成固件模块的相关组件实施了 Thread Group 的程序认证。此外，固件模块可复用性在一定程度上节约了成本。

综上所述，基于 OpenAIS 的智能照明系统是一种应用物联网技术的创新照明解决方案，它利用传感器、网络连接和自动化控制来实现智能化管理和优化照明效果。该系统在节能环保、成本降低、智能化体验、远程控制与监测、安全便利性以及数据应用与分析等方面表现出色，是推动现代照明技术进步和智能化应用的一个典型案例。

14.8 小结

标准化是社会生产与技术发展的产物，也是推动生产与技术发展的重要手段。

物联网是以感知为基础的物物互联系统，涉及网络、通信、信息处理、传感器、安全、服务技术、标识、定位、同步、数据挖掘、多网融合等众多技术或领域。在物联网中，物体和物体的“沟通”需要标准的支撑。因此，物联网的标准化是万物互联的关键点之一，根据物联网的技术体系可知，物联网感知层的标准化尤其重要。

从地域的维度看，物联网的标准包括国际标准、区域标准、国家/地区标准、行业标准；从参与者的维度看，物联网的标准包括产业标准以及开源社区的标准。

物联网的标准化指导着物联网应用的实践。

第 15 章 物联网的安全性

信息安全是一个永恒的话题，对于物联网尤其如此。2010 年 6 月，世界上首个网络超级武器震网（Stuxnet）病毒被检测出来，它是第一个专门攻击工业控制系统基础设施的病毒。这种病毒由被感染的 U 盘带入内部网络，传播到安装了西门子 WinCC 系统的主机，通过修改发送至 PLC 的命令改变离心机的旋转速度，让离心机快速转动然后骤然降速使离心机受损，从而对工业控制系统基础设施造成了严重的损害。

那么，如何才能保障物联网的安全性呢？

尽管互联网信息安全中的基本原则同样适用于物联网，但物联网的安全性有着自身的特点。针对物联网，同样要构建可信的网络并保护用户的隐私。基于物联网的特点，区块链技术成为一个潜在的物联网安全解决方案。

15.1 信息系统的安全性

狭义上，信息安全是涉及计算机领域所有安全问题的集合。国际上，ISO 给出了信息安全的权威定义，将其定义为“为数据处理系统建立和采取的技术与管理的安全保护，保护计算机硬件、软件、数据不因偶然或恶意原因而遭到破坏、更改和泄露”。

通常情况下，信息安全指信息网络的硬件、软件及其系统中的数据受到保护，不因偶然或恶意原因而遭到破坏、更改和泄露。系统应该连续、可靠、正常地运行，并且信息服务不会中断。

信息安全涉及计算机科学、网络技术、通信技术、密码技术、信息安全技术、应用数学、数论、信息论等多个学科。

在信息安全领域，有一些通用的原则，例如最小化原则、分权制衡原则和安全隔离原则。

- 最小化原则：受保护的敏感信息只能在一定范围内共享。为满足工作需要，履行工作职责和职能的安全主体在法律和相关安全策略允许的前提下，只被授予其访问信息的最小权限，这称为最小化原则。

- 分权制衡原则：在信息系统中，应该对所有权限进行适当的划分，且每个授权主体只能拥有其中的一部分权限。授权主体之间相互制约、相互监督，共同保证信息系统的安全。如果一个授权主体分配的权限过大，且无人监督和制约，就隐含了“权力滥用”和“一言九鼎”的安全隐患。
- 安全隔离原则：隔离和控制是实现信息安全的基本方法，其中隔离是进行控制的基础。信息安全的一个基本策略是将信息的主体与客体分离，在可控和安全的前提下实施主体对客体的访问。

15.2　物联网安全的特点

在讨论物联网安全问题时，离不开互联网。而在讨论互联网安全问题时，又不能脱离现实社会的环境。生活在现实社会中的人类创造了网络虚拟社会的繁荣，同时也带来了网络虚拟社会的麻烦。

总体来说，相比互联网，物联网信息安全具有以下特点：

- 从技术角度看，互联网能够遇到的信息安全问题，在物联网中也都存在；
- 从应用角度看，物联网上传输的数据更有经济价值和社会价值；
- 从物理传输技术角度看，保障物联网无线通信的安全更加困难；
- 从构成物联网的端系统的角度看，物联网能够遇到的信息安全问题会更复杂；
- 物联网的研究与应用刚刚开始，缺乏足够的管理经验，更缺乏保护物联网安全运行的法律法规。

物联网各层的安全性问题是物联网在应用过程中不可避免的挑战，如表 15-1 所示。

表 15-1　物联网各层的安全性问题

物联网各层	功能及安全性
感知层安全	■ 感知节点与移动网络之间的双向认证问题 ■ 感知节点间的通信安全与传输安全问题 ■ 传感网络自身的病毒防御 ■ 海量数据云存储的安全问题 ■ 环境安全
网络层安全	■ 更多节点接入的支持问题 ■ 传感节点的自组织整合问题 ■ 海量数据在空中接口传输时的拒绝服务问题 ■ 信令和数据的安全（机密性、完整性、抗重放性） ■ 环境安全
应用层安全	■ 远程配置和安全更换签名的信息 ■ 身份鉴权 ■ 环境安全 ■ 管理平台安全

感知节点具有多源异构性。在通常情况下，感知节点功能简单（如自动温度计），携带能量少（使用电池），使得它们无法拥有复杂的安全保护能力。而传感网络多种多样，从温度测量到水文监控，从道路导航到自动控制，它们的数据传输和消息也没有特定的标准，所以无法提供统一的安全保护体系。

核心网络具有相对完整的安全保护能力，但是由于物联网中节点数量庞大，且以集群方式存在，因此在数据传播时会因为大量节点的数据发送而导致网络拥塞，从而产生拒绝服务攻击。此外，现有通信网络的安全架构都是从与人通信的角度设计的，对于以物为主体的物联网，要建立适合于传感信息传输与应用的安全架构。

支撑物联网业务的平台具有不同的安全策略，包括云计算、分布式系统、海量信息处理等，这些支撑平台要为上层服务管理和大规模行业应用建立起一个高效、可靠和可信的系统。然而，大规模、多平台、多业务类型使得物联网业务层次的安全受到新的挑战。

传统的物联网安全研究只关心下面两个要素。

- 安全保护：包括传统安全问题考虑的一些属性，如完整性、可用性、机密性等，是为了保护控制系统不被攻击。
- 隐私保护：为了保护用户信息不被泄露。

当物联网应用于控制系统时，需要考虑物联网的控制安全问题，也就是被控系统的安全问题。

15.3 物联网的安全问题与相关技术

本节将详细阐述物联网中各环节涉及的安全问题和相关的技术。

15.3.1 传感器中的安全问题

现有的传感器节点存在较大的安全漏洞。攻击者可以方便地利用这些漏洞获取传感器节点中的机密信息，修改传感器节点中的程序代码，例如使传感器节点具有多个身份，从而在传感网络中以多个身份进行通信。此外，攻击者还可以通过获取存储在传感器节点中的密钥、代码等信息发起攻击，从而伪造或伪装成合法节点加入传感网络。

基于无线传播和网络部署的特点，攻击者可以通过节点间的传输轻松地获得敏感或私有的信息。例如，在使用无线传感器网络监控室内温度和灯光的场景中，部署在室外的无线接收器可以获取室内传感器发送的温度和灯光信息。攻击者可以通过监听室内和室外节点间的信息传输来获得室内信息，从而非法获取房屋主人的生活习惯等私密信息。

通过对传输信息进行加密可以解决窃听问题。密钥管理方案必须易于部署，并适合传感节点资源有限的特点。同时，必须确保在部分节点被操纵后，不会破坏整个网络的安全性。在传感器网络中，可以实现跳与跳之间信息的加密，只要传感节点与邻居节点共享密钥即可。但是，当攻击者通过操纵节点发送虚假路由消息时，就会影响整个网络的路由拓扑。使用具有健壮性的路由协议或多路径路由可以解决这种问题。

一般来说，传感器中的隐私问题是指攻击者通过远程监听无线传感器网络，从而获得大量信息，并根据特定算法分析其中的隐私数据。因此，攻击者使用远程监听方法并不需要物理接触传感节点，而且是通过匿名方式获得私有信息。此外，远程监听还可以使单个攻击者同时获取多个节点传输的信息。

网络中的传感信息只有可信实体才可以访问，这是保证私密信息不被泄露的最好方法，可通过数据加密和访问控制来实现这一点。另一种方法是限制网络所发送信息的粒度，因为信息越详细，越有可能泄露私密性数据。例如，在网络中使用簇节点对从相邻节点接收到的大量信息进行汇集处理，并只传送处理结果，从而实现数据的匿名化传输。

在大规模网络中，考虑到协议和设计层面的漏洞，很难确定一个错误或一系列错误是否是由 DoS 攻击造成的，因为此时传感网络本身就具有比较高的单节点失效率。DoS 攻击可以发生在物理层，如信道阻塞，这可能包括恶意干扰网络协议的传输或物理损害传感节点。攻击者还可以发起快速消耗传感节点能量的攻击。如果攻击者捕获了传感节点，还可以伪造或伪装成合法节点发起 DoS 攻击。

防御 DoS 攻击的方法并不固定，且随着攻击方法的不同而不同。我们可以采用一些基于跳频和扩频技术的通信协议来减轻网络堵塞问题。另外，使用合适的认证协议可以防止在网络中插入无用信息。但是，这些协议必须十分安全有效，否则它们也会被用作 DoS 攻击。

因此，在设计传感网络时更要充分考虑信息安全问题。手机 SIM 卡等智能卡利用公钥基础设施（PKI）机制基本满足了电信等行业对信息安全的需求，同样，PKI 机制也可以用来满足无线传感网络在信息安全方面的需求。

15.3.2 轻量级加密算法

传统无线技术的三种安全算法（AES、ZUC、Snow 3G）并非轻量级的安全算法，无法满足绝大多数具有低功耗、低计算能力和低存储空间等特点的受限物联网终端的需求。ISO/IEC 29192 系列标准分别对流密码、块密码、非对称密码技术、散列和消息认证码等轻量级密码算法进行了研究。其他物联网的轻量级算法，如 Espresso 算法、Simon 算法和 Speck 算法，也都具有很大的应用空间。Present 算法、Simon 算法和 Speck 算法支持更多的密钥和硬件的选择，适合更低成本的硬件设计。

根据物联网的不同场景需求，可以选择使用合适的轻量级加密算法，如 Present 算法。这些轻量级加密算法可以优化应用程序，并保证物联网应用的安全性。

目前，优化轻量级加密算法是物联网标准和开源发展的一大趋势。

15.3.3 物联网操作系统的安全技术

由于物联网存在设备的异构性、设备间的互用性以及部署环境的复杂性等因素，因此物联网应用的安全性普遍较低，不便于移植，且成本较高。在图 15-1 所示的物联网操作系统安全分类中，可以看到物联网操作系统作为连接物联网应用与物理设备的中间层，对解决上述问题起着主要作用。

物联网操作系统的安全构建可以屏蔽物联网的碎片化特征，为应用程序提供统一的编程接口，从而降低开发时间和成本，便于实现整个物联网的统一管理。鉴于物联网操作系统作为物联网系统架构的核心，操作系统的安全性分析将会严重影响整个物联网生态系统，进而物联网操作系统的攻击防御也逐渐成为重点目标。

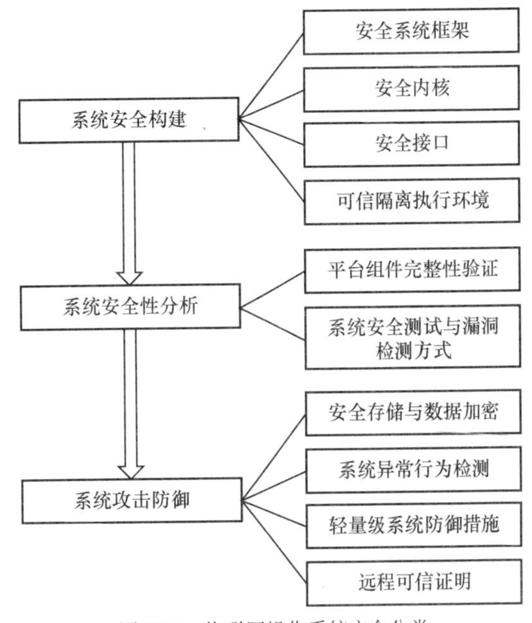

图 15-1　物联网操作系统安全分类

为了更好地保证物联网操作系统的安全，保障物联网设备工作的正常高效，首先应该了解物联网操作系统具备哪些新的特征。这些特征使物联网操作系统能够与物联网的其他层次结合得更加紧密，数据共享更加方便，同时也是影响物联网操作系统安全的主要因素。表 15-2 展示了部分场景下物联网操作系统采用的安全技术。

表 15-2　部分场景下物联网操作系统采用的安全技术

场景	技术
智能家居	安全存储与数据加密、平台组件完整性验证
智慧医疗	安全存储与数据加密、可信隔离的执行环境、远程可信证明
智能工业	可信隔离的执行环境、远程可信证明、系统异常行为检测、安全接口
智能汽车	安全内核、可信隔离的执行环境、平台组件完整性验证

15.3.4　边缘网络的安全技术

边缘网络面临的传统安全问题包括保密性、安全性、可用性、真实性和可验证性。在利用传统手段解决这些问题时，必须考虑节点的存储规模、处理能力和能源供给能力受限等特点。在此基础上，设计和运用轻量级加密机制、节点认证机制、访问控制技术和态势分析等技术保障边缘网络的安全。

在特殊安全问题方面，由于节点通常处于无人看管的环境，因此容易被破坏、移除和更换组件。同时，由于节点能源匮乏，容易遭受以耗尽能源为目的的攻击。通过增加外壳等物理手段进行防护可以提升物理上的安全性，并减少遭受能源耗尽攻击的可能性。

值得注意的是，由于边缘网络通常使用无线方式接入互联网，无线传输中的用户信息容易被攻击者获取、伪造和篡改。因此，也必须部署轻量级安全防御方案。

15.3.5 核心网络的安全问题

在物联网中，核心网络层占据着重要地位，具有网络通信、融合、智能处理等功能。因此，确保核心网络层的安全具有十分重要的意义。

物联网核心网络的节点包括计算机工作站、手持 PDA、手机等多种类型的设备。它们具有较强的运算能力，可以运行复杂的安全协议。但是，由于核心网络中的节点数量庞大且以集群方式存在，因此难以部署集中式的密钥管理方案。

此外，节点类型的多样化和智能性使其行为具有社会化网络的特征。其中最明显的就是节点行为的利己性，它们会根据自身效用来决定在协议执行中的策略。

根据上述特点，可以将如何管理物联网核心网络层的密钥归结为存在理性参与者的密钥共享问题。该问题是密钥共享研究领域中一个新兴的研究课题，已引起了诸多学者的重视。

博弈论为物联网中异构节点的密钥共享问题提供了一个理想的分析工具。在博弈论中，每个参与者总是选择集中效用最大的策略。博弈中的参与者选择行为的规则称为策略，如针对其他参与者可能的行为所采取的应对办法。所有参与者从自我利益最大化出发选择的策略所组成的集合，使每个参与者都没有改变策略的动机，这时称达到纳什均衡状态。

在基于身份的密钥共享方案中采用重复博弈模型，共享密钥通过双线性映射分发，使窃听者无法获得与共享密钥相关的任何信息。在密钥重构阶段，物联网节点通过有限轮交互构成一个重复博弈。而且由于制定了惩罚策略，所有节点均能主动执行协议。

15.3.6 物联网中的隐私保护

面向物联网的安全与隐私保护包含以下几个方面：隐私数据分级、访问策略的隐藏、安全属性匹配、隐私信息泄露和数据融合的安全性问题。其中，隐私数据分级、访问策略的隐藏和安全属性匹配的相关方案与它们在互联网中的解决方案是类似的，这里主要阐述面向隐私信息泄露的隐私保护机制和面向数据融合的安全方案。

1. 面向隐私信息泄露的隐私保护机制

针对恶意节点造成的隐私信息泄露问题，可以从恶意节点检测和隐私信息加密两个方面入手，采用基于签名的隐私保护机制，实现边缘网络中节点隐私信息的保护。

当恶意节点发起攻击时，其交互行为与正常节点有很大差别。我们可以对网络中节点的交互行为进行分析，挖掘恶意节点发起攻击时的行为规律，探索恶意节点与正常节点的行为特征差异，评估节点行为的特征向量。然后借助机器学习中的分类算法，对节点行为的特征向量进行学习，根据节点行为的差异对节点进行分类，最终实现恶意节点的检测。

隐私信息加密可以从节点身份隐私加密和节点数据隐私加密两方面出发，对节点隐私信息进行加密。其中，节点身份隐私加密可以使用假名策略和盲身份对节点身份进行隐私保护；节点数据隐私加密可以对数据进行分片传输，保证数据在传输过程中即使被攻击者获取，也无法恢复出完整的数据信息。

数据的安全及隐私保护也是边缘计算提供的一项重要服务。在家庭内部部署物联网系统时，大量的隐私信息可能会被恶意节点捕获，导致传感器节点所承载的隐私信息无法得到有效保护。恶意节点可以通过对数据进行篡改或丢弃，破坏数据的隐私性和完整性。恶意节点也可以从传感器节点获取节点参与任务和感知数据等相关信息，造成系统信息的泄露。

2. 安全数据融合方案

物联网应用需要从多种类型的网络中读取数据，并为用户提供服务。安全数据融合是将来自不同数据源的信息聚合在一起，以便获取更全面的视图和更可靠的结果。然而，这种跨网模式的数据融合必须以数据安全性为基础。

安全数据融合的目的是保证最后得到的融合结果是正确且可接受的。当前的安全数据融合主要有以下几种方案。

（1）同态加密机制的安全数据融合方案

同态加密机制源于私密同态，建立在代数运算基础之上。同态加密是直接在密文上进行操作的一种机制，是端到端的一种加密方式，中间节点不需要加解密，可以实现求和、乘积的融合操作，从而保证了数据机密性。同态加密由于是直接在密文上进行操作，减少了计算代价，同时保证了数据的端到端安全。

同态加密算法的示例主要有下面这些：

- 支持简单求和运算的 AHE（自适应直方图均衡化）算法；
- 基于 ElGamal 公钥机制的椭圆曲线加密算法（EC-EG）；
- n 层安全数据融合算法（n-LAD）；
- 端到端的基于椭圆曲线加密的安全数据融合算法。

（2）隐藏真实数据的安全数据融合方案

隐藏真实数据主要是指将特定的信息嵌入数字化宿主信息（如文本以及数字化的声音、图像、视频信号等）中，其目的不在于限制正常的信息存取和访问，而在于保证隐藏的数据不引起监听者的注意和重视，从而减少被攻击的可能性。在此基础上，再使用密码技术来加强所隐藏的真实数据的安全性。

基于隐藏真实数据安全数据融合的算法示例有下面这些：

- 基于模式码标识的低能耗安全数据融合算法（ESPDA）；
- 基于参考数据的安全融合算法（SRDA）；
- 隐私保护算法（Privacy-preserving Data Aggregation，PDA），该算法采用了数据切分重组和扰乱技术来保护数据的机密性；

- 在 SMART 方案的基础上改进的其他算法。

（3）监督和信誉机制的安全数据融合方案

监督和信誉机制是两种不同的方法，用于安全数据融合方案中的数据合并和验证。监督机制是一种通过数据所有者或第三方的监督来确保数据融合的过程中数据的质量和准确性。信誉机制是一种通过对数据所有者的信誉度进行评估和控制，来确保数据融合过程中数据的可信度和安全性。这些机制旨在确保合并的数据质量和可信度，同时保护数据隐私和安全。

基于监督和信誉机制的安全数据融合的算法示例有基于相互监督机制的数据融合安全算法（WDA， Witness-Based Approach for Data Fusion Assurance）、基于 SELDA（Secure and rELiable Data Aggregation protocol）的算法以及经过改进而提出的其他算法等。

（4）数字签名安全数据融合方案

数字签名是只有信息的发送者才能产生的别人无法伪造的一段字符串，这段字符串同时也可以用来对消息发送者的身份进行确认（即消息确实是由该消息发送者发送的）。由于数字签名是基于数据内容生成的，一旦数据被篡改，数字签名将会失效，从而保证了数据的完整性。数字签名安全数据融合方案是在数据融合过程中使用数字签名来确保数据的来源和完整性，防止数据被篡改或冒充。

基于数字签名安全数据融合的算法示例有适用于分簇型无线触感器网络（WSN）的完整性数据融合算法 SecureDAV、 基于身份认证的安全数据融合算法 SDAP 等。

综上所述，面向物联网的安全与隐私保护包括隐私数据分级、访问策略的隐藏、安全属性匹配、隐私信息泄露和数据融合的安全性解决方案。针对恶意节点造成的隐私信息泄露问题，可以采用基于签名的隐私保护机制，实现边缘网络中节点隐私信息的保护。安全数据融合的目的是保证最后得到的融合结果是正确且可接受的。当前的安全数据融合有同态加密机制、隐藏真实数据、监督和信誉机制、数字签名等方案。

15.4　可信网络

针对物联网的安全问题，也可以通过技术手段将物联网演变成可信计算的安全网络。可信计算的安全架构如图 15-2 所示。

在图 15-2 中，从硬件层的可信芯片到可信引导的操作系统层，再到可信度量的应用层，构成了可信计算的整个安全架构。

由于感知层的存在，物联网的安全风险相较于互联网要更高。物联网安全架构需要解决物联网安全所面临的特殊问题，如感知节点易遭攻击、计算资源受限导致无法利用高复杂度的加解密算法保证自身安全等。

传感器设备和 RFID 设备与计算机网络中的终端在计算能力、防护能力方面都存在显著差别，特别是引入移动节点后，安全和认证问题更加复杂。目前较多关注移动节点的数据收集和生存周期，但是在密钥协商、漫游认证等方面都存在很多问题，针对这些问题的常见解决方案包括可信无线匿名认证和移动可信匿名漫游等。

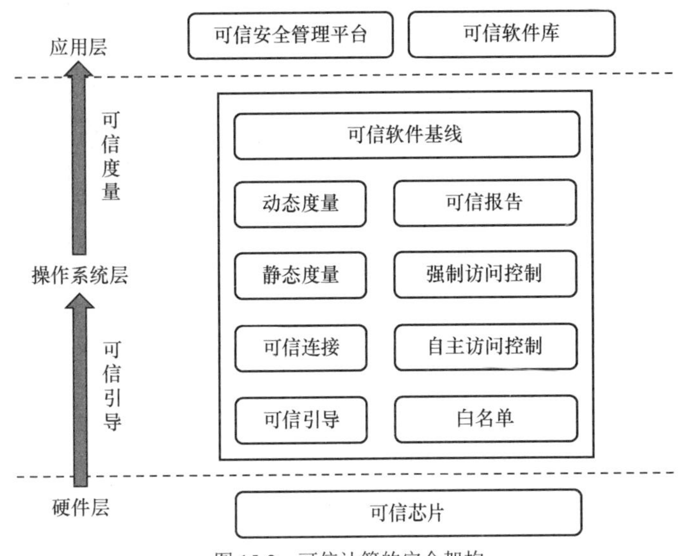

图 15-2 可信计算的安全架构

由于 RFID 设备置于公共空间内，其面临的安全威胁更加严峻，包括数据泄露、信号干扰、设备劫持等。针对这样的情况，可采用静电屏蔽、频率更改以及使用睡眠标签等物理方法来确保 RFID 设备的安全，也可以利用节点的移动性和相互协作方法来探测 RFID 设备是否被俘获。

目前用于 RFID 设备的安全协议主要有随机 Hash Lock、LCAP 等，主要采用了数据加密的密钥生成协议以及密钥分配算法。RFID 设备的密钥管理和认证方式主要采用以互联网为核心的集中管理方式和以各自异构网络为中心的分布式管理方式。

在物联网的传输层，安全主要涉及路由协议以及链路的窃听、阻断、篡改等。应用层的安全威胁主要有信息泄露、数据篡改、用户隐私泄露、越权访问、信息抵赖等。物联网的用户隐私和信息安全传输机制中存在诸多不足。物联网的数据隐私的安全保护技术主要有隐私同态技术、信息隐藏技术以及使用安全多方计算解决蜂窝网中的位置隐私等。

物联网所面临的安全威胁具有多层、多维、多样化的特性，且日趋智能化、系统化、综合化。可信网络可以避免当前分散孤立的网络安全措施相互掣肘。一种三元两层可信物联网的架构模型如图 15-3 所示。

在图 15-3 中，可信物联网的三元结构指的是可信终端、可信传输和可信用户，与物联网的三层结构相对应。两层指的是可信控制层和可信数据层。两层架构主要是从可信的角度进行区分。

在可信控制层，首先对底层的软硬件设备进行完整性和安全性检查，只有符合安全标准的设备才可以接入网络。然后通过可信链传递的方法依次规范传感器设备或智能终端的行为，使得其行为符合预期。

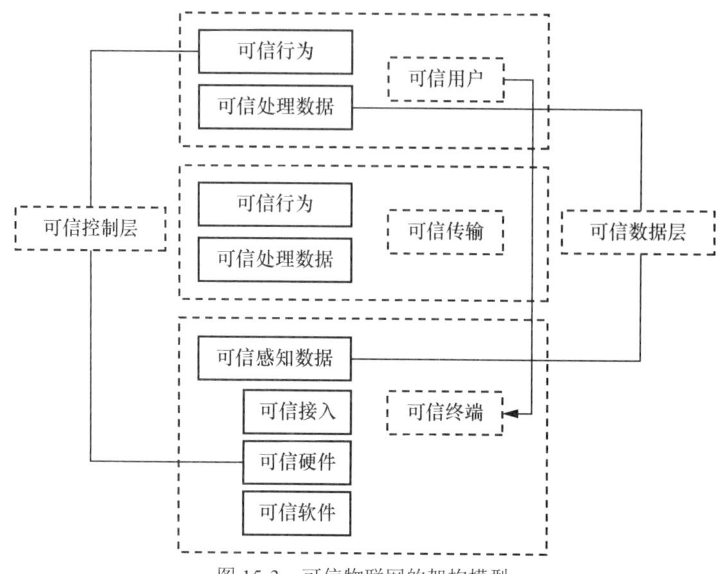

图 15-3 可信物联网的架构模型

可信数据层包括可信感知数据和可信处理数据。可信感知数据是指处于感知层的设备能按照系统的意愿来获取数据，并且获取的是真实的数据。可信处理数据指的是可信感知数据经过可信传输到达可信处理层，然后进行预处理和加工之后送往应用层，应用层获取的数据是感知层真实情况的反映。

可信物联网的各层安全策略之间是相互联系、相互协作的。例如，感知层的安全策略可能没有发现传感器节点或 RFID 设备采集了错误的数据，但是通过在应用层的技术手段可以发现终端的数据是否可信，从而发现或减弱恶意节点的危害，同时检验底层的安全手段是否有效。

下面分别从可信终端、可信传输和可信用户 3 个方面分别介绍可信物联网的安全威胁及应对措施。在三元两层可信物联网的架构模型中，各层之间的安全策略和指导思想是相似和贯通的。

15.4.1 可信终端

可信终端包括可信软硬件和可信接入。其中，可信软硬件是以附着在硬件上的可信组件执行平台完整性和安全性检测，如移动可信模块（MTM）。可信组件的功能分为两个阶段实现：第一个阶段是验证终端的可信度；第二个阶段是在验证终端可信度的基础上继续验证终端行为的可信度。

在第一阶段，主要完成终端的完整性和安全性检查。终端设备在加电启动时检查处理器、存储器等设备是否完整，同时检查 RFID 设备、智能终端、无线传感器网络等自加电起，启动过程是否符合规定程序，包括读取的数据和启动的程序是否符合流程。

在第二阶段，在确保终端设备软硬件的完整性和安全性之后，建立一条从 BIOS 开始的信任链，从启动引导到操作系统再到应用，一级验证一级，将信任关系延续下去并扩展到应用的边界，继续检测设备接入网络后的行为。

在执行可信接入时，密钥协商和认证是非常重要的工作。目前的认证主要存在于读写器设备与后台之间，而读写器与 RFID 设备之间的信道没有加密认证，信道并不安全，因此需要通过双向认证实现信道加密及 RFID 设备的辨识。但是设备的性能决定了只能使用轻量级的认证协议。

轻量级可扩展认证协议（LEAP）是由思科公司设计的一款认证协议，它以低指数级 RSA 的 TinyPK 实体认证方案为基础。然而，在 TinyPK 中，如果某个认证节点被捕获，整个网络都将变得不安全。因此，在一定程度上，使用强用户认证协议可以解决这个问题。

由于传感器设备本身的续航及计算能力有限，其安全威胁主要来自设备劫持或者通信信道泄密。攻击者劫持设备后可重新读写设备的内容，并通过获取标签中的信息访问后台数据库。目前一般采用物理方法或密码机制确保 RFID 设备的安全。由于物理方法需要硬件支持或需要改变硬件的状态，因此密码机制被认为是解决 RFID 设备安全的重要途径。

轻量级的加密方法只能用于物流和零售等环境，而高强度的加密算法（例如 DES、3DES，包括公钥加密方法 RSA 和 ECC 等）都需要较多的运算能力和资源消耗，因此只适用于金融、军事和安全等领域。由于 Hash Lock 协议、Hash 链协议对资源的消耗在可控范围内，因为被认为适用于物联网领域。然而，Hash Lock 协议和 Hash 链协议要求 RFID 设备的 ID 是固定的，这会带来设备可追踪的安全风险，可能造成用户隐私泄露。针对这种情况，可以通过增加伪随机数的方式增加一个动态 ID，通过这个动态 ID 交互信息来提高设备的匿名性。

物联网中智能终端设备的运行能力和续航能力有极大提高，如果只采用轻量级安全协议，并不能保证其安全性。共享密钥的方式尽管可以用于提供安全性，但对于大范围的感知环境（如智慧社区等）则并不适用。终端设备在安全启动后就开始从周围的环境或者用户输入下接收数据，此时的安全风险主要有接收到错误的数据、接收的数据被窃取或破坏等。很多时候无线传感器网络为自组织网络，没有中心节点，这使得其安全架构的设计变得困难，特别是涉及认证协议、密钥分发等时。

区块链利用 Merkle 树（又称为 Hash 树）进行对比以及验证处理。在分布式环境下进行对比或验证时，Merkle 树会大大减少数据的传输量以及计算的复杂度，因此可以在感知层利用 Merkle 树结构存储关键信息，例如将无线传感器网络节点间的认证和加密信息以 Merkle 树结构进行 Hash 处理，这样所有的节点都可以相互验证。同时，节点的加入和退出机制也更为灵活。无线传感器网络在验证了 Hash 值之后，只要更改相应分叉的 Hash 值即可，不需要重新生成一棵新的 Hash 树。Hash 值存储在终端的可信组件中，因此通过根 Hash 值和其自身的密钥 Hash 值可以实现终端的可信身份识别。终端的可信身份识别和终端的可信行为评估相互合作，可确保终端感知数据的可信性。

15.4.2 可信传输

物联网的网络层主要通过各种网络基础设施和协议，将感知层的数据传输到应用层的数据处理中心或者客户端应用软件。这些网络基础设施包括电信网、计算机网络、有线电视网等现有的网络。随着三网融合的推进，网络层将向全IP化推进。

物联网在网络层面临的安全威胁与目前IP网络所面临的安全威胁相同，包括传输过程中的数据丢失、数据截取和数据篡改等。在物联网中，数据的产生地点、接收地址、数据的传输时间、吞吐量、传输协议等相对稳定，甚至有规律可循。因此，其面临的安全威胁比IP网络更严重。很多传感器网络部署后基本不再移动，即使如车联网，虽然车载单元（OBU）会随车辆一直移动，但路侧单元（RSU）和可信中心机构（TA）却基本固定。

目前，传感器网络中的路由协议都相对简单，易受攻击。即使加入容侵策略、安全等级策略、多径路由、广播半径设置等安全策略，也不能保证物联网网络层的安全。计算机网络可以采用认证和加密协议来保证传输数据的安全性，特别是一些敏感数据还使用强加密协议，包括一次一密等（尽管这会带来终端的存储和计算负担）。而物联网中很多传感器节点存储容量小，电量低，计算能力有限，因此计算机网络中采取的策略在物联网中并不适用。

为了保证敏感信息的安全性，同时不过分消耗传感器节点的能量，可以采用一种基于网络编码的数据传输方式来发送、接收数据。与感知层中保存关键信息的Merkle树类似，节点在收到数据之后先进行编码，然后再发往下游节点，只是编码的方式不一定是Hash操作。

众所周知，传统路由式的传输方式是将收到的原始数据块直接转发给下游节点。而网络编码的传输方式是将收到的数据块编码后再转发给下游节点，通过网络编码将上游的数据进行混合，然后再通过不同的路径转发出去。这样下游节点必须收集足够的信息才能恢复原始数据，从而增加了恶意节点获取全部信息的难度。同时，由于编码的数据都是上游收到的部分数据块的混合，因此也增加了信息破解的难度。

利用网络编码，节点不需要确定发送哪个具体的数据块给下游节点，而是将所有数据块进行线性组合后再发送给下游，减少了调度产生的开销。编码生成的数据块包含该节点所有数据块的信息。当收集到足够多的编码过的数据块后，节点就可以根据这些编码后的数据块恢复原始的数据块。

相对于加密认证协议，网络编码方式改变了原先传输路径和吞吐量相对固定的问题。同时，通过数据块的线性组合和轻量化的编码方案，实现了物联网节点计算负担和安全性的平衡。

在可信传输层，还可以根据可信用户来选择路径和编码方式。用户的可信度包括用户身份可信和用户行为可信。

15.4.3 可信用户

物联网应用层的核心功能围绕着数据和应用两个方面展开。无论是应用还是数据，都来自用户，且面向用户，这也是物联网的目的所在。因此，用户的不规范或恶意行为就会成为应用层安全的主要威胁。

1. 节点可信度量

在物联网的应用层，可信度量主要包括用户身份可信和用户行为可信两个方面。

用户身份可信是指用户的身份通过认证、鉴别等手段来确保访问控制有授权，访问过程有记录，恶意行为可追溯。用户行为可信主要通过节点的可信度来度量，节点的可信度是节点物理信息和行为信息的综合。物理信息包括电池容量、发射信号功率、节点负载、传输效率等。行为信息是指通过用户的历史行为分析获取的数据。

在分析敏感用户的数据或分析用户的敏感数据时，根据用户在一段时间内的行为数据，利用行为分析模型、多属性决策模型或者特征匹配模型进行可信度量，得出用户的可信度，并以此可信度来判断用户数据的可信度或者对用户的行为进行授权。

在计算用户可信度时，对影响用户可信度的多属性一般通过加权模型进行区别对待，同时需要考虑行为的连续性和阶段性。

与互联网中终端用户行为的多样性不同，物联网中的感知终端主要用于数据的采集和获取，并按照一定的协议将数据传输到云平台。因此，不能简单地评估物联网终端的历史行为。

可以采用一种基于波动性和一致性的节点数据可信度判决方法来表示终端行为可信度。该方法将终端收集的数据分为横向和纵向两个维度：横向指的是其他终端和该终端同时采集、接收数据；纵向指的是该终端在某时间段内采集数据。

在横向比较时，其他终端（例如邻近终端）和该终端所采集的数据应该有相关性或相近性。在纵向比较时，一段时间内该终端所收集的数据应该服从该时间段内整体数据的特性。若该终端收集的数据不符合整体数据的特性，则该终端收集的数据可信度较低。

通过对节点数据和行为的分析，可以得到终端的可信度。节点的可信度可以直接作用于终端部署，如网关节点、认证协议的选取等，并可用于感知层数据的检验，同时还可以应用于可信传输、可信路由策略的选择。在访问控制时，用户行为的可信度还可以作为用户身份可信度的重要补充。

2. 隐私保护

在应用层，用户的可信度表现在对隐私的保护上。由于感知层的存在，物联网会不断收集大量的个体隐私信息，例如车联网中的汽车行驶路线、智慧医疗设施中采集的用户健康状况、工业物联网中的企业产品信息等。

物联网的隐私保护主要采用基于群签名的认证方案、基于假名的认证方案等密码学技术，以及基于属性加密的安全健康信息共享策略、基于属性加密的访问控制算法等非密码学技术。

用户隐私保护分为位置隐私保护和数据隐私保护。

在位置隐私保护方面，可以采用部分标识符和 ID 动态更新的方式来实现隐私相互认证，例如利用等长度的伪随机函数实现 RFID 系统匿名认证协议等。位置隐私中的身份隐私问题，可以使用安全多方计算来解决。

在数据隐私保护方面，信息隐藏技术的出现与发展为物联网的数据隐私保护提供了一种新思路，尤其是对多媒体数据的保护。目前所采用的信息隐藏技术主要有隐写术、数字水印技术、可视密码技术等。

由于传感器节点的计算能力差，因此可以将存储和计算开销较大的运算放到云平台上执行。

然而，云平台和链路的保密性又带来了新问题。在充分考虑节点资源受限和数据隐私泄露安全威胁的情况下，需要一种新的信息隐藏方法来保护大规模数据流。由于用户还需要对物联网数据进行检索，因此物联网搜索引擎导致的数据隐私问题也变得更加突出。

为此，可采用加密搜索方案来确保物联网搜索服务提供者无法对后台系统中的数据进行窥探。加密搜索方案有可搜索的对称加密（SSE）方案和公钥可搜索加密（PEKS）方案，还有基于属性加密（ABE）的访问控制来确保物联网搜索服务不被滥用。通过使用不经意随机访问机（ORAM）技术，可以隐藏用户访问模式，以避免深度的数据隐私挖掘。

15.5 区块链与物联网安全

在物联网的发展过程中，面临着安全和信任的挑战，也存在许多缺陷，例如设备和数据信息交换受限、连接成本过高、网络存在漏洞等。然而，以 P2P 传输、分布式数据存储、共识机制、加密算法等计算机技术为基础的创新技术——区块链技术，可以应用到物联网、智能制造、供应链管理、数字资产交易等多个领域。

15.5.1 区块链的相关概念

区块链是由数据区块按时间顺序形成链式结构的一种散列链。区块链是比特币、以太坊等数字加密货币的核心技术，通过运用数据加密、时间戳、分布式共识和激励机制等方式，系统中的节点能在分布式系统中实现去信任的点对点交易，从而解决中心化系统存在的高信任、低效率及数据存储不安全等问题。

了解区块链往往是从比特币开始的。比特币是一种数字加密货币，它依赖于块环链来维护以前的交易记录。

区块链这个术语具有狭义和广义上的用途。狭义地说，区块链指的是比特币用于创建、维护和保护自己交易记录的具体实现。广义地说，区块链指的是利用分布式账本技术来确保和维护任何利益相关方或授权的个人均可使用的交易分类账。

有时，“共享分类账”可与区块链互换使用，但这两个术语并不完全相同。每个区块链都是一个分布式的分类账，也就是说，每个区块链都是一个独立、透明、永久的数据库，可以同时存在于多个地点，但并不是所有的共享分类账都是区块链。

在最简单的层面上，区块链是一个持续的交易分类账。每组交易（称为块）都是经过安全加密的，并且之前的交易链也是经过验证的。

可以将区块链想象成一连串的区块，每一个区块都链接到前一个区块。这样一来，区块链的名字就变得清晰起来：它是对交易记录如何存储和验证的文字描述，用时间戳信息和密码加密的方式将数据记录到每个区块中。因为每个新区块的散列部分是基于其前面所有区块的散列，所以只有在大多数参与者同意的情况下，才允许修改区块链，而且只有在大多数参与者同意的情况下，才允许修改记录（如果允许的话）。

区块链的系统网络是典型的点对点（P2P）网络，具有分布式异构特征，而物联网天然具备分布式特征，物联网中的每一台设备都能管理自己在交互作用中的角色、行为和规则，对建立区块链系统的共识机制具有重要的支持作用。随着物联网中设备数量的增长，如果以传统的中心化网络模式进行管理，将需要投入巨大的成本来建设和维护数据中心基础设施。更为重要的是，基于中心化的网络模式也存在安全隐患。

区块链的去中心化特性为物联网的自我治理提供了方法。它可以帮助物联网中的设备相互理解，并使物联网中的设备了解不同设备之间的关系，实现对分布式物联网的去中心化控制。可以预见，区块链与物联网的结合不仅可以解决物联网的现存问题，而且在信任提升、安全保障、成本降低、应用扩展等方面也能带来益处。

在国际上，区块链技术已经引起广泛关注和讨论，并且已经在进行标准化需求研讨和标准研制工作。2016 年 8 月，W3C 发布了区块链技术研讨会总结报告，达成的共识是区块链需要标准来消除冗余，同时促进竞争。2016 年 9 月，ISO 成立了区块链和分布式记账技术委员会（ISO/TC 307），负责制订区块链及分布式账本技术的国际标准，以支持用户、应用和系统间的互操作和数据交换。2017 年 5 月，在 ITU-T 的 TSAG 会议上成立了分布式账本技术应用焦点组（FG DLT），聚焦于研究区块链应用技术标准。

自 2017 年 3 月在 ITU-T SG20 牵头成立全球首个“物联网区块链”国际标准项目（ITU-T Y.4464）以来，中国联通研究院先后牵头和联合牵头发起了 13 项 ITU“物联网区块链”系列国际标准项目，完成并发布了其中 7 项 ITU 国际标准，有效推动了 ITU“物联网区块链”标准化工作。2021 年 10 月 21 日，在 ITU-T SG20 标准全会上，中国联通研究院标准专家加雄伟博士又牵头推动并完成了其中第 8 项国际标准项目——ITU-T Y.4811《去中心化环境下的物联网设备身份标识与认证融合服务框架》。该标准旨在积极开展区块链在物联网领域的应用框架和用例实现等研究，利用标准化平台进行物联网需求的梳理和引导。

在区块链系统中，没有中心化的机构来处理和维护数据。为了使各节点快速达成共识，系统中所有交易均是公开透明的，这也带来了数据隐私泄露问题。在物联网领域，设备间能够实现点对点的交易，这种情况下，区块链系统可能会泄露设备间通信的敏感信息，从而对个人安全乃至国家安全造成威胁。因此，在使用区块链技术的同时，需要解决区块链存在的隐私泄露问题，保证用户的信息安全。

15.5.2 基于区块链的可信网络

区块链技术为服务交互提供了一个值得信赖的环境，无须信任任何实体。与中心化模式相比，服务请求者和服务提供者可以直接相互信任，而不需要通过可信的第三方进行身份确认之后进行交互。区块链可以取代这个可信的第三方，负责对象之间的信任问题。

基于区块链的去中心化的信任建立过程如图 15-4 所示。

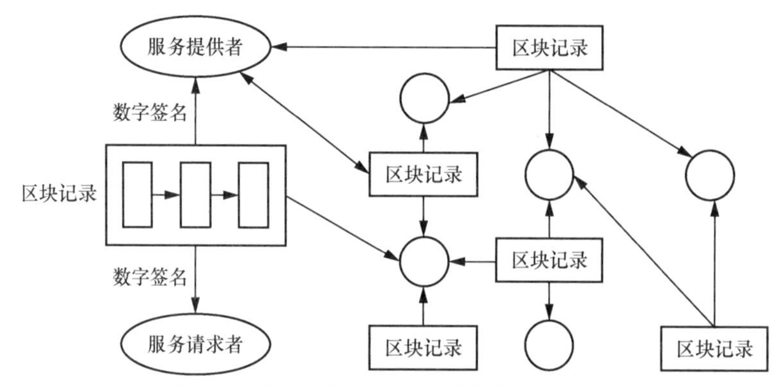

图 15-4 基于区块链的去中心化的信任建立过程

在图 15-4 中，区块链通过共识算法，如 PoW（工作量证明）、PoS（权益证明）等，重新定义了网络中信用的生成方式，以此来创建一个信任网络。在该网络中，所有的规则事先都以算法的形式表述出来，服务参与者无须了解其他节点的相关信息，也能确保点对点之间的信任与交易的安全。这就摒弃了传统的中心化的第三方机构的信任背书，而只需要信任算法就可以建立互信。同时，这种方法省去了统一的账簿更新和验证环节，保障了对服务交易活动的记录、传输和存储。

可以看到，区块链技术通过消除第三方机构，并提供一种可行的替代方案，降低了运营成本，提高了共享服务的效率。因此，在物联网中使用区块链，可以提供一种不需要建立信任关系来进行可信服务交互的方法。

15.5.3 基于区块链的边缘网络安全保障

在智能交通网络中，计算、存储等服务资源既可能来源于路侧基础设施，也可能来自资源富裕的智能车辆。这些提供资源的实体可能归属于不同用户。为了激励用户分享自身闲置的资源，通常采用资源货币化的策略进行资源交易。然而，采用博弈论和合同理论的资源定价交易必须依赖于一个可信的集中化应用平台，由其负责交易的安全性。在这种控制模式下，存在交易不透明和容易发生单点故障的问题。

区块链技术的出现很好地解决了集中化应用平台中的单点故障以及去中心化边缘网络用户间的信任问题。区块链系统将传统的激励机制以计算脚本的形式嵌入区块链中，从而形成智能合约。例如，当用户有车联应用计算或存储需求时，可以根据供需双方的资源状态自行制订智能合约，并通过计算、存储等交易方式触发智能合约的自动执行。整个过程不需要人工干预，从而提高了交易的可靠性并降低了交易成本。但是对于资源受限的车联边缘设备，则无法直接运用传统区块链中 PoW 共识算法进行资源交易的共识和审计，同时也无法直接运用 PoS 或 DPoS（代理权益证明）等需要全网节点共同参与的共识算法。

针对边缘节点资源受限的特征以及交通业务应用的延迟约束需求，可以采用基于联盟区块链的整体架构，利用扩散共识的概念应对车联应用场景的挑战。基于区块链的边缘资源调度如图 15-5 所示。

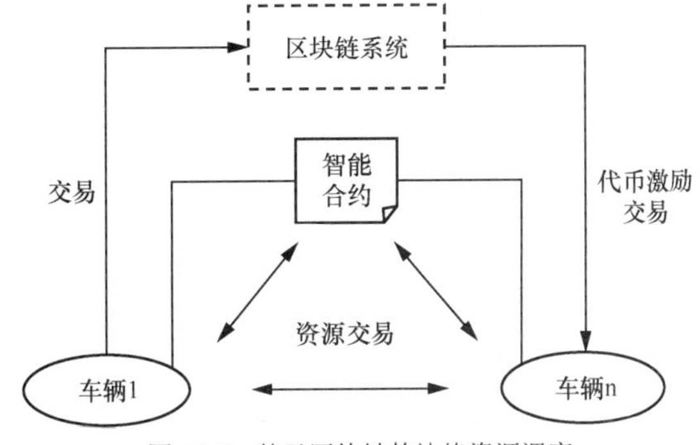

图 15-5 基于区块链的边缘资源调度

通过联盟区块链的方式，预先选取网络中通信、计算、存储能力较强的大型节点，将网络中的交易打包成区块，可以有效解决智能车辆因计算、存储能力不足导致系统性能下降的问题，同时可以更高效地部署针对车联网场景的独特的共识算法，使其具有更强的拓展性与灵活性。其中，路侧单元和基站等预先认证的节点负责对网络中的区块进行打包认证，智能车辆的计算、存储资源的交易通过智能合约来保证资产的自动转移，无须人工干预，并且以区块方式存储在区块链系统中，从而保证了交易本身以及存储内容的不可篡改性。

网络共识方式利用扩散共识算法，对具有延迟约束的交易信息，采用部分认证节点完成处理，从而降低了认证开销与耗时。当网络内的全部认证节点通过共识后，由“奖励币”发放中心将“奖励币”通过智能合约补偿的方式提供给达成初步共识的认证节点。由于初步认证中“奖励币”的发放由预选节点垫付，因此交易的低延迟性得到了保证，同时也在一定程度上降低了初步共识中认证节点伪造信息的可能性。

共识机制是区块链中在不同节点之间建立信任、获取权益的数学算法。它能保证分布式系统中的所有节点均可参与区块的验证过程，并通过共识算法选择特定的节点，将新数据添加到区块链中。

15.5.4 区块链隐私保护

物联网设备和传感器会产生大量的数据，其中包含个人、位置和行为等敏感信息。如何管理和保护这些大规模数据的隐私成为一个挑战，而且在某些情况下，为了实现更广泛的数据共享和获得更好的服务，用户可能需要权衡隐私权和数据共享的利益，这需要一个合理的平衡机制。

将区块链隐私保护技术应用于物联网领域，能够有效改善传统物联网中心化数据存储模式的不足。在区块链网络中，所有节点都会记录完整的数据信息，共同维护物联网设备数据的安全，从而降低了传统物联网应用、维护中心化数据库的成本。同时，区块链的防篡改特性、时序性可保证全网节点数据的安全性和可追溯性。

另外，采用区块链隐私保护技术能够有效解决物联网设备的数据传输与存储的安全隐患。通过区块链加密协议对交易信息进行加密，攻击者将无法获取网络中的交易信息，验证节点也只能验证交易的有效性而无法获取具体的交易信息，从而保证了交易数据隐私。通过安全通道技术，设备间的数据传输可在链下进行，减少了验证时间并增加了数据隐私性，设备只需将加密后的交易记录广播至区块链网络中即可。

15.5.5 面向物联网的区块链

2015 年，David Sonstebo、Sergey Ivancheglo、Dominik Schiener 和 Serguei Popov 等人共同创立了 IOTA。IOTA 是一种开源的分布式账本技术，其愿景是通过核实真相和交易的解决方案，使所有连接的设备都可用。这些交易将激励设备实时提供其属性和数据，并催生全新的通用应用程序和价值链。

IOTA 有自己的本地通证 MIOTA，但是也可以使用其他不同的加密通证单位来衡量价值。IOTA 拥有固定的通证供应量，没有采用挖矿机制，也不会创造额外的加密通证，因此消除了非自愿的通货膨胀。

IOTA 的无手续费和高扩展性使其在物联网领域得到广泛关注。物联网设备通常需要进行大量的小额交易，而 IOTA 的架构使其成为一个适合应用于此类场景的分布式账本技术。这使得 IOTA 成为与物联网结合使用的主要区块链技术之一。

1. IOTA 的特点

与大多数区块链技术不同，IOTA 基于 DAG（有向无环图）结构设计了一种名为缠结（Tangle）的账本技术，实现了的交易零费用。IOTA 的共识算法成为它系统固有的一部分，可以形成自我调节的对等网络，并为去中心化 P2P 系统共识的达成实现了一种新途径。此外，IOTA 采用了 Winternitz 签名，实现了量子安全。

因此，IOTA 的主要特点如下。

- 零手续费：利用 IOTA 进行转账，无须支付手续费。
- 共识机制创新：在 IOTA 系统中，网络中的每位参与者都能进行交易并且积极参与共识。
- 量子安全：采用 Winternitz 签名实现了量子安全。

IOTA 是免费使用的

在大多数传统的区块链技术中，用户希望获得良好的体验，比如交易便宜或免费，交易速度快且安全。但是，验证系统通过使用其自身的计算能力来挖矿或验证交易以获得收益，因此总是在寻找可能的最高回报。如果没有足够的费用，验证系统就没有动力去挖矿，而如果没有挖矿，区块链就无法工作。因此，用户希望的低成本与验证系统期望的高收益之间存在着一定的矛盾。

在 IOTA 系统中，每个交易都是网络中的一个节点，并且为了将自己的交易添加到网络中，用户必须验证和批准其他两个交易。这种自我验证和批准的过程称为“确认”。用户参与到确认其他交易的过程中，同时也有机会获得网络的服务。因此，IOTA 的交易是免费的，符合所有参与者的利益，以一种无手续费、无许可、安全、可扩展和去中心化的方式交换价值。

IOTA 是可扩展的

可扩展性是指系统、网络或进程能够处理越来越多的工作负载的能力。IOTA 是可扩展的，这意味着 IOTA 网络可以处理日益增长的负载，而不会减慢或停止网络服务。由于每个参与者都需要确认其他交易，随着参与者数量的增加，这种共识机制导致的确认能力也会增加，从而可以实现更好的网络可扩展性。这使得 IOTA 在大规模应用时具有更好的性能和吞吐量。

事实上，采用 IOTA 方式构建的网络与许多其他区块链网络（例如以太坊）在性能上有很大的不同(甚至可以说处于两个极端)，其他方式会随着用户及交易的增加导致网络速度慢下来，而 IOTA 则不同，使用 IOTA 的人越多，网速就越快，这凸显了 IOTA 所具有的高扩展性。

IOTA 是量子安全的

IOTA 采用了可以抗量子计算攻击的 Winternitz 签名作为数字签名方案。传统的 RSA 和 ECDSA 等数字签名方案基于大数分解和椭圆曲线离散对数这些数学问题的难解性来保证其安全性。然而，量子计算机的出现将会破解这些数学问题，从而威胁到这些加密和签名算法的安全性。而 Winternitz 签名使用 Hash 函数对消息进行多次迭代计算，生成一个短签名。由于 Hash 函数的原像抗性被认为是量子安全的，即使量子计算机也不能快速破解这个预像问题，因此 Winternitz 签名在量子计算机环境下仍然可以保持安全。

2. IOTA 的工作机制

传统的区块链交易通常使用验证系统中达成共识的节点数量来判断一个块是否值得信任。IOTA 使用了一个类似但改进过的技术，使用的是一种基于 DAG 的数学概念，称为 Tangle。

有向无环图基本上是一个存储系统，允许相互连接。有向意味着两个节点之间的所有连接都有一个集合和指定的方向。无环意味着不可能在结构内部创建循环。在 Tangle 中，每个节点被分配了一个初始值或自己的权重。这个权重表示已经做了多少“工作”来验证这个交易。权重越大，意味着为了证明这笔交易所做的工作越多。每个节点也有一个累积权重，其值等于它自己的权重加上验证这个交易的所有交易权重的总和。

在 IOTA 系统中，新的交易将经历 3 个步骤。

步骤 1. 设备的私钥用于签署交易，这是由设备自动完成的。IOTA 的 Tangle 使用 Winternitz 签名取代了椭圆曲线密码。基于 Winternitz 的签名，处理速度很快，这是 Tangle 在交易速度方面处于领先地位的一个关键原因。

步骤 2. 为了确认该设备新形成的端点交易，设备使用一个选择算法来确认之前的两个随机的交易。这确实需要一点计算能力——新交易的设备将对该交易与其他交易进行协调验证，直到达到特定的权重。

步骤 3. 新的交易进入 Tangle 并成为一个新的端点。一旦该设备启动新交易并确认了之前的两笔交易，完成了对前两笔交易的验证，它将以端点的形式进入 Tangle，并等待未来的交易确认。

3. IOTA 的核心优势

Tangle 解决了传统区块链技术的两个核心问题：难于扩展和挖矿成本高昂。IOTA 提供了一个网络，每秒交易量不再受到网络规模的限制，这解决了网络扩张导致的交易量性能下降的问题。理论上，IOTA 的 Tangle 每秒可以处理的交易量是没有限制的。

每秒交易量只是可扩展性的一部分。影响可扩展性的另一个重要因素是数据存储。使用传统区块链时，往往需要整个链的完整副本，然后才能开始添加新的交易。截至 2022 年 12 月，比特币区块链的存储空间已经接近 440GB，并呈指数级增长。但是，并非所有的设备都可以存储 440GB 的数据，尤其是物联网设备。

相比传统的区块链，IOTA 的 Tangle 要轻得多。创建和验证交易可以通过只访问 Tangle 的一小部分来完成，不需要存储整个交易链。这可以通过在添加新交易时获得足够的高度累积分数并验证另外两个之前的交易来实现。新交易不需要根据网络上的每个交易进行验证，而是通过验证两个随机的旧交易来实现，其中旧交易用来提供足够的真实性。

传统区块链通过 PoW 和 PoS 这样的共识机制来实现挖矿/验证交易，矿工只有在补偿金高于开采成本的情况下才会将其资源用于挖矿。而 IOTA 的共识机制构建在所有参与者的自我验证之上，没有挖矿，因此也没有挖矿费用，这使得能够完全免费使用 IOTA。

4. IOTA 试图成为物联网的支柱

IOTA 致力于解决机器与机器（M2M）之间的交易问题，通过实现机器与机器之间无交易费用的支付，构建未来机器经济的蓝图。连接智能设备的经济体将以一种完全自主的方式相互通信、支付结算和交易数据。IOTA 有望成为物联网数据和价值交换的基础设施，在 IOTA 网状结构下，交易可以在分布式环境中安全地执行。

在机器对机器的经济中，IOTA 系统能够维护、促进并提供激励机制。它使用了接近即时且安全的协议进行价值和信息传输。物联网设备通常需要进行大量的小额交易，而 IOTA 的无手续费、可扩展性和高安全性使其成为物联网设备之间的理想交易方式之一。

15.6 小结

物联网安全是一个贯穿全产业链各个环节的系统工程。当前，针对物理网的攻击呈现出智能化、系统化、综合化趋势，仅仅从硬件或者软件或者网络传输单一层面进行检测、管理与安全防护，很难从根本上杜绝安全隐患。

信息安全有着固有的原则，根据物联网自身的安全问题、特点和相关技术，可以尝试构建一种可信的物联网架构。该架构可以实现物联网的全程可信，以达到终端状态可监测、异常数据可评估、恶意行为可控制的目的。

区块链技术对物联网中的可信节点、边缘网络、可信网络传输以及可信用户都有着积极的参考意义。

第 16 章 物联网与人工智能

随着网络信息技术的不断演进，物联网技术也在向精准化、数字化和智能化的趋势发展。伴随着人工智能技术的发展，物联网设备可以实现智能化控制和优化，并且可以具有自适应性和自学习能力，设备之间也可以相互协作，根据情境和需求做出智能化的决策，从而提供更加个性化和定制化的服务。

那么，人工智能技术在物联网中是如何应用的呢？

人工智能已经在我们的日常生活中得到广泛应用，在医疗保健、金融、安防监控、社交媒体等领域均可以看到它的身影。Amazon 的 Alexa 和苹果的 Siri 就是人工智能的典型应用示例。当前，人工智能在物联网中的应用也日渐普及，无论是嵌入式系统、物联网软件系统设计还是语义融合，人工智能都极大地简化了物联网应用的开发。

人工智能在物联网中的一个典型应用就是智能音箱。

要想清晰地理解和认识人工智能在物联网中的应用，我们需要对人工智能的含义和组成有更深入的理解。

16.1 理解人工智能

人工智能是计算机学科的一个重要分支。它的核心目的是使用机器模拟人的思维过程，进而代替人类完成相应的工作。人工智能作为研究机器智能和智能机器的一门综合学科，涉及信息科学、心理学、认知科学、思维科学、系统科学和生物科学等技术学科，目前已在知识处理、模式识别、自然语言处理、博弈、自动定理证明、自动程序设计、专家系统、知识库、智能机器人等多个领域取得了实用的成果。

美国斯坦福大学的 Nilsson 教授认为，人工智能是关于知识的学科——怎样表示知识以及怎样获得知识并使用知识的学科。MIT 的 Winston 教授认为人工智能就是研究如何使计算机去做过去只有人类才能做的智能的工作。这两个定义可以将人工智能概括为研究人类智能活动的规律，以构造具有一定智能行为的系统。

16.1.1　从图灵测试看人工智能

或许用图灵测试来理解人工智能更加方便。1950 年，艾伦·图灵提出了图灵测试：如果一台机器能够与人类展开对话（通过电传设备）而不能被辨别出其机器身份，那么称这台机器具有智能。具体而言，在测试者（一个人）与被测试者（一台机器）隔开的情况下，测试者通过一些装置（如键盘）向被测试者随意提问。在进行多次测试后，如果有超过 30%的测试者做出了误判，那么这台机器就通过了测试，并被认为具有人类智能。

因此，人工智能让机器具有了和人难以区分的能力。简单来说，人工智能是机器所提供的一些能力，这些能力与人的能力类似甚至更高。

16.1.2　从计算机体系结构看人工智能

人工智能的载体是机器，在计算机和计算机网络无所不在的今天（网络对我们人类生活的影响巨大，以至于有了“互联网+”等概念），人工智能的实现离不开计算机和网络。

在讨论计算机的体系结构时，不得不提冯·诺依曼体系结构。冯·诺依曼提出的计算机体系结构，奠定了现代计算机的结构理论基础，如图 16-1 所示。

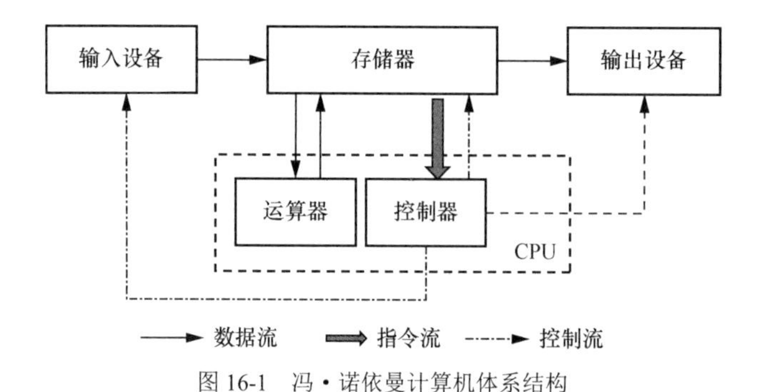

图 16-1　冯·诺依曼计算机体系结构

在图 16-1 中，冯·诺依曼体系结构指出计算机由控制器、运算器、存储器、输入设备、输出设备五部分组成。冯·诺依曼理论的要点是：数字计算机的数制采用二进制；计算机应该按照程序顺序执行。根据冯·诺依曼体系结构构成的计算机，必须具有如下功能：

- 能够把需要的程序和数据送至计算机中；
- 能够长期记忆程序、数据、中间结果及最终运算结果；
- 能够完成各种算术运算、逻辑运算和数据传送等数据加工处理；
- 能够根据需要控制程序走向，并能根据指令控制机器的各部件协调操作；
- 能够按照要求将处理结果输出给用户。

冯·诺依曼体系结构是一个神奇的结构，它是自洽的，局部和整体的结构是一致的，小到代码中的一个函数，大到一个计算机乃至整个软件系统都可以用这样一个结构来描述。而网络的存在是将结构中的模块作为功能集合在空间上的拉伸，这就意味着它们可以不在同一个物理空间的点上。人工智能在物理上是基于计算机和网络的一种体系结构，在有了计算机和网络的身体骨骼后，表现出了种种能力。

我们人类有视觉、听觉、嗅觉、味觉和触觉五种基本能力，相应地，AI 也具有这样的能力：

- 视觉——图像的检测与识别、视频分析等，例如人脸识别和指纹识别；
- 听觉——声音的检测与识别、超声分析等，例如语音识别；
- 嗅觉、味觉、触觉——都可由对应的传感器实现，AI 通过传感器可以具备这样的能力。

对于我们人类，输出可以是语言、动作、文字等，相应地，AI 也具有声音合成、图像合成、文字合成等输出能力。对于存储、计算和控制，这些都由我们的大脑完成，相应地，AI 同样可以具有存储、计算和控制能力，甚至可能比人做得更好。

业界有很多“智脑”项目，以及基于 AI 的存储、计算和控制能力的应用，例如大名鼎鼎的 AlphaGo。

因此，基于计算机和网络的人工智能技术大体如图 16-2 所示。

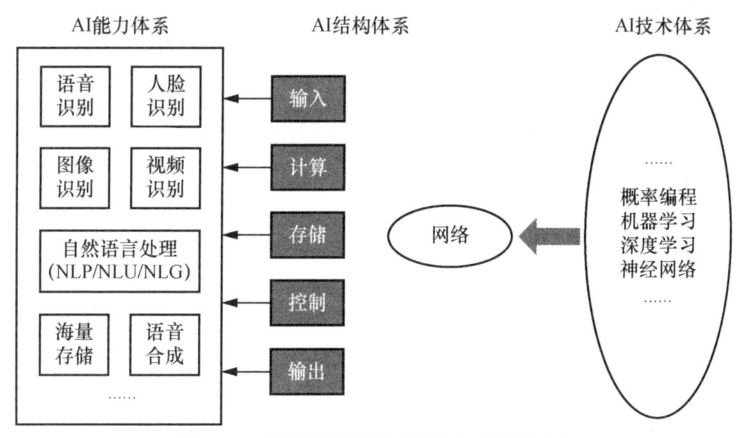

图 16-2 基于计算机和网络的人工智能技术

在图 16-2 中，自然语言处理（NLP）技术中的自然语言理解（NLU）显得十分关键。自然语言处理技术主要包含语义理解、机器翻译、语音识别、语音合成等。其中，语义理解和语音识别两项技术，随着苹果 Siri 的推广，越来越受到业界的重视。

语义理解技术早已在搜索引擎、内容推荐系统中得到深入应用，各类公司不断加大对其研发和应用的投入。目前，业界普遍认为，语音识别、语义理解技术的应用可以改变产品形态，有助于开发出新的应用和产品，因此这两项技术也成为移动互联网中占领市场制高点的核心支撑技术。

16.2 机器学习与人工智能

人工智能是研究、开发用于模拟、延伸和扩展人类智能的理论、方法及应用系统的技术。作为泛在智能中最核心的技术之一，人工智能在机器人、无人机、金融、农业、医疗、教育、能源、国防等诸多领域得到了广泛的应用，对智慧社会产生了深远的影响。

人工智能技术主要通过机器学习和深度学习，对大量经过泛在融合的数据进行处理并做出合理的决策，从而满足泛在智能的功能需求。

机器学习作为人工智能研究的一个核心领域，可以让计算机通过训练不断提高自身性能，从而在未编程的前提下对事情做出更合理的反应。现代机器学习是一个基于大量数据的统计学习过程，试图通过数据分析导出规则或流程，以用于解释数据或预测未来数据。其中，机器学习的学习方式是决定机器学习算法学习模型的基本方式，而机器学习的算法是实现学习方式的具体数学和计算方法。不同的学习方式可以使用不同的算法，而同一种学习方式也可以有多个不同的算法选择。

16.2.1 机器学习的类型

在机器学习领域，主要的学习方式有监督学习、非监督学习、半监督学习、强化学习和迁移学习等。这些学习方式决定了算法如何使用训练数据来学习模型，以及模型如何对新的未知数据进行预测或决策。

1. 监督学习

在监督学习下，输入数据被称为“训练数据”，每组训练数据有一个明确的标识或结果，如防垃圾邮件系统中的“垃圾邮件”“非垃圾邮件”，手写数字识别中的“1”“2”“3”“4”等。

在建立预测模型时，监督学习建立了一个学习过程，将预测结果与“训练数据”的实际结果进行比较，不断地调整预测模型，直到模型的预测结果达到一个预期的准确率。

监督学习的常见应用场景为分类问题和回归问题，常见算法有逻辑回归和反向传播神经网络等。

2. 非监督学习

在非监督学习中，数据并不被特别标识，其学习模型是为了推断出数据中的一些内在结构。非监督学习的常见应用场景包括关联规则的学习以及聚类分析等，常见算法包括 Apriori 算法以及 k-means 算法等。

3. 半监督学习

在此学习方式下，部分输入数据被标识，部分没有被标识，其学习模型需要学习数据的内在结构，以便合理地组织数据来进行预测。

半监督学习的应用场景仍然是面向分类和回归的问题，其算法则是一些常用的监督学习算法的延伸。这些算法首先试图对未标识的数据进行建模，在此基础上再对标识的数据进行预测。图论推理算法或者拉普拉斯支持向量机就相应算法的一些示例。

4. 强化学习

强化学习是一种通过试错来学习最优策略的学习方式。在强化学习中，算法通过与环境的交互，采取不同的动作来获得奖励或反馈，从而学习最优策略。

强化学习常用于智能体与环境之间的决策问题，如游戏玩家、自动驾驶等，著名的 ChatGPT 中就使用了基于人工反馈的强化学习方式。

5. 迁移学习

迁移学习是指将从一个任务中学习到的知识或模型应用于另一个相关任务的学习方式。假设有两个任务系统 A 和 B，任务 A 拥有海量的数据资源且已经训练好，但任务 B 才是我们的目标任务，这种场景便是典型的迁移学习的应用场景。迁移学习可以提高模型的泛化能力和学习效率，在数据稀缺或新任务类似于旧任务的情况下尤其有用。

这些学习方式在机器学习中都有重要的应用，不同的学习方式适用于不同的问题和场景。选择适当的学习方式是机器学习任务成功的关键。

16.2.2 机器学习的常见算法

机器学习算法是指用于学习模型的数学方法和技术。根据算法的功能和形式的类似性，可以将机器学习算法进行分类，例如基于树的算法、基于神经网络的算法等。当然，机器学习的范围非常广泛，有些算法很难明确归类到某一类。而对于有些分类来说，同一分类的算法也可以用于解决不同类型的问题。

1. 回归算法

回归算法是通过对误差的衡量来探索变量之间关系的一类算法。回归算法是统计机器学习的利器。在机器学习领域，人们在提及回归时，有时是指一类问题，有时是指一类算法，这一点常常会使初学者感到困惑。

常见的回归算法包括最小二乘法、逻辑斯谛回归、逐步回归、多元自适应回归以及本地散点平滑估计等。当需要一个特别容易解释的模型时，回归算法比较适用。

2. 基于实例的算法

基于实例的算法常用于建立决策问题的模型。这样的模型通常先选取一批样本数据，然后根据某些近似性将新数据与样本数据进行比较，通过这种方式来寻找最佳匹配。

常见的算法包括 k 近邻算法、学习矢量量化算法以及自组织映射算法等。基于实例的算法也常常被称为“赢家通吃”学习或者“基于记忆的学习”。

3. 正则化方法

正则化方法是其他算法（通常是回归算法）的一种延伸，可根据算法的复杂度对算法进行调整。

常见的算法包括岭回归、套索回归以及弹性网络等。正则化方法通常奖励简单模型，同时惩罚复杂模型。

4. 决策树算法

决策树算法根据数据的属性采用树状结构建立决策模型，通常用来解决分类问题和回归问题。

常见的算法包括分类及回归树、ID3、卡方自动交互检测、随机森林以及梯度提升机等。决策树算法能够生成清晰的基于特征选择不同预测结果的树状结构。

5. 贝叶斯算法

贝叶斯算法是基于贝叶斯定理的一类算法，主要用来解决分类问题和回归问题。

常见算法包括朴素贝叶斯算法、平均单依赖估计以及贝叶斯网络等。当需要一个比较容易解释的模型，且不同维度之间的相关性较小时，贝叶斯算法比较适用。在需要高效处理高维数据时，贝叶斯算法的结果可能不尽如人意。

6. 基于核的算法

最著名的基于核的算法是支持向量机。该算法把输入数据映射到一个高阶的向量空间，在这些高阶向量空间中，有些分类问题或者回归问题能够更容易解决。

除了支持向量机外，常见的基于核的算法还有径向基函数以及线性判别分析等。在超高维的文本分类问题中，基于核的算法特别受欢迎。

7. 聚类算法

与回归一样，人们在提及聚类时，有时描述的是一类问题，有时描述的是一类算法。聚类算法通常按照中心点或者分层的方式对输入的数据进行归并。

常见的聚类算法包括 k-means 算法以及期望最大化算法等。聚类算法试图找到数据的内在结构，以便按照最大的共同点将数据进行归类。

8. 关联规则学习

关联规则学习通过寻找最能够解释数据变量之间关系的规则，来找出大量多元数据集中有用的关联规则。

常见算法包括 Apriori 算法和 Eclat 算法等。只有当需要提供明确的小规则来解释决策问题时，才会使用关联规则学习。

9. 人工神经网络

人工神经网络是一种模仿生物神经网络结构和功能的计算模型。它可以在计算机中执行学习和推断任务，广泛应用于各个领域。

人工神经网络是机器学习中一个庞大的分支，有几百种不同的算法，重要的人工神经网络算法包括感知机、反向传播算法、Hopfield 网络、卷积神经网络、循环神经网络、长短期记忆网络、生成对抗网络、深度强化学习等。人工神经网络适用于数据量庞大、参数之间存在内在联系的情况。

10. 深度学习

深度学习算法是人工神经网络的一种发展。在计算能力的成本日益降低的今天，深度学习试图建立更大更复杂的神经网络。

常见的深度学习算法包括受限波尔兹曼机、深度置信网络、卷积神经网络和堆叠自编码器等。很多深度学习的算法是半监督学习算法，用来处理存在少量未标识数据的大数据集。

11. 降低维度算法

与聚类算法类似，降低维度算法同样试图分析数据的内在结构。不同之处在于，降低维度算法采用非监督学习的方式，试图利用较少的信息来归纳或者解释数据。

常见的算法包括主成分分析、偏最小二乘回归、Sammon 映射、多维尺度分析、投影追踪等。这类算法可以用于高维数据的可视化或者用来简化数据以便在监督学习中使用。

12. 集成算法

集成算法是使用一些相对较弱的学习模型独立地就同样的样本进行训练，然后把结果整合起来进行整体预测。

常见的算法包括 Boosting、Bootstrapped Aggregation（自举汇聚）、AdaBoost、堆叠泛化、梯度提升机和随机森林等。集成算法的主要难点在于究竟集成哪些独立的、较弱的学习模型以及如何把学习结果整合起来。

16.2.3 机器学习在物联网中的应用示例

这里以发动机为例，讨论机器学习在物联网中的应用。

机器学习中的模型创建和验证是一个迭代过程，可以选择几种机器学习的学习方式进行试验，并选择最适合目标应用的算法。在机器学习的学习方式中，非监督学习有利于发现数据中隐藏的模式，而无须对数据进行标记。采用非监督学习的机器学习算法，如高斯混合模型，可以用来模拟发动机的正常行为，并检测发动机何时开始偏离其基线。

监督学习可以用学习到的模型对新的未标记数据进行预测或分类，可以用来检测发动机异常的原因。在监督学习中，我们需要对发动机在正常和异常情况下的历史数据进行标记，并提供一个输入数据和所需输出的算法（例如支持向量机、Logit 等）。该算法将输入数据映射到输出数据的函数，从而提取发动机在正常和异常条件下的特征。这些特征使用一组标签来清楚地标识发动机的状态。

对发动机数据的特征提取是监督学习中的一个挑战。这往往是一个脆弱的过程，是否具备发动机领域专家的知识，是能否通过监督学习检测发动机异常的关键。

使用深度学习算法能够从输入数据中提取特征，而不需要明确地将特征输入到算法中，这被称为“特征学习”。基于人工神经网络的深度学习的算法，在结构形式上是由一组相互连接的计算节点（神经元）组成的层次结构。第一层称为输入层，它是输入信号或数据的接口。最后一层是输出层，这一层中的神经元输出最终的预测或结果。在输入和输出层之间，有一个或多个隐藏层。一层的输出通过加权后连接到下一层的节点。网络通过修改这些权重来学习输入和输出之间的映射。

采用深度学习算法，可以将发动机传感器获得的数据（原始测量）直接作为数据输入，通过特征学习得到特征标签，然后在监督学习中使用这些特征标签来检测发动机的异常情况。当然，也可以使用深度学习算法中的分类方法直接判断发动机是否异常。

16.3 人工智能技术在物联网中的应用

罗尔斯·罗伊斯（R&R）发动机公司利用物联网技术对其生产的发动机实施在线监控、故障诊断，并提供实时的维修支持。借助人工智能技术，该公司可以预测发动机的维修时间，航空公司能够根据双方协商认可的发动机安全飞行小时付费。这使得 R&R 的市场占有率从 5%提升到 40%。

另一个在我们身边的例子是一家运营共享单车的企业应用卷积神经网络来预测用户出行需求，通过有规划地回收和投放共享单车实现了一定程度的智能运营。这是以人工智能为基础、以物联网为载体的生态闭环典型示例。

机器人也是人工智能技术的一个很好的应用。传感器是机器人必备的元器件，机器人依靠多种传感器获得视觉、听觉和触觉等各种感知能力。但是，机器人能力的进一步发挥需要联网来实现，比如通过联网实现机器人之间的通信与协同，借助云端的功能给机器人增添智能。

物联网赋能的机器人实现了通信、计算和控制的集成。机器人和物联网相互融合，机器人成为物联网的一个重要节点。同时，高性能的机器人可以充当机器人自组织网络的控制决策中心，从而对机器人物联网系统进行数据处理和控制决策。

随着物联网的发展，物联网操作系统解决了物联网终端数据的上传及操控问题。通过人工智能的赋能，可以让物联网操作系统拥有更加友好的人机交互（如语音识别和语音合成）界面，实现对物联网设备所产生的信息进行语义理解以及物联网终端操控应用的命令生成。

面向物联网应用的人工智能处理能力抽象如图 16-3 所示。

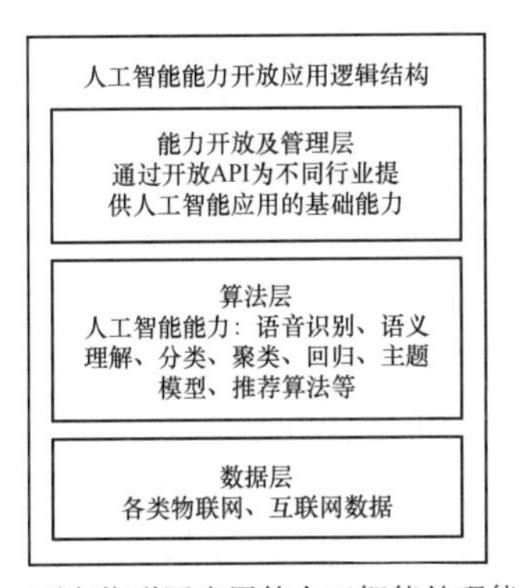

图 16-3 面向物联网应用的人工智能处理能力抽象

在图 16-3 中，面向物联网应用的人工智能处理能力在逻辑层次上基本分为三层架构，由上而下分别是能力开放及管理层、算法层和数据层，其中的重点是算法层人工智能能力的具体应用。算法层利用不同的算法和技术来实现具体的功能和任务。以下是一些算法层人工智能能力的应用场景。

- 图像识别：通过卷积神经网络等深度学习算法，实现图像识别和分类，包括物体识别、人脸识别、文字识别等。
- 自然语言处理：利用循环神经网络、Transformer 等算法，实现文本分类、情感分析、语义理解、机器翻译等自然语言处理任务。
- 语音识别：通过声学模型和语言模型结合的方法，实现语音识别和将语音转换为文字，用于语音助手和语音控制等应用。
- 推荐系统：利用协同过滤、内容推荐和深度学习等算法，为用户个性化推荐产品、新闻、音乐等内容。
- 智能搜索：通过自然语言处理和信息检索算法，实现智能搜索引擎，提供更准确和智能化的搜索结果。

- 机器人控制：利用强化学习算法，实现机器人在复杂环境中的智能决策和控制。
- 医疗诊断：利用深度学习算法，对医学图像进行诊断，以实现病症检测，如肿瘤检测、疾病预测等。
- 金融风险评估：利用机器学习算法，对金融数据进行分析和预测，以辅助风险评估和投资决策。
- 自动驾驶：利用深度学习和感知技术，实现自动驾驶汽车的环境感知和决策能力。
- 游戏智能：利用深度强化学习，实现游戏智能体在复杂游戏中的自主决策和对抗。

以上仅是算法层人工智能能力的一些典型应用，随着技术的发展和创新，人工智能在各个领域都将不断涌现出新的应用和解决方案。

16.3.1　人工神经网络在嵌入式系统中的应用

人工神经网络在人工智能领域具有举足轻重的地位。除了要找到最好的神经网络模型和训练数据集之外，人工神经网络的另一个挑战是如何在嵌入式设备中实现它，同时还能优化嵌入式设备的性能和功率效率。比如，当设备没有网络连接的时候，就无法使用云计算。在这种情况下，需要一个能够实时进行信号预处理和执行神经网络算法的平台，而且这个平台的功耗要尽可能低，尤其是在一个电池供电的设备上运行的时候。

高通公司的 Snapdragon 平台和 Snapdragon 神经处理引擎（NPE）SDK 是非常好的选择，可以用来在低功耗和小规模设备上创建一个定制的神经网络，能够使开发人员轻松地将智能从云端迁移到边缘设备。开发人员可以为所需的用户体验选择最佳的 Snapdragon 核心——Kryo CPU、Adreno GPU 或 Hexagon DSP。

作为一个示例，我们来看一个使用深度神经网络实现的手写数字识别系统。这里采用的神经网络是一个基于三层卷积的深度神经网络。为了开发和训练这个网络，可以使用 MATLAB，还可以使用 MATLAB 的手写数据库（关于该数据库的资料，请查看 MATLAB 文档）。

针对功耗较低的情况和实现，可以使用 Snapdragon 的不同子系统，这里使用 Hexagon DSP 完成特征提取。Hexagon DSP 是一种具有 L1/2 缓存和内存管理单元的多线程 DSP，在大多数 Snapdragon SoC 上，它和其他核心一样可以访问一些资源。

对于处理手写数字时，需要在 ISP（图像信号处理）管道中注入定制的 HVX（Hexagon 向量扩展）模块。在某些 Snapdragon 平台上，可以在相机传感器接口模块之后使用它。在其他情况下，也可以在 ISP 之后的内存中使用它。这种技术可以卸载中央处理器的任务，减少电池消耗，同时提供更好的性能。视觉传感器信息的任何深度神经网络预处理，都可以在 DSP 上实时完成。在上述所有情况下，也可以不使用分配的 DSP 进行输入，而是使用 FastRPC 从 ARM 中卸载到任何其他子系统来处理，但是这种技术有它自己的处理开销。

使用深度神经网络实现手写数字识别系统的完整示例及代码可以参考 Hexagon SDK 3.3 中的相关文档。

16.3.2 面向深度学习的物联网系统设计

随着半导体技术的发展，硬件的计算能力不断增强，而且互联网的发展也导致了大量可供训练的数据集和标注数据的出现。同时，机器学习算法和神经网络的结构也取得了巨大的突破，再加上开源软件框架的可用性，使得深度学习在软件应用领域取得了很大成功。

在物联网系统设计中使用深度学习时，需要考虑以下一些因素。

1. 拓扑

深度学习领域中有多种类型的神经网络，其中一些在物联网应用的控制和监控方面显示了巨大的潜力。下面分别来看一下。

- 深度神经网络：是一种完全连接的人工神经网络，具有许多隐藏层（因此称为深层）。这种网络将非线性关系函数整合到网络中，几乎能够逼近任意函数。因此，深度神经网络可以应用于电子控制系统。控制系统的仿真模型可使用深度神经网络构建控制器，并生成训练数据。通过这种方法，可以探索通常难以使用传统方法控制的状态。
- 卷积神经网络：由一个或多个卷积层（过滤层）组成，卷积层用于局部感知提取特征并降低输入参数的网络层；之后是一个完全连接的多层神经网络。这种网络主要用于图像识别，在成像和目标缺陷检测等问题上取得了较大的成功，此外还应用于高级驾驶援助系统中。
- 循环神经网络：是一种基于利用顺序（或历史）信息进行预测的算法。这种网络可以用来分析时间序列，记录状态信息，存储过去的信息，并使用当前计算出来的信息进行下一个预测。在物联网应用中，循环神经网络可以学习物联网设备的历史行为，并用于预测未来的事件，例如设备的剩余使用寿命。另外，长短期记忆网络也适用于这类应用。
- 深度强化学习：在复杂动态环境的自适应控制系统中具有优势。例如，在仓库操作中部署的机器人，这些机器人必须动态地适应新的任务。当自适应控制系统以强化学习为基础来学习一项任务时，通过执行动作使自己更接近目标而获得奖励。例如，机器人接收来自摄像机的图像，该照片显示了机器人手臂的当前位置，机器人可利用图像中的信息来学习如何将手臂移近目标。

2. 训练

各种神经网络都需要大量的训练数据，而且最好包括来自学习所需要的所有不同状态或条件的数据。但对于大多数应用而言，现有数据主要从系统的正常工作状态中获取，其中也包括从其他状态获取的少量数据，因此普遍面临着正负样本数据不均衡以及数据匮乏的问题。

数据增强/泛化是一种用来改善数据不平衡的技术。它可以从现有的小样本集开始，通过数据转换创建额外的合成版本。此外，还可以使用目标神经网络系统的模拟模型来创建训练数据。

数据匮乏主要是难以收集训练这些网络所需的大量数据。借助于迁移学习，可以使用利用其他数据源训练得到的模型，并对其进行一定的修改和完善，从而在类似的领域进行复用，由此来缓解数据不足引起的问题。大多数深度学习框架提供了可以下载的经过完全训练的模型，使用迁移学习，可以应用这些预训练模型中的数据，从而将模型应用到目标神经网络中。

3. 硬件

在面向深度学习的物联网系统中，对训练和推理的计算性能有着很高的要求。GPU 已经成为加速深度学习训练和推理的首选硬件。深度学习中的大部分计算都是矩阵乘法和卷积，这些计算可以被高效地并行化，而 GPU 天生就具有高效的并行计算能力，可以同时进行大量的计算。

GPU 的内存带宽通常比 CPU 高出一个数量级，这使得 GPU 在数据访问和传输方面非常高效。现代的 GPU 通常包含许多特殊定制的硬件，如张量核心、矩阵乘法核心等，这些硬件的存在可以大幅提高深度学习算法的计算效率。

与专门为某些特定任务设计的 ASIC 不同，GPU 通常是可编程的，可以通过编写 CUDA、OpenCL 等程序来定制计算。这使得 GPU 可以适应各种不同的深度学习算法和模型。

此外，FPGA 硬件具有更低的延迟和更好的功率效率，也可以用来训练很多神经网络，尤其适用于嵌入式设备和需要与 I/O 紧密操作的控制系统。

4. 软件

在物联网系统设计中，成熟的深度学习框架的可用性是深度学习能够快速实现并应用成功的一个重要因素。一些常见的深度学习软件框架有 TensorFlow、Caffe、Keras 和 Computational Network Toolkit（CNTK）等。这些框架提供了跨操作系统和跨编程语言的支持，可以支持 Windows 和 Linux，以及不同的编程语言（如 Python 和 C 语言）等。这些框架都有大量的示例来支持或实现最新的深度神经网络，也支持 GPU 的使用。

因此，在面向深度学习的物联网系统设计中，经常会涉及深度神经网络、卷积神经网络、循环神经网络和深度强化学习等，需要关注训练这些网络所需的大量数据和硬件要求（如 GPU 和 FPGA），以及常见的深度学习软件框架（如 TensorFlow、Caffe、Keras 和 CNTK）等。

16.3.3 语义融合在物联网中的应用

当前，在物联网系统中，主要是通过网关来完成物联网信息的理解和应用，并存储物联网设备的一些描述方法。然而，不同物联网网关的提供者对物联网设备的描述可能是不同的，这些物联网网关之间的信息的相互理解将成为问题所在。

为了解决不同物联网网关之间的语义互通问题，物联网网关需要具备以下条件：

- 识别不同领域针对同一物体的功能和特点的描述，明确对应关系的计算模型，以及相应的算法；

- 为物联网系统形成大量的语料资源;
- 选择合适的反馈学习算法,接收现实世界的反馈,学习并理解物联网中各种操作动作的语义。

因此,在跨越不同的物联网领域或者不同的物联网网关的边界时,各种不同环境下物联网信息的语义融合将是物联网应用的核心。一般而言,物联网信息的语义融合方式如下。

- 首先根据互联网信息资源在物联网世界中的投射关系,建立物联网世界中物联网实体的上下文语义资源库,例如物联网中实体的命名表达、操作控制步骤等。
- 建立面向物联网实体的识别方法以及理解语义的相关计算方法。
- 通过引入互联网世界的语义资源来建立对物联网世界实体终端的理解及概念扩展模型。建立语义扩展方法并将其应用于不同应用领域,以实现功能与互联网世界概念相结合的描述方法。
- 采用已知的互联网语义来标注实现该互联网功能的各物联网终端,形成一种设备上下文,最终实现不同领域及不同物联网网关之间的语义理解,实现协同工作。

16.4 物联网中的人工智能操作系统

什么是人工智能操作系统呢?

首先,它是一个操作系统,应该具备操作系统的相关功能。其次,它作为一个操作系统,具备人工智能的能力。

人工智能操作系统不仅具备通用操作系统所具备的功能,还包括了语音识别、机器视觉、执行系统和认知行为等功能。具体来说,人工智能操作系统应该具备文件管理、进程管理、进程间通信、内存管理、网络通信、安全机制、驱动、用户界面、语音识别、机器视觉、执行和认知等功能。不同维度的操作系统,如果具备并提供了人工智能的能力,都可以被当作人工智能操作系统。

现如今,是否有可供我们使用的人工智能操作系统呢?通用意义上的人工智能操作系统可能还没有出现,但是垂直领域的人工智能操作系统已经进入了我们的生活,例如 DuerOS。

DuerOS 是原百度度秘事业部研发的对话式人工智能操作系统。作为一款开放式的操作系统,DuerOS 能够实时进行自动学习,并可以让机器具备人类的语言能力。简单来说,目前的 DuerOS 是面向语音交互的人工智能操作系统。

DuerOS 的整体架构包括三层:

- 中间层为核心层,即对话核心系统;
- 最上层为应用层,即智能设备开放平台;
- 最下层为能力层,即技能开放平台。

在图 16-4 中,核心层包括用于在背后支撑交互的自然语言理解、对话状态控制、自然语言生成、搜索等核心技术,涉及从语音识别到语音播报再到屏幕显示的一个完整交互流程(可以

理解为操作系统的输入/输出）。

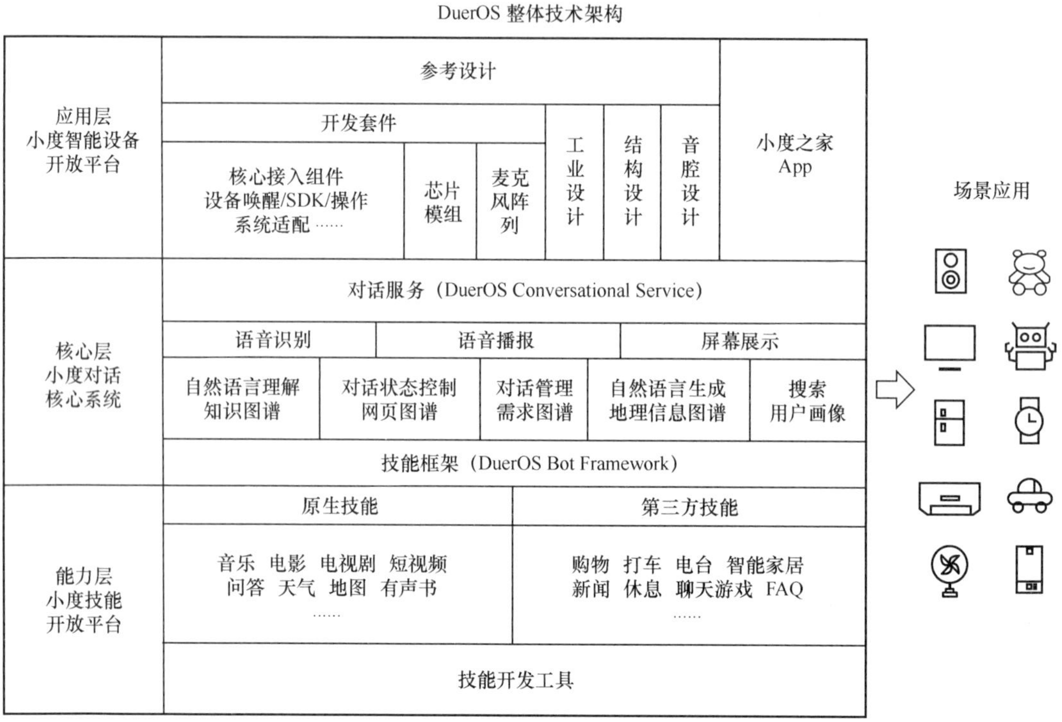

DuerOS 整体技术架构

应用层 小度智能设备 开放平台	参考设计 开发套件：核心接入组件 设备唤醒/SDK/操作系统适配……；芯片模组；麦克风阵列 工业设计；结构设计；音腔设计 小度之家 App
核心层 小度对话 核心系统	对话服务（DuerOS Conversational Service） 语音识别；语音播报；屏幕展示 自然语言理解 知识图谱；对话状态控制 网页图谱；对话管理 需求图谱；自然语言生成 地理信息图谱；搜索 用户画像 技能框架（DuerOS Bot Framework）
能力层 小度技能 开放平台	原生技能：音乐 电影 电视剧 短视频 问答 天气 地图 有声书 …… 第三方技能：购物 打车 电台 智能家居 新闻 休息 聊天游戏 FAQ …… 技能开发工具

场景应用

图 16-4 DuerOS 对话式人工智能操作系统

应用层提供了核心接入组件、芯片模组、麦克风阵列等开发套件。此外，它还包括工业设计、结构设计、音腔设计在内的参考设计方案，以及具体的智能硬件，例如小度音箱系列产品。

能力层是面向开发人员的技能开放平台，包括原生技能和第三方技能。开发人员可以通过技能开发工具来创建并发布基于 DuerOS 的技能。

设备搭载 DuerOS 后，用户可以用自然语言与之对话交互，实现影音娱乐、生活服务、出行路况等多项功能的操作。此外，第三方开发人员还可以将自己开发的能力接入搭载了 DuerOS 的设备。

开发人员一般在 DuerOS 技能开放平台（DBP）上完成应用的开发、测试和发布。DBP 为开发人员提供了一整套技能开发、测试、部署工具，从而降低了开发门槛。开发人员可以在 DBP 上通过可视化界面，简单且高效地开发各类个性化技能，为用户提供个性化的服务。

16.5 人工智能与物联网融合的典型案例：智能音箱

智能音箱是传统音箱升级的产物，是家庭消费者用语音进行上网的工具，可以用来执行点播歌曲、上网购物、了解天气预报等功能。智能音箱还可以用来控制智能家居设备，比如打开窗帘、设置冰箱温度、提前打开热水器等。

智能音箱除了具备传统音箱的音频输出元器件之外，还增加了输入设备（麦克风），并且具备了网络连接性。一般而言，智能音箱既具有局域连接性，又可实现广域传输，可以作为物联网网关使用。智能音箱的原理框架如图 16-5 所示。

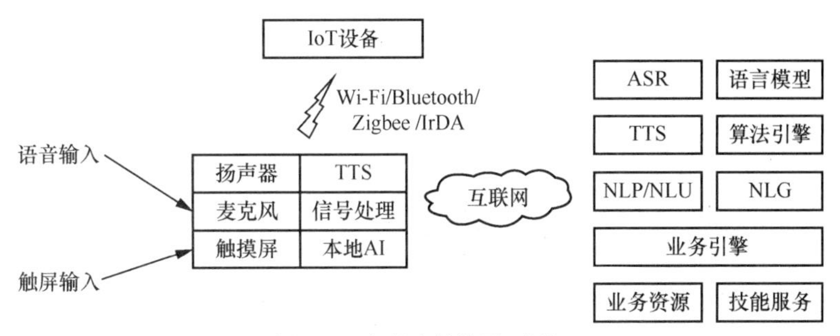

图 16-5 智能音箱的原理框架

在图 16-5 中，用户可以通过麦克风实现语音输入（也可以通过触摸屏输入文字）。首先，用户的语音通过音箱本地的信号处理和 AI 能力完成唤醒（唤醒词为“小度小度”）。如果设备没有唤醒，则直接将用户语音丢弃。在设备唤醒后，用户语音通过互联网与智能音箱的后台人工智能操作系统通信，完成语音识别（ASR）和自然语言理解（NLU）。智能音箱的后台人工智能操作系统根据业务引擎调用业务资源或者技能应用服务，并将结果生成相应的自然语言（NLG），然后通过合成语音技术（TTS）并返回给音箱完成播放。

智能音箱还可以通过 Wi-Fi、蓝牙、Zigbee、红外线与物联网设备进行通信。

下面以基于 DuerOS 开发的小度系列音箱为例，简要介绍小度系列音箱的技能服务流程，如图 16-6 所示。

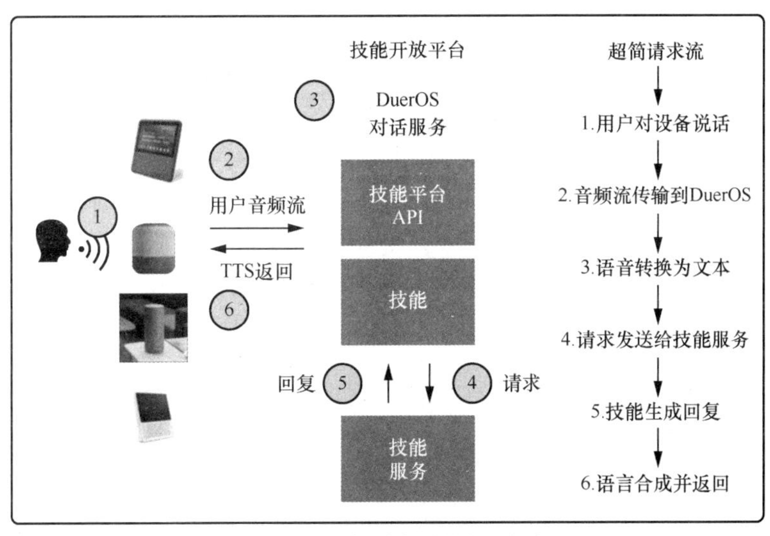

图 16-6 小度系列音箱的技能服务流程

1．用户输入语音。

2．小度音箱将用户输入的模拟音频信号转换为音频数据传输到DuerOS平台。

3．DuerOS平台进行语音识别，将音频数据化为文本信息并进行自然语言理解。

4．DuerOS将根据自然语言理解后的文本信息形成用户请求发送给技能服务。

5．技能服务根据收到的用户请求生成相应的服务，并返回DuerOS平台。

6．DuerOS使用TTS技术对收到的技能服务结果进行语音合成，并将合成后的结果返回智能音箱，由其进行播放。

2017年的美国智能音箱用户调查报告显示，16%的美国成年人（约3900万）有一台智能音箱，播放音乐（占比60%）、回答常识问题（占比30%）和咨询天气（占比28%）是最常见的任务。用户最喜欢将智能音箱放在客厅和书房（占比52%），其次是厨房（占比21%）和主卧（占比19%），31%的用户将智能音箱和智能家居设备连接在一起。

在2020年1月，16.5%的智能音箱用户至少拥有一个带智能显示屏的音箱，如Amazon的Echo Show、Google的Nest Hub或Meta的Portal。9个月后，24.1%的智能音箱用户拥有带智能显示屏的音箱。截至2021年1月，美国智能音箱普及率达到了35.0%。

从长远来看，智能音箱有着相对广泛的应用场景。比如，在室内家居中，从客厅到卧室、厨房，都可以用智能音箱与智能家居进行交互（比如控制智能家居设备的开关），还可以将其服务于我们的生活（比如播放音乐、查询天气、购物等）。在室外场景中，可将智能音箱与可穿戴设备结合，通过用户手势和体感进行控制。在车载场景中，可以通过智能音箱给汽车下达指令，实现音乐播放、导航、空调调节等功能。

16.6 小结

目前，无论是物联网还是人工智能，都已经和我们的生活紧密相关。物联网和人工智能有一个很明显的共同点，那就是数据处理。本书前言中提到的6C数据处理流程贯穿始终。

人工智能可以从很多角度进行理解，例如图灵测试和计算机体系结构。人工智能在物联网中有广泛的应用，从赋能嵌入式系统到采用机器学习的物联网应用，从面向深度学习的物联网系统设计到跨领域物联网数据的语义融合，人工智能都发挥着重要的作用。

为了提升物联网系统的设计和工程效率，人工智能操作系统应运而生，智能音箱就是人工智能操作系统的产物。可以预见，未来将会出现更多应用人工智能技术的物联网产品和服务。